21世纪高等学校计算机规划教材

COMPUTER

C++面向对象程序设计教程

C++ Object-Oriented Programming Course

杜青 解芳 李春颖 王丹华 编著

人 民 邮 电 出 版 社
北 京

图书在版编目（CIP）数据

C++面向对象程序设计教程 / 杜青等编著. -- 北京 : 人民邮电出版社, 2017.1
21世纪高等学校计算机规划教材
ISBN 978-7-115-44411-0

Ⅰ. ①C… Ⅱ. ①杜… Ⅲ. ①C语言－程序设计－高等学校－教材 Ⅳ. ①TP312

中国版本图书馆CIP数据核字(2017)第000278号

内 容 提 要

本书介绍了 C++面向对象程序设计的基本概念和编程方法，内容包括类与对象、静态成员与友元、运算符重载、继承与派生、输入输出流、异常处理等，详细阐述了 C++面向对象程序设计的四个特性，即抽象性、封装性、继承性和多态性。

本书给出了大量的例题，通过简单的例题，分析面向对象程序设计基本概念的内在含义，使抽象的概念具体化、形象化；同时将难点问题分散到多个例题中，结合具体实例，由浅入深进行讲述，便于初学者在短时间内理解和掌握面向对象程序设计的思想和方法。每章还给出一定数量的习题，方便读者对本章内容的复习、巩固。

本书可作为高等学校“C++面向对象程序设计”课程的教材，也可作为具有 C 语言程序设计基础的开发人员进一步学习 C++面向对象程序设计的参考书。

◆ 编　　著　杜　青　解　芳　李春颖　王丹华
　责任编辑　张孟玮
　执行编辑　李　召
　责任印制　沈　蓉　彭志环

◆ 人民邮电出版社出版发行　　北京市丰台区成寿寺路 11 号
　邮编　100164　　电子邮件　315@ptpress.com.cn
　网址　https://www.ptpress.com.cn
　北京盛通印刷股份有限公司印刷

◆ 开本：787×1092　1/16
　印张：17　　　　2017 年 1 月第 1 版
　字数：445 千字　　　　2025 年 1 月北京第 7 次印刷

定价：42.00 元

读者服务热线：(010)81055256　印装质量热线：(010)81055316

反盗版热线：(010)81055315

前 言

本书是为具有C语言程序设计基础,想要进一步学习C++面向对象程序设计的读者而编写的。

全书共分9章，介绍了C++面向对象程序设计的基本概念和编程方法，内容包括类与对象、静态成员与友元、运算符重载、继承与派生、输入输出流、异常处理等，详细阐述了C++面向对象程序设计的四个特性，即抽象性、封装性、继承性和多态性。

本书在内容编排上具有如下特点。

（1）重点突出

由于C++面向对象程序设计涉及的知识点非常多，为了帮助初学者理解和领会面向对象程序设计的思想和方法，本书对重要的概念，如类的概念、类的继承机制等，进行详细的阐述。通过简单的例题，分析基本概念的内在含义，每个例题后面给出运行结果和程序说明，使抽象的概念具体化、形象化，便于初学者在短时间内理解和掌握。

（2）难点化解

对于难点问题，如构造函数、运算符重载等内容，本书结合具体实例，由浅入深进行分析，将难点问题分散到多个例题中，降低初学者学习的难度。

（3）例题丰富

本书的每一章，都给出了大量的例题，其中不仅有简单的基础例题，使读者理解面向对象程序设计的基本概念，还有较复杂的拓展例题，使读者掌握面向对象程序设计的基本方法。在最后一章给出了两个综合实例，介绍了用面向对象程序设计方法开发应用程序的基本方法与步骤，读者可参照实例，写出自己的应用程序。

每章还提供了一定数量的习题，方便读者在学完本章内容后复习所学知识。

本书由杜青、解芳、李春颖、王丹华编写。其中第1章由李春颖编写，第2、3章由解芳编写，第4、5、9章及附录由杜青编写，第6章由李春颖、解芳共同完成，第7、8章由王丹华编写，全书由杜青策划，杜青、解芳统稿。

本书凝聚了作者多年来积累的教学经验。本书在编写过程中得到了南京工程学院计算机工程学院各级领导和同事的大力支持，徐金宝、廖雷老师也为本书提出了很多好的建议和意见，在此表示衷心的感谢。

目 录

第1章 C++基础知识

1.1 C++概述

C++是一种优秀的面向对象程序设计语言。C++以 C 语言为基础，既保留了传统的结构化程序设计方法，又对流行的面向对象的程序设计提供了完整支持。此外，C++语言还具有许多 C 语言不支持的新功能和新特性。

1.1.1 C++语言的历史和特点

1. C++语言的历史

C++是由 AT&T Bell 实验室的 Bjarne Stroustrup 及其同事于 20 世纪 80 年代初在 C 语言的基础上成功开发的。C++保留了 C 语言原有的所有优点，并增加了面向对象的机制。由于 C++对 C 的改进主要体现在增加了面向对象程序设计的"类"，因此最初它被 Bjarne Stroustrup 称为"带类的 C"。后来为了强调它是 C 的增强版，使用了 C 语言中的自加运算符"++"，改称为 C++。

C++在 C 语言的基础上增加的主要特性有：公有和私有成员的区分、类及派生类、类的赋值运算符、构造函数和友元、内联函数、析构函数及重载等。

1985 年公布的 C++语言中增添了其他一些重要特性，如：函数和运算符的重载、虚函数的概念等。新增加的内容有：对象的初始化与赋值的递归机制、多重继承等。

1993 年的版本对 C++语言进一步完善，其中最重要的特性是模板，而且解决了多重继承产生的二义性问题和相应的析构函数的处理问题。

1998 年的 C++版本得到了国际标准化组织和美国标准化协会的批准，标准模板库中增加了命名空间的概念、标准容器类、通用算法类和字符串类型等让 C++语言变得更实用。

2003 年通过的 C++版本，是一次技术性修订，修订了第一版中的错误，并减少了多义性。

2. C++语言的特点

在众多的高级程序设计语言中，C++有其独特之处。

（1）C++是 C 语言的超集

C++是 C 语言的超集指的是 C++中包含了 C 语言的全部语法特性。它比 C 语言更简洁、高效地接近汇编语言特点，对 C 系统进行了扩充，C++的编译系统能检查出更多的类型错误，因此 C++比 C 安全。

（2）C++支持面向对象的程序设计方法

C++语言支持面向对象程序设计特性主要包括抽象数据类型、封装和信息隐藏、以继承和派生方式实现程序的重用、以虚函数实现多态性、以模板实现类型的参数化等。

C++正是从软件的可靠性、可重用性、可扩充性、可维护性等方面体现出它的优越性。

1.1.2 C++程序与C程序

C++语言与C语言保持兼容，从程序结构上看，C++程序与C程序有很多相同之处。为了对C++程序结构有一个初步了解，下面通过例子比较C++程序与C程序有何异同。

例1-1 一个简单程序。

（1）用C语言编写的一个简单程序。

```
//这是一个简单的C程序：simple.c
#include<stdio.h>
void main()
{   printf("Hello World!\n");   }    //输出字符串
```

（2）用C++语言编写的一个简单程序。

```
//这是一个简单的C++程序：simple.cpp
#include<iostream>
using namespace std;
int main()
{   cout<<" Hello World! "<<endl;    //输出字符串
    return 0;                        //没有此句会有警告。最好加上此句
}
```

程序运行结果：

```
Hello World!
```

程序说明：

（1）C程序源文件的扩展名为C，而C++程序源文件的扩展名为CPP。

（2）C++程序系统头文件不带后缀.h，在“#include<iostream>”语句下增加“using namespace std;”。输入输出通过使用输入输出流对象（如cin、cout）来完成。

例1-2 用函数和类来实现简单程序。

（1）用一般函数编写的一个简单程序。

```
#include<iostream>
using namespace std;
void output()
{  cout<<" Hello World! "<<endl;}
int main()
{   output();
    return 0;
}
```

（2）用类编写的一个简单程序。

```
#include<iostream>
using namespace std;
class Simple
{public:
```

```
    void output()
    {    cout<<" Hello World! "<<endl; }
};
int main()
{   Simple s;
    s.output();
    return 0;
}
```

程序运行结果：

```
Hello World!
```

程序说明：

在该程序中用到了类，这在其后内容中会着重介绍。

1.1.3　C++对 C 的扩充

1. 函数原型声明

在 C++中，如果函数调用的位置在函数定义之前，则要求在函数调用之前必须对所调用的函数作函数原型声明，这是强制性的。这种声明在标准 C++中称为函数原型（function prototype），函数原型给出了函数名、返回类型以及在调用函数时必须提供的参数个数和类型。

函数原型的语法为：

<返回类型><函数名>(<参数类型列表>)；（注意在函数原型后要有分号）

如有定义：

```
int max(int a,int b)
{    return a+b;    }
```

声明时必须写成：

```
int max(int a,int b);或 int max(int ,int);
```

注意：在 C++中，调用任何函数之前，必须确保它已有函数原型声明。函数原型声明通常放在程序文件的头部，以使得该文件中的所有函数都能调用它们。实际上，标准函数的原型声明放在了相应的头文件中，这也是在调用标准函数时必须包含相应的头文件的原因。

2. 函数的重载

在 C 语言中，同一作用域中不能有同名的函数，每个函数必须有其唯一的名字，这样有时会令人生厌。例如，求几个数中的最大值，由于要求命名唯一，会起不同的名字。

```
int max(int,int);
int smax(int,int, int);
float fmax(float,float);
```

以上函数都是求最大值，函数却起了不同的名字，C++为了方便程序员编写程序，特别引入了函数重载的概念来解决此问题。

C++允许在同一作用域中用同一函数名定义多个函数，这些函数的参数个数或参数类型不相同，这些同名的函数用来实现不同的功能，这就是函数的重载。

例如，上述几个函数的声明可以改为如下。

```
int max(int,int);
int max(int,int, int);
float max(float,float);
```

C++用一种函数命名技术可以准确判断出应该使用哪个 max()函数。

在调用一个重载函数时，编译器必须搞清所调用的函数究竟是哪个函数。这是通过实参类型和所有被调用函数的形参类型比较来判定的。按下述 3 个步骤的先后顺序找到并调用该函数。

（1）寻找一个严格的匹配，如果找到了，就用该函数。

（2）通过内部转换寻求一个匹配，只要找到了，就用该函数。

（3）通过用户定义的转换寻求一个匹配，若能查出有唯一的一组转换，就用该函数。

如：

```
max(-10,5);              //调用 int max(int,int);
max(-10,5,-20);          //调用 int max(int,int, int);
max(-12.23,1.2);         //调用 float max(float,float);
max(1.23f,5);            //调用 float max(float,float)
```

定义重载函数时，需要注意以下几点：

（1）C++的函数如果在参数类型、参数个数、参数顺序上有所不同，则认为是不同的。但重载函数如果仅仅是返回类型不同，则是不够的。

例如，下面的声明是错误的。

```
int  max(int ,int);
void  max(int ,int);
```

编译器无法区分函数调用"max(3,5)"是上述哪一个重载函数。因此重载函数至少在参数个数、参数类型或参数顺序上有所不同。

（2）typedef 定义的类型与一个已存在的类型相同，而不能建立新的类型，所以不能用 typedef 定义的类型名来区分重载函数声明中的参数。

例如，下面的代码实际上是同一个函数。

```
typedef INT int;
void func(int x){//...}
void func(INT x){//...} //error: 函数重复定义
```

编译器不能区分这两个函数的差别，INT 只不过是 int 的另一种称呼而已。

（3）让重载函数执行不同的功能，是不好的编程风格。同名函数应该具有相同的功能。如果定义一个 abs()函数而返回的却是一个数的平方根，则该程序的可读性受到破坏。

例 1-3 用一个函数求 2 个正整数或 3 个正整数的最大者。

```
#include<iostream>
using namespace std;
int max(int a,int b)
{   return a>b?a:b;
}
int max(int a,int b,int c)
{   return (a>b?a:b)>c?(a>b?a:b):c;
}
int main()
{   int a,b,c;
    cin>>a>>b>>c;
```

```
    cout<<max(a,b,c)<<"  "<<max(a,b)<<endl;
    returne 0;
}
输入3 5 4
```

程序运行结果：

```
5
```

程序说明：

（1）例中分别给 max 函数 2 个实参和 3 个实参，程序运行时，根据所传递的实参个数不同，调用相应的函数，得到了期望的结果。

（2）如果函数只是返回类型不同，而其他完全相同（参数的个数及类型），则不能作为重载函数来使用。

3. 有默认参数的函数

（1）默认参数的目的

C++可以给函数定义默认参数值。通常调用函数时，要为函数的每个参数给定对应的实参。

如有以下函数声明和函数定义：

```
void delay(int loops); //函数声明
void delay(int loops) //函数定义
{    if(loops==0) return;
     for(int i=0;i<loops,i++);//为了延时
}
```

无论何时调用 delay()函数，都必须给 loops 一个实参以确定时间。但有时需要用相同的实参反复调用 delay()函数。C++可以给参数定义默认值。如果将 delay( )函数中的 loops 定义成默认值 1000，只需简单地把函数声明改为：

```
void delay(int loops=1000);
```

这样，调用 delay()函数时，不给出实参，程序会自动将实参当作值 1000 进行处理。

```
delay(2500);  //loops 设置为 2500
delay();      //ok: loops 采用默认值 1000
```

调用中，若不给出参数，则按指定的默认值进行工作。允许函数默认参数值，是为了让编程简单，让编译器做更多的检查错误工作。

（2）默认参数的声明

默认参数在函数声明中提供，当既有声明又有定义时，定义中不允许出现默认参数。如果函数只有定义，则默认参数可出现在函数定义中。

```
void point(int=3,int=4); //声明中给出默认值
void point(int x,int y) //定义中不允许再给出默认值
{    cout <<x<<endl;
     cout <<y<<endl;
}
```

（3）默认参数的顺序规定

如果一个函数中有多个默认参数，则形参分布中，默认参数应从右至左逐渐定义。当调用函数时，只能向左匹配参数。例如：

```
void func(int a=1,int b,int c=3, int d=4);  //error
void func(int a,int b=2,int c=3,int d=4);  //ok
void func(int a,int b,int c=3,int d=4);   //ok
void func(int a,int b,int c,int d=4);    //ok
```

例 1-4 阅读程序，观察调用默认参数的顺序。

```
#include<iostream>
using namespace std;
void f(int a,int b=2,int c=3,int d=4);
int main()
{   f(5);
    f(5,6);
    f(5,6,7);
    f(5,6,7,8);
    return 0;
}
void f(int a,int b,int c,int d)
{   cout<<a<<"  "<<b<<"  "<<c<<"  "<<d<<endl; }
```

程序运行结果：

```
5  2  3  4
5  6  3  4
5  6  7  4
5  6  7  8
```

程序说明：

该程序说明默认参数从右至左逐渐定义，调用函数时，向左匹配参数。

（4）默认参数与函数重载

默认参数可将一系列简单的重载函数合成为一个。如例 1-4 中的函数 f 是下面 4 个重载函数。

```
void f(int a)
{   cout<<a<<"  "<<2<<"  "<<3<<"  "<<4<<endl;}
void f(int a,int b)
{   cout<<a<<"  "<<b<<"  "<<3<<"  "<<4<<endl;}
void f(int a,int b,int c)
{   cout<<a<<"  "<<b<<"  "<<c<<"  "<<4<<endl;}
void f(int a,int b,int c,int d)
{   cout<<a<<"  "<<b<<"  "<<c<<"  "<<d<<endl;}
```

如果一组重载函数（可能带有默认参数）都允许相同个数实参的调用，将会引起调用的二义性。例如：

```
void f(int);                        //重载函数之一
void f(int,int=2,int=3,int=4);      //重载函数之二，带有默认参数
void f(int,int ,int =3,int=4);      //重载函数之三，带有默认参数
f(10);                  //error:到底调用 3 个重载函数中的哪个?
f(20,30)                //error: 到底调用后面 2 个重载函数中的哪个?
```

例 1-5 将例 1-3 不用重载，改用带有默认参数的函数实现。

```
#include<iostream>
using namespace std;
int max(int a,int b,int c=0)
{   return (a>b?a:b)>c?(a>b?a:b):c;
}
```

```
int main()
{   int a,b,c;
    cin>>a>>b>>c;
    cout<<max(a,b,c)<<"   "<<max(a,b)<<endl;
    return 0;
}
输入3 5 4
```

程序运行结果：

```
5   5
```

程序说明：

本例题说明默认参数可将一系列简单的重载函数合成为一个具有默认参数的函数，完成重载功能。

1.2 C++的输入输出

C++为了方便用户，除了可以用 printf 和 scanf 函数进行输入与输出外，还增加了标准输入与输出流对象 cout 和 cin。它们是在文件 iostream 中定义的。

实际上，C++在内存中为每一个数据流开辟一个内存缓冲区，用来存放流中的数据。当用 cout 和插入运算符<<向显示器输出数据时，先将这些数据插入到输出流中送到输出缓冲区保存，直到缓冲区满了或者遇到 endl，就将缓冲区全部数据送到显示器显示出来。在输入时，从键盘输入的数据先放在键盘的缓冲区，形成 cin 流，然后用提取运算符>>从输入缓冲区提取数据送给程序中的有关变量。总之，流是与内存缓冲区相对应的，或者说，缓冲区中的数据就是流。

输入和输出是数据传送的过程，数据就如流水一般从一处流向另一处。C++形象地把这个过程称为流（stream）。

前面曾多次说明 cout 和 cin 并不是 C++语言中所提供的语句，它们是 iostream 对象。在未学习类对象时，在不致引起误解的情况下，为叙述方便，把它们称为 cout 语句和 cin 语句。

C++将所有的程序都以下面这两行代码开始。

```
#include<iostream>
using namespace std;
```

这两行代码使 iostream 流进入可用状态，cin 和 cout 的定义就包含在这个文件里。using namespace std;这个特定的指令表明程序准备使用 std 命名空间。

1.2.1 用 cout 进行输出

cout 是由 c 和 out 两个单词组成的，代表 C++的输出流对象，C++预定义 cout 代表标准输出设备，即显示器。标准流是不需要打开和关闭文件即可直接操作的流式文件。cout 是输出流对象的名字。输出操作由操作符<<来表达，其功能是将紧随其后的双引号中的字符串输出到标准输出设备（显示器）上。传递给 cout 对象的任何值将在屏幕上显示。cout 必须和输出运算符<<一起使用。<<在 C 语言中作为位运算中的左移运算符，在 C++语言中又被赋予新的含义为“插入”（inserting），作为输出信息时的插入运算符。

cout 语句的一般格式为：**cout<<表达式 1<<表达式 2<<……<<表达式 n;**

当程序需要在屏幕上显示输出时，可以使用插入操作符<<，向 cout 输出流中插入字符。例如：cout<<"This is a program.\n"。

可以在一个输出语句中使用多个运算符<<将多个输出项插入到输出流 cout 中，<<运算符的结合方向是自左向右的，因此各输出项按自左向右顺序插入到输出流中。

用 cout 和<<可以输出各种类型的数据。如：

```
float a=3.45;
int b=5;
char c='A';
cout<<"a="<<a<<","<<"b="<<b<<","<<"c="<<c<<endl;
```

注意　每输出一项都要用一个输出流符号。不能写成“cout<<a,b,c”这种形式。

可以看出来的是：在 C++在实现输出的时候一般会自动地按照数据的类型进行输出。

例 1-6　使用流插入运算符输出基本数据类型。

```
#include<iostream>
using namespace std;
int main()
{    cout<<88<<"\t"<<59.5<<"\n";
     cout<<"ZWQ"<<ends<<endl;
     int n=1,*p=&n;
     cout<<p<<"  "<<(unsigned long)p<<endl;
     char* s="ZWY";
     cout<<s<<"\t"<<(void*)s<<endl;
     return 0;
}
```

程序运行结果：

```
88  59.5
ZWQ
0012FF60  1245024
ZWY   00417700
```

程序说明：

通过本例可以看出各输出项按自左向右顺序插入到输出流中。

1.2.2　用 cin 进行输入

在 C++中，从输入设备向内存流动的数据流称为输入流，cin 是输入流对象的名字。用 cin 来实现从系统默认的标准输入设备（键盘）向内存流动的数据流称为标准输入流。用>>运算符从输入设备键盘取得数据并送到输入流 cin 中，然后送到内存。在 C++中，这种输入操作称为提取。所以>>常被称为提取运算符。

cin 语句的一般格式为：**cin>>变量 1>>变量 2>>……>>变量 n;**

当程序需要执行键盘输入时，可以使用提取操作符">>"，从 cin 输入流中提取字符。从键盘输入的数据类型应和变量一致。也可以连续用>>，实现从键盘到多个变量的输入形式。各数据之间要有分隔符，分隔符可以是一个或多个空格键、制表键或回车键。

例如：

```
int a;            //定义整形变量 a
float b;          //定义浮点型变量 b
```

```
cin>>a>>b;        //从键盘接受一个整数和一个实数，注意不要写成 cin>>a,b
```

如果在运行时从键盘输入

```
20 30.45                    （两个数字以空格分开）
```

这时变量 a，b 分别获得值 20 和 30.45。用 cin 和>>输入数据同样不需要指定数据类型。

例 1-7 cin 的使用。

```
#include <iostream>
using namespace std;
int main()
{   char d;
    int i;
    float z,q;
    cin>>i>>z>>q;
    d=i;
    cout<<"d="<<d<<"\ti="<<i;
    cout<<"\tz="<<z<<"\tq="<<q<<endl;
    return 0;
}
```

如果这时从键盘输入数据（一个整数和两个实数），中间用一个或多个空格键作为分隔符。如输入：

```
88  2.1  3.8
```

程序运行结果：

```
d=X  i=88  z=2.1  q=3.8
```

程序说明：

字符变量 d 和整型变量 i 的值都是 88，但输出的形式不同。

1.3 引　　用

引用是 C++引入的新语言特性，是 C++常用的重要内容之一。首先，想要改变实参的值，可以用指针完成，但是使用引用之后程序变得更加简单。其次，传递函数参数的方式是传值，在函数域中为形参重新分配内存，而把实参的数值传递到新分配的内存中，或者实参是一个复杂的对象，要为形参重新分配内存，就会使得程序执行效率大大下降。使用引用之后可以使程序变得更加高效。

1.3.1 引用的概念

引用是 C++对 C 语言的重要扩充，变量的引用就是变量的别名，对引用的操作与对变量直接操作完全一样，声明引用的方法与定义指针相似，只是用&代替了*。

引用的声明方法如下所示：**类型标识符 &引用名=目标变量名；**

举例如下：定义引用 pa，它是变量 a 的引用，即别名。

```
float a;       //声明 a 为一个浮点型变量
float &pa=a;   //声明 pa 是一个浮点型变量的引用，它被初始化为 a
```

这就声明了 pa 是 a 的“引用”，即 a 的别名。经过这样的声明后，使用 a 或 pa 的含义相同，都代表同一变量。注意：在上述声明中，&都是“引用声明符”，此时它并不代表地址。不要理解为“把 a 的值赋给 pa 的地址”。对变量声明一个引用，引用不是变量，所以并不另开辟内存单元，pa 和 a 都代表同一个内存单元。在声明一个引用时，必须同时使之初始化，即声明它代表哪一个变量，和所关联的变量享受同等的访问待遇。

应用引用时需要注意以下几点。

（1）在声明一个引用时，必须告知到底是哪个变量被引用。引用必须在定义时同时被初始化，因为它必须是某个变量的别名，不能先定义一个引用后才初始化它。

例如下面语句是非法的。

```
int a=1,b=2;
int &tt=a;      //正确，引用tt被初始化
int &t;         //错误，引用t没有被初始化
```

（2）当一个引用声明完毕后，相当于目标变量名有两个名称，即该目标原名称和引用名称，在本函数执行期间，该引用一直与其代表的目标变量相联系，不能再把该引用名作为其他变量名的别名。

```
int a=1,b=2;
int &tt=a;      //tt被初始化为a的引用
int &tt=b;      //不能将tt修改为b的引用
```

如果把 int &tt=b;改为 tt=b;，则该语句是正确的，并不能将 tt 修改为 b 的引用，但 tt 和 a 的值都可以变成 2。

（3）一个引用也可以有引用，也就是说一个变量可以有两个引用。

```
int a=3;
int &b=a;
int &c=b;
```

而这是合法的，这样，变量 a 就有了两个别名，b 和 c。

（4）引用不能为空。

引用必须是某个变量的别名，不能为空。例如：

```
int a=1;
int &tt=a;          //正确，引用tt是int的型变量a的别名
int &t=NULL;        //错误，引用r不能为空
```

1.3.2 引用的使用

通过下面的例子来了解引用的使用。

例 1-8 引用变量的简单使用。

```
#include <iostream>
using namespace std;
int main()
{   int x,y=36 ;
    int & refx = x , & refy = y ;
    refx=12;
    cout<<"x="<<x<<"  refx="<<refx<< endl ;
    cout<<"y="<<y<<"  refy="<<refy<< endl ;
    refx=y;
    cout<<"x="<<x<<"  refx="<<refx<< endl ;
    cout<<"&refx="<<&refx<<"  :  "<<"&x="<<&x<<endl ;
```

```
    cout<<"&refy="<<&refy<<"  :  "<<"&y="<<&y<<endl ;
    return 0;
}
```

程序运行结果：

```
x=12  refx=12
y=36  refy=36
x=36  refx=36
&refx=0x0012FF7C : &x=0x0012FF7C
&refy=0x0012FF8D : &y=0x0012FF8D
```

程序说明：

（1）从结果可以看出，系统并不为引用变量分配存储空间，它的存储空间就是被引用变量的空间。

（2）引用变量与目标变量之间的绑定是一次性的。因此对于语句“refx=y”，不能理解为使用变量 refx 来引用变量 y，而应理解为将 yf 赋给变量 refx 所引用的变量，此时 refx 就是 x 的别名，它们具有相同的操作语义。

（3）&在此并不是起地址作用，而是起标识作用。当看到类似于&a 这类的形式时，该怎么区别是声明引用还是取地址呢？当&a 前面有类型符时，如 int &a，它代表的就是引用的声明；如果没有，如 b=&a，此时的&就是取地址符。

1.3.3 引用作为函数参数

引用在 C++中有两个主要用途：作为函数参数和从函数中返回值。其中主要利用的是它作为函数参数，传递数据的功能。

在传统的 C 中，函数在调用时，参数是通过值来传递的，也就是说函数的参数不具备返回值的能力。因为传递是单向的，在执行函数期间形参值发生的变化并不会传回给实参，因为在调用函数时，形参和实参不占同一个储存单元。

例 1-9 实现两个变量互换值的例子。

第一种实现方法，无法实现两个变量互换值。

```
#include<iostream>
using namespace std;
void swap(int a,int b)
{   int temp;
    temp=a;
    a=b;
    b=temp;
    }
int main()
{   int n=1,m=2;
    cout<<n<<","<<m<<endl;
    swap(n,m);
    cout<<n<<","<<m<<endl;
    return 0;
}
```

程序运行结果：

```
1,2
1,2
```

程序说明：

在主函数中以 swap(n,m)形式调用时，只时把 n、m 的值分别传递给了 swap 函数中的 a、b。n 与 a、m 与 b 并不是同一地址空间，所以 a、b 的变化不会使得 n、m 变化。

所以，n 与 m 的值没有交换。

第二种实现方法，通过指针实现两整数变量值交换。

```
#include<iostream>
using namespace std;
void swap(int *a,int *b)
{    int temp;
     temp=*a;
     *a=*b;
     *b=temp;
}
int main()
{    int n=1,m=2;
     cout<<n<<","<<m<<endl;
     swap(&n,&m);
     cout<<n<<","<<m<<endl;
     return 0;
}
```

程序运行结果：

```
1,2
2,1
```

程序说明：

（1）因为指针的运用，调用函数时把变量 n、m 的地址传给了形参 a、b，也就是说 a 和 n 为同一内存单元，b 和 m 为同一内存单元，当执行 swap 函数时，n 和 m 的值就改变了。

（2）这种方式虽然实现了交换，但兜了一个圈子，需要使用指针运算符*（有时还需要使用"->"运算符）去访问有关变量,显得比较麻烦。

第三种实现方法，通过引用实现两整数变量值交换的例子。

```
#include<iostream>
using namespace std;
void swap(int &a,int &b)
{    int temp;
     temp=a;
     a=b;
     b=temp;
}
int main()
{    int n=1,m=2;
     cout<<n<<","<<m<<endl;
     swap(n,m);
     cout<<n<<","<<m<<endl;
     return 0;
}
```

程序运行结果：

```
1,2
2,1
```

程序说明：

（1）在 swap 函数中声明了 a 和 b 是两个整型变量的引用。要注意的是，此时并没有对它们进行初始化，即还不知道它们是哪个变量的引用，对引用的初始化是在主函数调用 swap 函数时实现的。当 main 函数调用 swap 函数时，n 的名字传给了 a，m 的名字传给了 b，于是 n 和 a，m 和 b 代表的就是同一变量,在 swap 函数中，实现了 a 和 b 的值的交换，于是，n 和 m 的值也交换了。

（2）通过这三个方式，可以知道如果形参和实参都用变量名，是不能实现两个变量互换值的，因为在调用 swap 函数时，形参和实参是两个不同的变量，分别占用不同的储存单元，很显然，形参的值的改变不能影响实参的值。而在另外两个程序中，形参不是另一个变量，与实参占用同一个内存单元。显然，形参值的改变会影响实参的值。

由此，在 C++中调用函数时有两种形参影响实参的方式，一种是将实参的地址传给形参，还有一种是形参是实参的引用，使形参和实参是同一变量。那么这两种方法有什么不同呢？下面来仔细分析一下。

使用引用的话不必在 swap 函数中设立指针变量，而指针变量需要另外开辟内存单元，由于引用不是一个独立的变量，不会单独占用内存单元。

在 main 函数中调用 swap 函数时，实参必须在变量名前加&以表示地址，这样系统传送的实际上是实参的地址而不是实参的值。

使用指针变量时，为了表示指针变量所指向的变量，必须使用指针运算符*，而使用引用时，引用就代表该变量，不必使用指针运算符*，这样能使函数更简单。

虽然用引用完成的工作，用指针也可以完成，但用引用比用指针更直观、方便，容易理解。

有了以上初步的知识后，再对使用引用的一些细节作进一步的讨论。

（1）不能建立 void 类型的引用，如：

```
void &a=9;          // 错误
```

因为任何实际存在的变量都是属于非 void 类型的，void 的含义是无类型或空类型，void 只是在语法上相当于一个类型而已。

（2）不能建立引用的数组。如：

```
char c[6]="hello";
char &r[6]=c;       //错误
```

企图建立一个包含 6 个元素的引用的数组，是不行的，数组名 c 只代表数组首元素的地址，本身并不是一个占有存储空间的变量。

（3）可以将变量的引用的地址赋给一个指针，此时指针指向的是原来的变量，如：

```
int a=3;                //定义 a 是整形变量
int &b=a;               //声明 b 是整形变量的别名
int *p=&b;              //将指针变量 p 指向变量 a 的引用 b，相当于指向 a，合法
```

相当于 p 指向变量 a，其作用与下面一行相同，即

```
int *p=&a;
```

如果输出*p 的值，就是 b 的值，也就是 a 的值。但是不能定义指向引用类型的指针变量，不能写成

```
int &*p=&a;           //企图定义指向引用类型的指针变量 p，错误
```

由于引用不是一种独立的数据类型，因此不能建立指向引用类型的指针变量。

（4）可以建立指针变量的引用，如

```
int i=5;              //定义整型变量 i,初值为 5
int *p=&i;            //定义指针变量 p,指向 i
int *&pt=p;           //pt 是一个指向整形变量的指针变量的引用，初始化为 p
```

从定义的形式可以看出，&pt 表示 pt 是一个变量的引用，它代表一个 int*类型的数据对象（即指针变量），如果输出*pt 的值，就是*p 的值 5。

（5）可以用 const 对引用加以限定，不允许改变该引用的值。如

```
int i=5;              //定义整形变量 i，初值为 5
const int &a=i;       //声明常引用，不允许改变 a 的值
a=3;                  //企图改变引用 a 的值，错误
```

但是它并不阻止改变引用所代表的值，如

```
i=3;                  //合法
```

此时输出 i 和 a 的值都是 3

这一特性在使用引用作为函数形参时是有用的，因为有时希望保护形参的值不被改变，在后面将看到它的应用。

C++提供的引用机制是非常有用的，尤其用函数参数时，比用指针简单且易于理解，可以减少出错的机会，提高程序的效率，在许多情况下能代替指针的操作。

函数只能返回一个值。如果程序需要从函数返回多个值怎么办？解决这一问题的办法之一是用引用给函数传递多个参数，然后由函数往目标中填入正确的值。因为用引用传递允许函数改变原来的目标，这一方法实际上让函数返回了多个值。

引用和指针都可以用来实现这一过程。

例 1-10 编写一个函数用来实现多个值的返回。

第一种实现方法，用指针来实现多个值的返回。

```
#include<iostream>
using namespace std;
void f(int,int *,int *);
int main()
{   int x1,x2,x3;
    x1=20;
    f(x1,&x2,&x3);
    cout<<x1<<"  "<<x2<<"  "<<x3<<endl;
    return 0;
}
void f(int n,int *n2,int *n3)
{   *n2=n+10;
    *n3=n-10;
}
```

第二种实现方法，用引用来实现。

```
#include<iostream>
using namespace std;
void f(int,int &,int &);
int main()
```

```
{    int x1,x2,x3;
     x1=20;
     f(x1,x2,x3);
     cout<<x1<<"  "<<x2<<"  "<<x3<<endl;
     return 0;
}
void f(int n,int &n2,int &n3)
{    n2=n+10;
     n3=n-10;
}
```

程序运行结果：

```
20  30  10
```

程序说明：

从本例可以看出使用引用可以完成在C语言中必须用指针完成的功能。用引用实现明显简单得多。

1.3.4 引用作为返回值

函数在返回值的时候，要生成一个返回值的内存空间。若返回的数据较大，返回一个引用比返回一个复制副本的效率更高，占用的内存空间也更少。

若要以引用作为返回函数值，则函数定义时要按照以下格式：

类型标识符 &函数名 （型参列表以及类型说明）

{ 函数主体 }

有几点需要强调的地方。

（1）以引用来作为返回函数的值时，在定义相应的函数时一定要在函数名前加&进行相应的引用声明。

（2）用引用返回一个函数值的最大优势是在内存中并不产生被返回值的副本，不会占用系统内存。

例 1-11 引用作为返回值的例子。

```
#include <iostream >
using namespace std;
int f;                  //定义一个全局变量 f
int f1(int a);          //声明函数 f1
int &f2(int a);         //声明函数 f2
int f1(int a)           //定义函数 f1
{    f= a*a*3;
     return f;
}
int &f2(int a)          //定义函数 f2
{    f=a*a*3;
     return f;
}
int main()             //主函数
{    int u=f1(7);
     int w=f2(10);  //可从被调用的函数中返回一个全局变量的引用
     cout<<u<<"  "<<w;
     return 0;
}
```

程序运行结果：

```
147  300
```

程序说明：

在实际应用中，并不是所有函数都可以返回引用。只有在函数的返回值不是这个函数的局部变量的时候，进行引用返回。而其他时候应用引用，有可能是非法的。编写程序时，只需要在给函数重新赋值的时候，对函数进行返回引用就可以了。

C++提供的引用机制是非常有用的。在使用引用时，单给某个变量取个别名是毫无意义的，引用的目的主要用于在函数参数传递中，解决大块的数据或对象的传递效率和空间占用率过高的问题。如果参数在使用引用进行传递时，能保证参数传递中不产生任何的副本，提高传递的效率，且通过 const（常引用）的使用，引用传递的安全性也得到了相应的保证。

1.4 const 常量与 new、delete 运算符

1.4.1 用 const 定义常量

const 是 C++用来增加数据的安全性，把有关的数据既能在一定范围内共享，又能保证数据不会被任意更改的有效措施。它是对数据的一种保护。

用#define 命令定义符号常量是 C 语言所采用的方法，C++把它保留下来是为了和 C 兼容。const 推出的初始目的，正是为了取代预编译指令，消除它的缺点，同时继承它的优点。

1. const 常量与 define 宏定义的区别

（1）编译器处理方式不同。define 宏是在预处理阶段展开。const 常量是在编译运行阶段使用。

（2）类型和安全检查不同。define 宏没有类型，不做任何类型检查，仅仅是展开。const 常量有具体的类型，在编译阶段会执行类型检查。

（3）存储方式不同。define 宏仅仅是展开，有多少地方使用，就展开多少次，不会分配内存。const 常量会在内存中分配。

在 C 语言中常用#define 命令来定义符号常量，实际上，只是进行字符置换，容易误解。

如：

```
#include<iostream>
using namespace std;
#define R 2+3
int main()
{   cout<<R*R<<endl;    //输出结果是11，并不是25
    return 0;
}
```

下面的 C++提供的 const 定义常变量的方法就避免了这个问题。

```
#include<iostream>
using namespace std;
const int R=2+3;
int main()
{   cout<<R*R<<endl;     //输出结果是25
    return 0;
}
```

在定义变量时，如果加上关键字 const,则变量的值在程序运行期间不能改变,这种变量称为常变量（constant variable）。

在定义常变量时必须同时对它初始化(即指定其值),此后它的值不能再改变。常变量不能出现在赋值号的左边。例如上面一行不能写成

```
const int a;
a=3;  //常变量不能被赋值
```

可以用表达式对常变量初始化，如

```
const int b=3+6;    //b 的值被指定为 9
```

变量的值应该是可以变化的，为什么值是固定的量也称变量呢？其实，从计算机实现的角度看，变量的特征是存在一个以变量名命名的存储单元，在一般情况下，存储单元中的内容是可以变化的。对常变量来说，无非在此变量的基础上加上一个限定：存储单元中的值不允许变化。因此常变量又称为只读变量（read-only-variable）。

2. const 的作用

（1）可以定义 const 常量，具有不可变性。如：

```
const int Max=100; int array1[Max];
```

（2）可以节省空间，避免不必要的内存分配。如：

```
#define PI 3.14159           //常量宏
const double Pi=3.14159;  //此时并未将 Pi 放入内存中 ......
double i=Pi;              //此时为 Pi 分配内存，以后不再分配
double I=PI;  //编译期间进行宏替换
double j=Pi;  //没有内存分配
double J=PI;//再进行宏替换，又一次分配内存
```

const 定义常量从汇编的角度来看，只是给出了对应的内存地址，而不是像#define 一样给出的是立即数，所以，const 定义的常量在程序运行过程中只有一份拷贝，而#define 定义的常量在内存中有若干个拷贝。

（3）提高了效率。编译器通常不为普通 const 常量分配存储空间，而是将它们保存在符号表中，这使得它成为一个编译期间的常量，没有了存储与读内存的操作，使得它的效率也很高。

3. const 修饰的使用

（1）修饰一般常量

一般常量是指简单类型的常量。这种常量在定义时，修饰符 const 可以用在类型说明符前，也可以用在类型说明符后。

例如：const int x=56;　或 int const x=56;

定义或说明一个常数组可采用如下格式：int const a[6]={34, 46,78, 33, 89, 80};　　const int a[6]={34,46, 78, 33,89, 80};

（2）修饰常指针

```
int x;
const int *A;           //const 修饰指向的变量，A 可变，A 指向的变量不可变
int const *A;           //const 修饰指向的变量，A 可变，A 指向的变量不可变
int *const A=&x;        //const 修饰指针 A，A 不可变，A 指向的变量可变
const int *const A=&x;  //指针 A 和 A 指向的变量都不可变
```

const 在*的左边，则指针指向的变量的值不可直接通过指针改变；在*的右边，则指针的指向不可变。

① 指针指向的变量的值不能变，指向可变。

```
int x = 1;
int y = 2;
const int* px = &x;//或 int const* px = &x;
px = &y;
*px = 3;             //error,值不能改变
```

② 指针指向的变量的值可以改变，指向不可变。

```
int x = 1;
int y = 2;
int* const px = &x;
px = &y; //error,指向不可变
*px = 3;
```

③ 指针指向的变量的值不可变，指向不可变。

```
int x = 1;
int y = 2;
const int* const px = &x;//或 int const* const px = &x;
px = &y;                 //error,指向不可变
*px = 3;                 //error,值不能改变
int* const px;和 const int* const px;会报错，const int* px;不报错。
```

必须初始化指针的指向 int* const px = &x;const int* const px=&x;

建议在初始化时说明指针的指向，防止出现野指针。

（3）修饰常引用

使用 const 修饰符也可以说明引用，被说明的引用为常引用，该引用所引用的对象不能被更新。其定义格式如下。

```
int i = 10;
// 正确：表示不能通过该引用去修改对应的内存的内容。
const int& ri = i;
int& const rci = i;
```

由此可见，如果不希望函数的调用者改变参数的值。最可靠的方法应该是使用引用。下面的操作会存在编译错误：

```
void func(const int& i)
{   i = 100;      // 错误！不能通过 i 去改变它所代表的内存区域
}
int main()
{   int i = 10;
    func(i);
    return 0;
}
```

1.4.2 动态分配/撤销内存的运算符 new 和 delete

在软件开发过程中，常常需要动态地分配和撤销内存空间，例如对动态链表中结点的插入与删除。在 C 语言中是利用库函数 malloc(memory allocation)和 free 来分配和撤销内存空间的。但是

C++提供了较简便而功能较强的运算符 new 和 delete 来取代 malloc 和 free 函数。

void *malloc(int size) 函数可以向系统申请分配指定 size 个字节的内存空间，该内存的返回类型是 void*类型。void*表示未确定类型的指针。

void free (void *FirstByte) 函数是将之前用 malloc 分配的空间还给操作系统或者是程序，也就是释放了这块内存，让它重新得到自由，可以下次被使用。

注意 new 和 delete 是运算符，不是函数，因此执行效率高。

虽然为了与 C 语言兼容，C++仍保留 malloc 和 free 函数，但建议用户不用 malloc 和 free 函数，而用 new 和 delete 运算符。

1. new 用法

用 new 创建对象和不用 new 创建对象的区别。

```
int main()
{   int a;//栈中分配
    int *c = new int(1);//堆中分配
    delete c;
    return 0;
}
```

堆的内存分配，亦称动态内存分配。如果需要的内存很少，又能确定到底需要多少内存时请用栈。而当需要在运行时才知道到底需要多少内存时请用堆。

栈是机器系统提供的数据结构，计算机会在底层对栈提供支持，栈中内存的分配和释放由系统管理，而堆中内存的分配和释放必须由程序员手动释放进行。

分配专门的寄存器存放栈的地址，压栈出栈都有专门的指令执行，这就决定了栈的高效率。显然，堆的效率比栈要低得多。由上可知，能用栈则用栈。

（1）开辟变量地址空间

使用 new 运算符时必须已知数据类型，new 运算符会向系统堆区申请足够的存储空间。如果申请成功，就返回该内存块的首地址；如果申请不成功，则 new 会返回一个空指针 NULL。

new 运算符返回的是一个指向所分配类型变量（对象）的指针。对所创建的变量或对象，都是通过该指针来间接操作的，而动态创建的对象本身没有标识符名。

一般使用格式：

格式 1：指针变量名=new 类型标识符;
格式 2：指针变量名=new 类型标识符（初始值）;
格式 3：指针变量名=new 类型标识符 [内存单元个数];

说明：格式 1 和格式 2 都是申请分配某一数据类型所占字节数的内存空间；但是格式 2 在内存分配成功后，同时将一初值存放到该内存单元中；而格式 3 可同时分配若干个内存单元，相当于形成一个动态数组。例如：

```
new int;             //开辟一个存放整数的存储空间,返回一个指向该存储空间的地址
int *a = new int     //将一个 int 类型的地址赋值给整型指针 a
int *a = new int(5);//作用同上,但是同时将整数空间赋值为 5
```

（2）开辟数组空间

对数组进行动态分配的格式为：

指针变量名=new 类型名[下标表达式]；

用 new 分配数组空间时不能指定初值。例如：

```
动态定义一维数组：int *a = new int[100]; //开辟一个大小为 100 的整型数组空间
动态定义二维数组：int (*p2)[10] = new int[2][10]; /*去掉最左边那一维[2],剩下 int[10],
所以返回的是一个指向 int[10]这种一维数组的指针 int (*)[10].*/
```

2. delete 用法

删除变量地址空间格式如下：

delete 指向该指针变量名；

```
int *a = new int;
delete a; //释放单个 int 的空间
```

删除数组空间格式如下：

delete [ ] 指向该数组的指针变量名；

```
int *a = new int[5];
delete []a; //释放 int 数组空间
```

> 注意
>
> delete []的方括号中不需要填数组元素数，系统自知。即使写了，编译器也忽略。如果 delete 语句中少了方括号，那么编译器会默认该指针是指向数组第一个元素的指针，会产生回收不彻底的问题，例如：只回收了第一个元素所占空间，加了方括号后就转化为指向数组的指针，那么就可以回收整个数组。

3. 使用 new、delete 需要注意

（1）new 和 delete 都是内建的操作符，语言本身固定了，无法重新定义。

（2）动态分配失败，则返回一个空指针（NULL），表示发生了异常，堆资源不足，分配失败。

（3）指针删除与堆空间释放。删除一个指针 p（delete p;）实际意思是删除了 p 所指的目标（变量或对象等），释放了它所占的堆空间，而不是删除 p 本身（指针 p 本身并没有撤销，它自己仍然存在，该指针所占内存空间并未释放），释放堆空间后，p 成了空指针。

（4）内存泄漏（memory leak）和重复释放。new 与 delete 是配对使用的，delete 只能释放堆空间。如果 new 返回的指针值丢失，则所分配的堆空间无法回收，称内存泄漏。同一空间重复释放也是危险的，因为该空间可能已另分配，所以必须妥善保存 new 返回的指针，以保证不发生内存泄漏，也必须保证不会重复释放堆内存空间。

（5）动态分配的变量或对象的生命期。也称堆空间为自由空间（free store），但必须记住释放该对象所占堆空间，并只能释放一次，如果在函数内建立，而在函数外释放，往往会出错。

（6）要访问 new 所开辟的结构体空间，无法直接通过变量名进行,只能通过赋值的指针进行访问。

（7）用 new 和 delete 可以动态开辟和撤销地址空间。在编程序时，若用完一个变量（一般是暂时存储的数据），下次需要再用，但却又想省去重新初始化的功夫，可以在每次开始使用时开辟一个空间，在用完后撤销它。若大量使用 new 而没有适当地使用 delete 的话，由于空间一直没有归还，最后将导致整个内存空间被用尽。

例 1-12 一维数组动态分配的简单示例。

```
#include <iostream>
using namespace std;
int main()
{   int size = 0;
    cout << "请输入数组长度：";
    cin >> size;
    int *arr = new int[size]; //分配一个具有 size 个 int 元素的数组空间
    cout << "指定元素值：" << endl;
    for(int i = 0; i < size; i++)
    {   cout << "arr[" << i << "] = ";
        cin >> *(arr+i);
    }
    cout << "显示元素值：" << endl;
    for(int i = 0; i < size; i++)
    {   cout << "arr[" << i << "] = " << *(arr+i)<< endl;
    }
    delete [] arr; //释放数组，注意[]
    return 0;
}
```

程序运行结果：

```
请输入数组长度：5
指定元素值：
arr[0] = 1
arr[1] = 2
arr[2] = 3
arr[3] = 4
arr[4] = 5
显示元素值：
arr[0] = 1
arr[1] = 2
arr[2] = 3
arr[3] = 4
arr[4] = 5
```

本 章 小 结

函数重载允许用同一函数名定义多个函数。被重载的函数必须要有不同的形参列表。不可以根据函数返回值类型来重载函数。

如果函数采用默认参数，则没有指定与形参相对应的实参时自动使用默认值。

提供了标准输入输出流对象 cin 和 cout，不用指定输入输出的数据类型，使输入输出更加方便。

提供变量的引用，即为变量提供一个别名，将引用作为函数形参，可以实现通过函数的调用来改变实参变量的值。

用 const 定义常变量。

用 new 和 delete 运算符代替 malloc 和 free 函数，使动态分配空间更加方便。

习 题

1-1 C++有哪些主要特点？C++对 C 主要做了哪些扩充？

1-2 C++一般采用什么方式进行数据的输入和输出？请举例说明。

1-3 分析以下程序执行结果。

```
#include<iostream>
using  namespace  std;
int main()
{    int length, width, s;
     cout<<"计算矩形的面积\n";
     cout<<"输入矩形的长: ";
     cin>>length;
     cout<<"输入矩形的宽:";
     cin>>width;
     s=length*width;
     cout<<"矩形面积为:"<<s<<"\n";
     return 0;
}
```

1-4 分析以下程序的执行结果。

```
#include<iostream>
using namespace std;
int main()
{    int a;
     int &b=a; // 变量引用
     b=10;
     cout<<"a="<<a<<endl;
     return 0;
}
```

1-5 分析以下程序的执行结果 。

```
#include<iostream>
using namespace std;
void change(int &a,int &b)
{    int t;
     t=a;a=b;b=t;
}
int main()
{    int a=123;
     int b=456;
     cout<<a<<"  "<<b<<endl;
     change(a,b);
     cout<<a<<"  "<<b;
     return 0;
}
```

1-6 求两个或三个正整数中的最大值。分别用函数重载和带有默认参数的函数实现。

1-7　编写一段程序，利用 new 运算符分别动态分配 float 型和 long 型内存单元，将它们的首地址分别赋给指针 pf、pl。给这些存储单元赋值，并在屏幕上显示它们的值。最后利用 delete 运算符释放动态分配的内存单元。

1-8　采用动态内存分配方法设计一个学生处理程序，要求输入任意数量学生的学号、姓名和四门课的成绩，并按平均成绩高低输出每个学生的姓名和成绩。

第2章 类和对象

类是C++面向对象程序设计的基础，是至关重要的。类属于自定义数据类型，设计良好的类可以像使用基本数据类型（整型、浮点型、双精度型、字符型）一样简单。对象是类的变量，是类的具体实例。本章主要介绍C++中类和对象的定义。

2.1 面向对象程序设计

C 语言中的程序设计思想是把问题分成一个一个的函数，然后用主函数把它们串联起来，这就是所谓的面向过程程序设计（Procedure Oriented Programming）。

面向过程程序设计的设计思路是：自顶向下，逐步求精。一个复杂过程，可按其功能分解为若干个模块。然后，再把每个模块进一步细化，直到子模块变得清晰且易于实现。但程序模块的划分，因人而异，缺乏统一的标准。另外，逐步细化过程前后关系密切，一旦先期需求改变，将直接影响后继需求分析的描述，给程序的维护带来诸多不便。

在面向过程的程序中，所有数据是公开的。一个函数可以使用和改变任意一组数据，而一组数据又可能被多个函数使用。这种数据与运算分离开来的程序结构无法保证数据的安全性。一旦数据结构发生变化，相关的算法也必须随之改动。对于相同的数据结构，若操作不同，也要编写不同的程序。因此，面向过程的程序代码重用性不好。

面向过程程序设计中程序被描述为：

程序 =（模块 + 模块 + …）
模块 =（算法）+（数据结构）

如果程序规模比较小，可以使用面向过程的程序设计方法，但在大型项目设计中被广为应用的是面向对象程序设计（Object Oriented Programming，OOP）方法。这种设计方法使得程序有更好的灵活性、可维护性和数据的安全性。

面向对象程序设计基于一种很自然和朴素的思想。计算机软件开发的过程就是人们使用各种计算机语言将现实世界反映到计算机世界的过程。现实世界由各种对象组成，任何客观存在的事物都是对象，复杂的对象是由简单对象结合而成的。面向对象程序设计的基础是类和对象。**类**是具有相同属性结构和操作行为的一组对象共性的抽象；**对象**是描述客观事物的属性结构及定义在该结构上的一组操作的结合体。面向对象程序设计中程序被描述为：

程序 =（对象 + 对象 + …）
对象 =（数据结构 + 算法）

程序员根据具体情况，先设计一些类。每个类有数据成员和操作这些数据的成员函数。然后，定义各个类的对象，并将数据赋给各个对象。对象的数据是私有的，外界只能通过公有的成员函数才能访问该对象的数据。这样就保证了数据的安全性。类的继承性使得每一个新类得以继承基类、父类的全部属性和方法，并加入自己特有的属性和方法，从而使得代码的重用成为可能。类对数据结构和算法的绑定使得程序便于修改和调试，便于程序的维护和扩充。每个对象是数据和操作代码的完整结合体。面向对象程序设计语言有以下四个特征：

抽象性——许多实体的共性产生类；

封装性——类将数据和操作封装为用户自定义的抽象数据类型；

继承性——类能被重用，具有继承（派生）机制；

多态性——具有动态联编机制。

2.2 类的定义

类是对某一类对象的抽象，对象是一种类的实例。就像每一个具体的学生张三、李四、王五是一个个对象，把这一个个学生对象进行抽象，使其都具有学号、姓名、分数等属性。类和对象是密切相关的。没有脱离对象的类，也没有不依赖于类的对象。

2.2.1 从结构体到类

类是一种自定义的数据类型，它是将不同类型的数据和与这些数据相关的操作封装在一起的集合体。这与 C 语言中的结构体有相同的特性，但又有很大的区别，结构体中没有“与数据相关的操作”。下面先来看一下 C 语言中的结构体类型的声明。

```
struct Student
{  int no;              //学号
   char name[20];       //姓名
   float score;         //分数
};
struct Student stu1,stu2;//定义了两个结构体变量 stu1 和 stu2
```

下面再来看类的声明与结构体有何相似之处。

```
class student
{  int no;
   char name[20];
   float score;
   void display()      //成员函数，输出学生信息
   { cout<<"学号"<<no<<endl;
     cout<<"姓名"<<name<<endl;
     cout<<"分数"<<score<<endl;
   }
};
class Studnet stu1,stu2;//定义了两个类的对象 stu1,stu2
```

标准 C 中是不允许在结构体中声明函数的，但 C++中类的定义不仅包含数据还包含对数据进行操作的函数。这点与 C 有着本质区别，很好地体现了 C++面向对象的特点。

这种将数据和对数据进行操作的函数放在一起的做法被称为封装。

封装在类中的成员（数据和函数）与外界是无法接触的，这样当然是安全了，但如果完全与外界隔绝了，这样的类的定义就无实际意义了。就像在前面定义的 Student 类中的函数 display，外界根本无法使用。所以一般情况下，把数据隐蔽起来，而把对数据的操作作为与外界的公共的接口与外界联系。可以将上面类的定义改为：

```
class Student
{private:                    //以下部分成员是私有的
   int no;
   char name[20];
   float score;
 public:                     //以下部分成员是公有的
  void display()
   { cout<<”学号”<<no<<endl;
     cout<<”姓名”<<name<<endl;
     cout<<”分数”<<score<<endl;
   }
};
Student stu1,stu2;//定义了两个类的对象 stu1,stu2
```

这样，外界就可以调用公有的函数 display 了。

如果在类中不指定 private,也不指定 public，系统默认为是 private。而结构体中是不用指定的，默认就是 public 的。

归纳以上，下面来看具体的类的定义。

2.2.2 类的定义格式

类定义的一般格式如下：

```
class 类名
{ private:
      数据成员和成员函数;
  protected:
      数据成员和成员函数;
  public:
      数据成员和成员函数;
};
```

说明

（1）class 是定义类的关键字，类名是要声明的类的名字，必须符合标识符的定义规则。

（2）类的成员包括类的数据成员和成员函数。

（3）关键字 private、protected 和 public 是成员访问限定符，类具有封装性，声明成 public 的成员才能被外界访问，声明成 private 和 protected 的成员外界是不能访问的。如果没有显式声明成员访问限定符，系统将成员默认为 private。在学习继承之前，将把 protected 与 private 一样看待。

（4）在一个类体中三个成员访问限定符出现的顺序任意，也不一定都要出现，也可以出现多次，但为了程序的清晰，最好使每一种成员访问限定符在类的定义体中只出现一次。

（5）现在的 C++程序多数先写 public 部分，这样可以把注意力集中在能被外界调用的成员上，使思路更清晰。

2.3　对象的定义

类是抽象的，定义的 Student 类不是特指哪个学生。利用类可以像定义变量一样定义对象，这些对象的“组成成员”都是相同的，只有内容不同而已。每一个具体的学生就是一个对象。

对象是类的实例，一个对象一定是属于某一个类的，因此，在定义对象之前必须先定义这个对象所属的类。

2.3.1　对象的定义格式

对象的定义格式如下：

```
class 类名 对象名 ; 或  类名 对象名 ;
```

如：class Student stu1; 或 Student stu1;

说明

（1）第 1 种方法是遵循 C 语言的写法，第 2 种方法直接用类名定义对象，是 C++ 的特色，这种方法更简便。

（2）对象名实际可以有多个对象，用逗号分隔。

（3）除了可以定义一般类对象外，还可以定义对象数组、指向对象的指针或引用等。

（4）定义一个对象时，编译系统会为这个对象分配内存空间。该对象占用的内存空间大小实际上是它的数据成员在内存中所占用空间大小。成员函数对于所有的类对象来说，只有一份，在代码区共用。

2.3.2　对象成员的访问

对象的成员就是这个对象所属类的成员。对象成员的访问与 C 语言中结构体变量成员的访问一样。

访问对象的成员可以有以下几种表示方法。

（1）一般对象访问成员用成员运算符 .

格式如下：

```
对象名.数据成员名
对象名.成员函数名(参数表)
```

例如：stu1.name、stu1.no、stu1.score、stu1.display()等。

其中成员运行符“.”用来对成员进行限定，指明访问的是哪一个对象中的成员，不能只写成员名而不写对象名。

（2）指向对象的指针访问成员用运算符 ->

格式如下：

```
对象指针名->数据成员名
对象指针名->成员函数名(参数表)
```

例如：`Student *ps=&std1;`

`ps->no`、`ps->name`、`ps->score`、`ps->display()`等。

有一点要说明的是，也可以用(*ps).no、(*ps).name、(*ps).score、(*ps).display()来表示，但最好不要用这些表示方法。

（3）对象的引用访问成员用运算符 .

格式如下：

对象引用名.数据成员名
对象引用名.成员函数名(参数表)

例如：

```
Student stu1,&rstu1=stu1;
rstu1.name、rstu1.no、 rstu1.score、rstru.display()等。
```

（4）对象数组元素访问成员与一般对象一样

格式如下：

数组名[下标].成员名

例如：

```
Student s[10];
     s[0].no、s[0].name、s[0].score、s[0].display()
     s[1].no、s[1].name、s[1].score、s[1].display()……
```

2.4 类的数据成员与成员函数

2.4.1 类的数据成员

类的数据成员描述所表达问题的属性，数据成员在类体中定义，定义方式和一般变量一样。

定义类的数据成员时，有以下几点需要注意：

（1）类中的数据成员类型可以是任何类型，甚至可以是类的对象。但自身类的对象是不可以作为自身类的成员的，不过自身类的指针或引用是可以的。其他类的对象是可以作为该类的成员的。

（2）在类体中不允许对所定义的数据成员初始化。原因很简单，因为类是一种数据类型，没有分配内存空间是来存放具体值，只有属于这个类的对象才可以有具体值。

2.4.2 类的成员函数

类的成员函数就是函数的一种，它与在C语言中学过的一般函数基本上是一样的，主要的区别是成员函数是属于一个类的，在类体中出现。

在前面定义的Student类中就有一个成员函数display，这个成员函数是出现在类的定义中的，而且成员函数使用数据成员时可以直接使用，无需对象名。

来回顾一下，如果要定义一个具有输出功能的一般函数，该如何定义呢？

1. 一般函数与成员函数的区别

一般函数定义如下：

```
void display(Student s)
{    cout<<"学号"<<s.no<<endl;
     cout<<"姓名"<<s.name<<endl;
```

```
      cout<<" 分数" <<s.score<<endl;
  }
```

在这个一般函数中，不能直接使用数据成员了，而要加上对象名称才能使用。

但成员函数是在类中定义的，可以直接使用成员，意思是本对象的成员，就是调用成员函数的对象，也就是 this 指针所指向的对象。而一般函数要通过对象名才能使用成员。

2. this 指针介绍

编译器提供了一个特殊指针 this，它与调用成员函数的对象绑定在一起。访问成员时，一定要指定具体的对象，而在成员函数中可以直接使用成员，不是说不用指定对象，而是这个对象就是 this 指针指向当前调用成员函数的对象，也就是说，是哪个对象调用这个成员函数，this 就指向这个对象。

例如：当对象 stu1 调用成员函数 display 时，也就是执行 stu1.display()时，编译系统提供的 this 指针指向对象 stu1,所以成员函数 display 其实是执行：

```
void display()
{ cout<<" 学号" <<this->no<<endl;
  cout<<" 姓名" <<this->name<<endl;
  cout<<" 分数" <<this->score<<endl;
}
```

由于 this 是指向 stu1 的，所以相当于执行了

```
void display()
{ cout<<" 学号" <<stu1.no<<endl;
  cout<<" 姓名" <<stu1.name<<endl;
  cout<<" 分数" <<stu1.score<<endl;
}
```

当然，在成员函数中是 this 可以省略不写，无需显式使用 this。但当需要将一个对象作为整体使用，而不是使用对象的一个成员时就需要显式使用 this 指针了。这点在后面的实例中会讲到。

3. 成员函数的定义

类中的成员函数可以根据需要定义，下面来定义一些成员函数。

首先来看前面定义的 Student 类，如果调用 stu1.display()，其结果会是什么样呢？

例 2-1　分析下列程序的输出结果。

```
#include<iostream>
using namespace std;
class Student
{public:
    void display()
    {   cout<<"学号："<<no<<endl;
        cout<<"姓名："<<name<<endl;
        cout<<"分数："<<score<<endl;
    }
private:
    int no;
    char name[20];
    float score;
};
int main()
```

```
{   Student stu1;
    stu1.display();
    return 0;
}
```

程序运行结果：

```
学号：-858993460
姓名：烫烫烫烫烫烫烫烫烫烫烫?↕
分数：-1.07374e+008
```

程序说明：

Stu1 这个对象的各数据成员是没有赋值的，显然输出结果是无确定值的。属于 Student 类的每个对象就是一个具体的学生，每个学生应该有他的学号、姓名和分数。

下面再来定义一个 Student 类，要有可以给对象赋值的成员函数，这样的对象有确定值才有意义。

例 2-2 定义一个学生类，其中定义一个成员函数可以通过键盘输入数据给对象设置初始值。

```
#include<iostream>
using namespace std;
class Student
{public:
    void set()
    {   cout<<"请输入学号、姓名、分数"<<endl;
        cin>>no>>name>>score;
    }
    void display()
    {   cout<<"学号："<<no<<endl;
        cout<<"姓名："<<name<<endl;
        cout<<"分数："<<score<<endl;
    }
private:
    int no;
    char name[20];
    float score;
};
int  main()
{   Student stu1;
    stu1.set();
    stu1.display();
    return 0;
}
```

程序运行结果：

```
请输入学号、姓名、分数
202001 liming 90

学号：202001
姓名：liming
分数：90
```

程序说明：

属于 Student 类的每个对象就是一个具体的学生，每个学生应该有他的学号、姓名和分数，成员函数 set 通过键盘输入数据给对象设置初始值。例 2-1 中因为没有给对象赋值，所以输出的结果是不确定的值。

4. 成员函数重载

成员函数与一般函数一样也可以重载。

例 2-3　定义一个学生类，除了从键盘输入数据给对象设置初始值外，再通过函数参数传递方式给对象设置初始值。

```
#include<iostream>
using namespace std;
class Student
{public:
    void set()
    {   cout<<"请输入学号、姓名、分数"<<endl;
        cin>>no>>name>>score;
    }
    void set(int n,char na[],float s)  //通过参数设置初始值
    {   no=n;
        strcpy(name,na);                //注意：不能直接赋值
        score=s;
    }
    void display()
    {   cout<<"学号："<<no<<endl;
        cout<<"姓名："<<name<<endl;
        cout<<"分数："<<score<<endl;
    }
private:
    int no;
    char name[20];
    float score;
};
int main()
{   Student stu1,stu2;
    stu1.set();
    stu2.set(202002,"Wangyi",100);
    stu1.display();
    stu2.display();
    return 0;
}
```

程序运行结果：

```
请输入学号、姓名、分数
202001 Liming  90
学号：202002
姓名：Liming
分数：90
学号：202001
姓名：Wangyi
分数：100
```

程序说明：

成员函数也可以重载，其中定义了一个重载函数 set 用来设置对象的初始值。

5. 有默认参数的成员函数

成员函数中参数的值可以通过实参传递，也可以指定默认值，当实际情况不是默认值时，才由用户另行指定，这样可以减少输入量。

如果成员函数 set 定义如下：

```
void set(int n,char na[],float s=0)
{   no=n;
    strcpy(name,na);
    score=s;
}
```

调用时如果只有两个参数，则分数默认为 0 分。

从以上介绍可以了解到成员函数就是函数的一种，它的用法和作用与一般函数基本上是一样的，它可以重载，也可以有默认参数。它与一般函数的差别就是它属于一个类的成员，出现在类体中，它可以被指定为 private、public 或 protected。使用时要注意只有公有的成员函数才能被外界调用，它们是类的外部接口。但并不是要求所有的成员函数都是公有的，有的成员函数如果只为本类所使用时可以指定为 private。

按照面向对象的思想，定义类时，数据成员尽量私有化。外部想要获得这个数据成员值，一般的方法就是定义一个公有成员函数来实现。下面通过一个实例来说明这点。

例 2-4 定义一个学生类，其中要定义可以获得数据成员值的成员函数。

```
#include<iostream>
using namespace std;
class Student
{public:
    void set()
    {   cout<<"请输入学号、姓名、分数"<<endl;
        cin>>no>>name>>score;
    }
    void set(int n,char na[],float s)  //通过参数设置初始值
    {   no=n;
        strcpy(name,na);
        score=s;
    }
    void display()
    {   cout<<"学号: "<<no<<endl;
        cout<<"姓名: "<<name<<endl;
        cout<<"分数: "<<score<<endl;
    }
    int getno()    {    return no;    }
    float getscore()    {    return score;    }
    char* getname()    {    return name;    }
private:
    int no;
    char name[20];
    float score;
};
int main()
{   Student stu1;
```

```
    stu1.set(202002,"Wangyi",100);
    //cout<<stu1.no<<"  "<<stu1.name<<"  "<<stu1.score<<endl; 错误
    cout<<stu1.getno()<<"  "<<stu1.getname()<<"  "<<stu1.getscore()<<endl;
    reutrn 0;
}
```

程序运行结果：

```
202002  Wangyi  100
```

程序说明：

（1）程序中被注释的语句试图在类外使用私有的数据成员，显然是错误的。

（2）函数 getno()、getname()、getscore()分别是得到学号、姓名和分数值。由于数据成员是私有的，无法在类外使用，但可以通过公有的函数来使用这些数据成员。

2.4.3 类外定义成员函数

类中所有的成员函数都必须在类体中进行声明，但成员函数的定义可以在类体中也可以在类体外。

如果成员函数比较大的话，在类中定义使用起来十分不便，在 C++中允许在类外定义成员函数。类外定义成员函数的格式是在类体中给出对成员函数的声明，在类体外给出成员函数的定义。在类外定义成员函数的格式如下：

```
class 类名
{ private:
      数据成员和成员函数的声明
  protected:
      数据成员和成员函数的声明
  public:
      数据成员和成员函数的声明
};
//实现部分
函数类型 类名::成员函数名(参数表)
{   函数体   }
```

说明

（1）如果在类体中定义成员函数是不需要在函数名前面加上类名的，因为函数属于哪一个类是不言而喻的。

（2）如果成员函数在类外定义时，必须在函数名前面加上类名予以限定。其中“::”是作用域限定符或称作用域运算符，用它声明函数是属于哪个类的。

（3）类函数必须先在类体中作原型声明，然后在类外定义，也就是说类体的位置应在函数定义之前，否则编译时会出错。

（4）虽然函数在类的外部定义，但在调用成员函数时会根据在类中声明的函数原型找到函数的定义，从而执行该函数。

（5）在类的内部对成员函数作声明，而在类体外定义成员函数，这是程序设计的一种良好习惯。如果一个函数，其函数体只有 2～3 行，一般可在声明类时在类体中定义。多于 3 行的函数，一般在类体内声明，在类外定义。

例 2-5　将例 2-4 的成员函数定义在类外。

```
#include<iostream>
```

```
using namespace std;
class Student
{public:
    void set()
    void set(int n,char na[],float s);
    void display();
    int getno() {  return no;}
    float getscore() {  return score; }
    char* getname() { return name; }
private:
    int no;
    char name[20];
    float score;
};
void Student::set()
{   cout<<"请输入学号、姓名、分数"<<endl;
    cin>>no>>name>>score;
}
void Student::set(int n,char na[],float s)
{   no=n;
    strcpy(name,na);
    score=s;
}
void Student::display()
{   cout<<"学号: "<<no<<endl;
    cout<<"姓名: "<<name<<endl;
    cout<<"分数: "<<score<<endl;
}
int main()
{   Student stu1;
    stu1.set(202002,"Wangyi",100);
    cout<<stu1.getno()<<"  "<<stu1.getname()<<"  " <<stu1.getscore()<<endl;
    return 0;
}
```

程序说明：

函数 getno()、getname()、getscore()也可以在类外定义，但因为这个函数体只有一句话，所以定义写在了在类体中。

2.4.4 作用域运算符::

在类外定义成员函数时，为了避免不同的类中有名称相同的成员函数而采用作用域运算符来进行区分，就是说在成员函数名前加上“类名::”。

::还有一种用法，不跟类名，表示全局变量或全局函数（即非成员函数的一般函数）。直接用在全局函数前，表示是全局函数。当类的成员函数跟类外的一个全局函数同名时，在类内定义的时候，此函数名默认调用的是本身的成员函数；如果要调用同名的全局函数时，就必须使用::以示区别。

例 2-6 阅读程序，了解当全局变量与局部变量同名时，以及全局函数与成员函数同名时::的用法。

```
#include<iostream>
using namespace std;
int value=10;
```

```
void fun()
{    cout<<"::fun"<<endl; }
class Test
{public :
    void fun()
    {   cout<<"Test::fun"<<endl;  }
    void do_someing()
    {   fun();    // 成员函数,优先使用类中的成员函数 fun
        ::fun(); // 强制使用全局函数 fun
    }
};
int main()
{   int value=2;
    Test t;
    t.do_someing();
    cout<<value<<endl;    //主函数中的变量 value
    cout<<::value<<endl; //全局变量 value
    return 0;
}
```

程序运行结果:

```
Test::fun
::fun
2
10
```

程序说明:

(1)Do_someing 是成员函数，该函数中调用 fun，指的是成员函数 fun，如果要调用全局函数 fun，需要在函数名前加::。

(2)主函数中使用变量 value 时，指的是主函数中定义的局部变量 value，如果要使用全局变量 value，需写成::value。

2.4.5 声明成员函数为内联函数

1. 为什么引入内联函数

函数调用要将程序执行权转到被调用函数中，然后再返回到调用它的函数中。进函数和出函数是需要时间的，如果频繁进出函数会大大影响工作效率。特别是对于一些函数体代码不是很大，但又频繁地被调用的函数来讲，解决其效率问题更为重要。引入内联函数实际上就是为了解决这一问题。内联函数在调用时，实际不是去调用该函数，而是在编译时用函数体内容代替函数调用，将该函数的代码整段插入到当前位置，从而加快程序运行速度。但每一处内联函数的调用，都要复制代码，将使程序的总代码量增大，消耗更多的内存空间，内联函数是以浪费空间为代价换来了时间。

2. 内联函数的定义

在函数声明或定义时，将 inline 关键字加在函数返回类型前面的就是内联函数。inline 翻译成“内联”或“内嵌”。

inline 函数的声明或定义非常简单，只要在函数声明或定义前加一个 inline 修饰符。

如:

```
inline int max(int a, int b)
{   return (a>b)? a : b;   }
```

使用内联函数时注意以下几点：

（1）递归函数不能定义为内联函数。

（2）内联函数一般适用于不存在循环和 switch 等复杂的结构且只有 1 ~ 5 条语句的小函数上，内联函数的函数体过大时，编译器会放弃内联方式，而采用普通的方式调用函数。

（3）内联函数要在函数被调用之前声明。关键字 inline 必须与函数定义体放在一起才能使函数成为内联，仅将 inline 放在函数声明前面不起任何作用。

3. 成员函数为内联函数

成员函数定义在类体外和类体内是有差别的。如果一个成员函数的声明和定义都在类体内，且符合内联函数条件，那么这个成员函数就是内联函数。一个成员函数的声明在类体内，而定义在类体外，如果要作为内联函数处理就必须在成员函数的定义前加上“inline”关键字，显式说明该成员函数是内联函数。

如果想将 display 指定为内联函数，应当用 inline 显式声明。

```
class Student
{ public:                    //以下部分成员是公有的
  inline void display();
private:                    //以下部分成员是私有的
   int no;
   char name[20];
   float score;
};
inline void Student::display()
{     cout<<"学号"<<num<<endl;
      cout<<"姓名"<<name<<endl;
      cout<<"分数"<<score<<endl;
}
```

例 2-5 中定义 Student 类时有这样三个成员函数：getno()、getscore()和 getname()。其定义在类体中，那么这些成员函数就是内联函数。

按照面向对象的程序设计思想，数据成员一般指定为私有的，无法在类外使用，但可以通过获得这些数据成员值的公有成员函数来使用它们。这样充分体现了面向对象程序设计的思想，但频繁调用这些成员函数时效率大大降低，而内联函数正好解决了这个问题。

2.4.6　外部接口与内部实现的分离

一个类如果只被一个程序使用，可以把类的声明和成员函数的定义直接写在程序的开头，但如果被多个程序使用时，重复工作量大，效率大大降低。目前开发程序常用的做法是将类的定义分成两部分。类的声明放在头文件中，看成是类的外部接口，类的成员函数定义放在另一个文件中，看成是类的内部实现。

一个程序按结构至少可以划分为三个文件：类的声明文件（*.h 文件）、类的实现文件（*.cpp 文件）和主函数文件（使用类的文件），如果程序更复杂，可以为每个类单独建一个声明文件和一个实现文件。这样要修改某个类时就直接找到它的文件修改即可，不需要对其他的文件进行改动。

如：可以把学生类的定义分别写在两个文件中。

```
//student.h     类的定义
class Student
{private:                    //以下部分成员是私有的
```

```
        int no;
        char name[20];
    public:                    //以下部分成员是公有的
        void set(int n,char na[],float s);
         void display();
};
//student.cpp    成员函数定义
#include<iostream>
using namespace std;
#include"student.h"
void Student::set(int n,char na[],float s)
{   no=n;
    strcpy(name,na);
    score=s;
}
void Student::display()
{    cout<<"学号"<<no<<endl;
     cout<<"姓名"<<name<<endl;
     cout<<"分数"<<score<<endl;
}
//主函数部分
#include"student.h"
int main()
{   Student s;
    s.set(1001,"Li",90);
    s.display ();
    return 0;
}
```

软件工程的一个最基本的原则就是将接口与实现分离，它的好处在于：如果想修改或扩充类的功能，只需修改本类中有关的数据成员和与它有关的成员函数，程序中其他的部分可以不必修改。

2.5 程序实例

例 2-7 时间类的定义

一个时间的表示有时、分、秒三个量，在没有学习结构体时，要用三个变量来表示一个时间，学习了结构体后，可以用一个结构体变量来表示一个时间，这样组织以后可以很清晰地知道是哪个变量的时，分，秒了。但结构体中没有对时、分、秒这三个数据的操作，而且这三个数据是公有的，在类外可以任意对这些数据进行操作。

下面分别用结构体和类来定义时间，比较二者的不同。

1. 结构体定义

```
#include<iostream>
using namespace std;
struct time                        //结构体中只有数据
{
    int hour,minute,second;
};
void set(struct time &t)          //通过键盘输入给时间结构体变量赋值
```

```
{   cin>>t.hour>>t.minute>>t.second;  }
void display(struct time t)          //输出时间结构体变量的值
{   cout<<t.hour<<":"<<t.minute<<":"<<t.second<<endl;  }
int main()
{   struct time t1;                  //结构体变量 t1
    set(t1);                         //调用函数 set
    display(t1);                     //调用函数 display
    return 0;
}
```

程序说明：

（1）结构体中只有数据，没有对数据的操作，数据是公有的，对外界开放。

（2）对数据的操作定义在外面，要注意的是 set 函数中的形参是引用变量，只有这样，主函数中的变量 t1 才能和 set 函数中的变量 t 是同一个内存空间（也就是 t 是 t1 的别名），这样，t1 才能得到键盘输入的值。

2. 类的定义

学习了类的定义后，可知如果将时间定义成一个类，可以更方便地使用这个时间，又可以保证数据的安全性。

类定义时除了要考虑有哪些数据成员以外，还要考虑有哪些成员函数。很显然时间类的定义中的数据成员有时、分、秒这三个量，必不可少的成员函数要能对时间对象初始化、能输出时间对象值。一般情况下，数据成员是私有的，把数据隐蔽起来，而成员函数是公有的，这样作为对外界的公共的接口与外界联系。

由以上分析，时间类的定义如下：

例 2-8　时间类的定义

```
#include<iostream>
using namespace std;
class Time
{public:
    void set() //由键盘输入数据进行数据成员初始化
    {   cin>>hour>>minute>>second;   }
    void set(int h,int m,int s )//由参数设定数据成员的值
    {   hour=h;minute=m;second=s;    }
    void display()//输出显示时间
    {   cout<<hour<<":"<<minute<<":"<<second<<endl;     }
private:
    int hour,minute,second;
};
int main()
{   Time t1,t2;            //定义对象 t1 和 t2
    t1.set();              //调用无参的 set
    t1.display();          //调用 t1 的成员函数 display
    t2.set(8,0,0);         //调用 t2 的有参的成员函数 set
    t2.display ();
    return 0;
}
```

程序说明：

（1）重载定义了成员函数 set，这样可以有两种方式将数据成员初始化。

（2）成员函数的参数是可以有默认值的，void set（int h=0, int m=0, int s=0）{…}把时、分、秒的默认值都设置为 0，如果实际情况不是 0，再由用户另行指定。但一定要注意，当把三个参数全部设置为默认值，那么会出现错误：

error C2668: 'set' : ambiguous call to overloaded function 原因是会有二个无参的 set 函数，编译系统无法分辨。

（3）缺省参数可以在定义中，也可以在声明中。

```
void Time::set(int h=0,int m=0,int s=0)  //由参数设定数据成员的值
{   hour=h;minute=m;second=s;  }
```

3. 类的定义，增加一些功能

例 2-9 时间类的定义，增加一些功能。

类定义要提供给更多不同的程序所共享，所以不能只考虑单个程序的使用。时间类的定义还可以有更多成员函数，如加 1 秒、加 1 分、加 1 小时、加 *n* 秒、获取一个时间的总秒数、两个时间的差值等等的操作。下面的实例中没有一一给出，只实现了其中一部分。

```
#include <iostream>
using namespace std;
class Time
{public:
    void set();
    void display( );
    Time add_a_sec();  //增加 1 秒钟
    int totalsec();    //获得总秒数
private:
    bool is_time(int, int, int);//这个成员函数设置为私有的，时间数据的合法性验证
    int hour,minute,sec;
};
void Time::set()      //输入数据并进行合法性验证
{   cout<<"请输入时间(格式 hh  mm  ss)";
    while(1)
    {   cin>>hour>>minute>>sec;
        if (!is_time(hour,minute,sec))
            cout<<"时间非法，请重新输入"<<endl;
        else
            break;
    }
}
void Time::display( )
{   cout<<hour<<":"<<minute<<":"<<sec<<endl;  }
bool Time::is_time(int h,int m, int s)
{   if (h<0 ||h>24 || m<0 ||m>60 || s<0 ||s>60)
        return false;
    return true;
}
Time Time::add_a_sec()
{   sec++;
    if(sec==60)
    {   sec=0;
        minute+=1;
    }
    if(minute==60)
```

```
    {   minute=0;
        hour+=1;
    }
    if(hour==24)
    {   hour=0;     }
    return *this;
}
int Time::totalsec()
{   return hour*3600+minute*60+sec;   }
int main( )
{   Time t1;
    t1.set( );
    cout<<"现在时间是: ";
    t1.display();
    t1.add_a_sec();   //增加1秒钟
    cout<<"增加1秒钟后: ";
    t1.display( );
    cout<<"总秒数是: "<<t1.totalsec ()<<endl;
    return 0;
}
```

程序说明：

（1）并不是所有的成员函数都是公有的。这个实例中定义的成员函数 is_time 被设置为私有的，因为这是为时间类而设计的在类中使用的辅助函数，无需在类外调用。

（2）这个程序中显式使用了 this 指针，是因为 this 要作为整体使用，不能省略。

例 2-10 将一组整数按从大到小排序。

数据成员应该是一组整数，用数组表示，先考虑数组中的元素个数是固定的情况。很显然需要有以下功能的成员函数：对数组进行赋值；输出数组；数组元素排序。

程序如下：

```
#include<iostream>
using namespace std;
class Array
{public:
    void set_array();
    void sort();
    void show_array();
private:
    int a[10];
};
void Array::set_array()     //通过键盘输入对数组进行赋值
{   int i;
    cout<<"请输入10个整数"<<endl;
    for(i=0;i<10;i++)
        cin>>a[i];
}
void Array::show_array()    //输出数组
{   int i;
    for(i=0;i<10;i++)
        cout<<a[i]<<"  ";
    cout<<endl;
}
void Array::sort()            //排序，用了熟知的冒泡排序法
```

```
{   int i,j;
    for(i=9;i>=1;i--)
        for(j=0;j<i;j++)
            if(a[j]<a[j+1])
            {   int t=a[j];
                a[j]=a[j+1];
                a[j+1]=t;
            }
}
main()
{   Array mya;
    mya.set_array();
    cout<<"排序前："<<endl;
    mya.show_array();
    mya.sort();
    cout<<"排序后："<<endl;
    mya.show_array();
}
```

程序运行结果：

```
请输入 10 个整数
78  56  80  79  88  90  80  56  76  77
排序前：
78  56  80  79  88  90  80  56  76  77
排序后：
90  88  80  80  79  78  77  76  56  56
```

程序说明：

（1）对数组数据的赋值除了键盘输入以外，还可以由另一个数组给出。

（2）排序方法有很多种，这里给出的是比较简单的冒泡排序法。

下面考虑数组元素不固定，也就是说如果是动态数组，该如何解决？考虑到数组元素个数的不固定，所以用指针来实现数组，根据需要的元素个数进行空间分配，当然最后不能忘记空间的收回。

例 2-11　将一组整数按从大到小排序（动态数组）。

```
#include<iostream>
using namespace std;
class Array
{public:
    void set_array();
    void Array::set_array(int *,int );
    void sort();
    void show_array();
    void del();
private:
    int *a,n;           //指针变量 a 用来实现动态数组，n 是数组元素的个数
};
void Array::set_array()
{   int i;
    cout<<"请输入数组元素个数："<<endl;
    cin>>n;                   //输入数组元素个数
    a=new int[n];
    cout<<"请输入数组元素的值："<<endl;
    for(i=0;i<n;i++)
```

```
            cin>>a[i];
    }
    void Array::set_array(int *b,int nn)   //用另一个数组来给这个数组赋值
    {    int i;
         n=nn;
         a=new int[n];
         for(i=0;i<n;i++)
             a[i]=b[i];
    }
    void Array::show_array()
    {    int i;
         for(i=0;i<n;i++)
             cout<<a[i]<<"  ";
         cout<<endl;
    }
    void Array::sort()             //排序
    {    int i,j;
         for(i=n-1;i>=1;i--)
             for(j=0;j<i;j++)
                 if(a[j]<a[j+1])
                 {    int t=a[j];
                      a[j]=a[j+1];
                      a[j+1]=t;
                 }
    }
    void Array::del()   //空间收回
    {    delete [] a;}
    int main()
    {    int array[]={80,89,60,56,70,78,56,89,56,99};
         Array mya1,mya2;
         mya1.set_array();
         mya2.set_array(array,sizeof(array)/sizeof(int));
         cout<<"排序前: "<<endl;
         mya1.show_array();
         cout<<"排序后: "<<endl;
         mya1.sort();
         mya1.show_array();
         cout<<"用另一个数组对本数组赋值"<<endl;
         cout<<"排序前: "<<endl;
         mya2.show_array();
         mya2.sort();
         cout<<"排序后: "<<endl;
         mya2.show_array ();
         mya2.del();//不要忘记空间收回
         mya1.del();//不要忘记空间收回
         return 0;
    }
```

程序运行结果:

```
请输入数组元素个数: 6
请输入 6 个数组元素的值:
89 67 90 77 89 99
排序前:
89  67  90  77  89  99
```

```
排序后：
99  90  89  89  77  67
用另一个数组对本数组赋值
排序前：
80  89  60  56  70  78  56  89  56  99
排序后：
99  89  89  80  78  70  60  56  56  56
```

程序说明：

（1）重载定义了 set_array，可以用另一个数组来给数组赋值。

（2）函数 del 用来回收分配的空间，请不要忘记。

下面以银行账户类为例来说明类的设计步骤。

例 2-12 定义银行账户类，模拟取款、存款、查询余额等功能。

第一步：数据成员的确定

银行账户类需要的基本数据如表 2-1 所示。

表 2-1 银行账户类需要的基本数据

属性	名称	类型
账号	account	char[20]
密码	password	char[9]
姓名	name	char[10]
余额	balance	double

以上数据不能随便让成员函数以外的函数来存取，必须要有封装的效果，所以声明为私有的。

第二步：成员函数的声明

此类有哪些内部和外部操作？需要哪些功能？也就是需要哪些成员函数？如表 2-2 所示。

表 2-2 银行账户类需要的功能

功能	输入参数	返回值
数据成员初始值的设置（set）	账号、姓名、密码、余额	无
存款（deposit）	账号、密码、存款金额	存款成功或失败
取款（drawing）	账号、密码、取款金额	取款成功或失败
当前余额（balance）	账号、密码	余额
检查密码（check）	账号、密码	正确与否

以上功能都是外部操作，是在类外可以操作该对象的公共接口，必须声明为公有的。

由第一步和第二步知，银行账号类的声明如下：

```
class Account
{public:
    void set(char *,char *,char *,double);//设置初始值
    bool deposit(char *,char*,double);//存款
    bool drawing(char *,char*,double);//取款
    double chk_balance(char *,char *);//查询余额
    bool check(char *,char *);          //检查密码
```

```
private:
    char no[20];         //账号
    char password[9];    //密码
    char name[10];       //姓名
    double balance;      //余额
};
```

第三步：设计成员函数，也就是设计类中的成员函数的函数体。

```
void Account::set(char *n,char *pw,char * na,double m)//设置初始值
{   strcpy(no,n);
    strcpy(password,pw);
    strcpy(name,na);
    balance=m;
}
bool Account::deposit(char *n,char *pw,double m)
{   if(check(n,pw))  //检查账号和密码
    {   balance+=m;  //存款，余额增加
        return true; //存款成功
    }
    else
        return false;  //存款失败
}
bool Account::drawing(char *n,char *pw,double m)//取款
{   if(check(n,pw)&&balance>=m)
    {   balance-=m;     //取款，余额减少
        return true;
    }
    else
        return false;
}
double Account::chk_balance(char*n,char *pw)//查询余额
{    if(check(n,pw))
        return balance; //查询余额成功，返回余额值
    else
        return -1;      //查询余额不成功，返回-1
}
bool Account::check(char *n,char *pw)
{   if( strcmp(n,no)==0&&strcmp(pw,password)==0)   //检查账号和密码
        return true;
    else
        return false;
}
```

第四步：银行账号类定义好后，可以编写主函数来模拟取款、存款及查询余额三大功能。

```
int main()
{   Account testacc;
    testacc.set("43002522889046","123456","wangming",10000);
    int choice;
    char n[20];  //存储输入的账号
    char pw[9];  //存储输入的密码
    double m;          //存储输入的存款金额、取款金额或查询余额
    do{    cout<<"欢迎使用"<<endl;
```

```
        cout<<"<1>存款"<<endl;
        cout<<"<2>取款"<<endl;
        cout<<"<3>查询余额"<<endl;
        cout<<"<0>结束"<<endl;
        cout<<"请选择: ";
        cin>>choice;
        switch(choice)
        {case 1:
            cout<<"请输入账号: ";cin>>n;
            cout<<"请输入密码: ";cin>>pw;
            cout<<"请输入存款金额: ";cin>>m;
            if(testacc.deposit (n,pw,m))
            {   cout<<"存款成功! 当前余额为:";
                cout<<testacc.chk_balance (n,pw)<<"元"<<endl;
            }
            else
                cout<<"存款操作失败! 可能账号或密码错误!"<<endl;
            break;
        case 2:
            cout<<"请输入账号: ";cin>>n;
            cout<<"请输入密码: ";cin>>pw;
            cout<<"请输入取款金额: ";cin>>m;
            if(testacc.drawing (n,pw,m))
            {   cout<<"取款成功! 当前余额为";
                cout<<testacc.chk_balance (n,pw)<<"元\n";
            }
            else
                cout<<"存款操作失败! 可能账号或密码错误, 或存款不足!\n";
            break;
        case 3:
            cout<<"请输入账号: ";cin>>n;
            cout<<"请输入密码: ";cin>>pw;
            m=testacc.chk_balance (n,pw);
            if(m)
               cout<<"查询操作成功! 你的存款余额为: "<<m<<"元\n";
            else
               cout<<"查询操作失败! 可能账号或密码错误!\n";
            break;
        }
    }while(choice!=0);
    cout<<"谢谢使用! "<<endl;
    return 0;
}
```

程序运行结果:

```
欢迎使用
<1>存款
<2>取款
<3>查询余额
```

```
<0>结束
请选择：1
请输入账号：43002522889046
请输入密码：123456
请输入存款金额：5000
存款成功！当前余额为:15000元
欢迎使用
<1>存款
<2>取款
<3>查询余额
<0>结束
请选择：2
请输入账号：43002522889046
请输入密码：123456
请输入取款金额：3000
取款成功！当前余额为：12000元
欢迎使用
<1>存款
<2>取款
<3>查询余额
<0>结束
请选择：0
谢谢使用！
```

程序说明：

（1）在存款或取款时都需要检查账号和密码，可直接调用成员函数 check 来检查。

（2）查询余额的成员函数返回当前余额，当账号或密码错误时返回-1。

本 章 小 结

面向过程程序设计的设计思想是：自顶向下，逐步求精。为了弥补面向过程程序设计思想中的一些缺陷，产生了面向对象的程序设计思想。它将数据和操作这些数据的函数紧密地结合在一起，并保护数据不会被外界的函数改变。

面向对象程序设计共有四个特征：抽象性、封装性、继承性、多态性。

类是一种自定义的数据类型，它是将不同类型的数据和与这些数据相关的操作封装在一起的集合体。

类中的成员共有三种访问属性：private（私有的）、protected（受保护的）和 public（公有的）。类具有封装性，声明成 public 的成员才能被外界访问，声明成 private 和 protected 的成员外界是不能访问的。

对象是类的实例，一个对象一定是属于某一个类，在定义对象之前必须先定义这个对象所属的类。

访问对象的成员可以有以下几种表示方法：

（1）一般对象访问成员用成员运算符 . ；

（2）指向对象的指针访问成员用运算符->；

（3）对象的引用访问成员用运算符 . ；

（4）对象数组元素访问成员与一般对象一样。

编译器提供的特殊指针 this 与调用成员函数的对象绑定在一起。this 指针指向的就是当前调用成员函数的对象。

成员函数与一般函数一样可以重载，也可以指定默认值。

类中所有的成员函数都必须在类体中声明，但成员函数的定义既可以在类体也可以在类体外。一个程序按结构至少可以划分为三个文件：类的声明文件（*.h 文件）、类的实现文件（*.cpp 文件）和主函数文件（使用类的文件）。

内联函数可以大大提高频繁调用成员函数时的效率。

习　　题

2-1　将下面的程序除函数 main()外封装成一个 Mytime 类，并将函数 main()进行相应的改写。

```
#include<iostream>
using namespace std;
struct time
{   int hour,minute,second;};
void settime(time &t,int h,int m,int s)
{     t.hour=h;t.minute=m;t.second=s;}
void Printtime(time t)
{   cout<<t.hour<<":"<<t.minute<<":"<<t.second;}
int main()
{   time t;
    settime(t,1,12,12);
    Printtime(t);
    return 0;
}
```

2-2　以下程序是有错的，请修改程序，但不能破坏类的封装性。修改后能够完成该程序预想完成的任务。

```
#include<iostream>
using namespace std;
class M
{private:
    int x;
public:
     set(int a){x=a;}
};
int main()
{   M m;
    m.set(2);
    cout<<m.x<<endl; return 0;
}
```

2-3　定义一个描述学生基本情况的类，数据成员包括姓名、学号、数学、英语，成员函数包括输出数据、姓名、学号和2门课程的成绩。

2-4　声明一个时间类Date，包含年、月、日三个数据成员，类中包括设置日期的setdate函数，以及以“年-月-日”的格式显示日期值的showdate函数，使日期加1天的addone函数，定义主函数，定义日期对象，设置日期，使日期加1天并显示日期。

2-5　设计宠物类Pet，其数据成员为年龄age和重量weight，成员函数包括设置年龄和重量的setdata函数，显示年龄和重量的showdata函数，实现年龄加1岁的addone函数。写出主函数，定义宠物类对象，设置年龄和重量，使年龄加1岁并显示。

2-6　设计一个家具类Furniture，其数据成员为重量weight和价格price，成员函数包括设置重量和价格的setdata函数，显示重量和价格的showdata函数。写出主函数，设置数据，显示数据。

2-7　声明一个素数类Prime，可以求出给定范围的素数。写出主函数，输入范围，显示该范围内的所有素数。

第3章 深入了解类和对象

在第 2 章中初步了解了类和对象，本章将更深入地了解类和对象的相关知识。重点介绍构造函数和析构函数。在这一章中还要对对象指针、对象引用、常对象、常成员、常对象引用、动态对象建立等问题进行介绍。

3.1 构造函数

从第 2 章介绍的类和对象的概念可知，每一个对象就是一个实体，有初始值才有意义，如 Time 类对象应该有确定的时、分、秒才能运用到实际中。

3.1.1 为什么要使用构造函数

由于类的封装性的特性，一般来说，数据成员是不能被外界访问的，所以对象的数据成员的初始化任务就由公有的成员函数来实现了。就像第 2 章中的 set 函数、set_array 函数等，就是能够对对象进行数据初始化的成员函数。但这样的成员函数必须通过手工调用才能实现对数据成员的初始化工作。有没有更方便的方式能够在对象创建的时候就自动初始化数据成员呢？答案是肯定的。C++提供了构造函数，专门用于数据成员的初始化。

如果定义了构造函数，只要对象一建立，它会被自动调用，给对象分配内存空间和初始化而无需手工调用。如果一个类没有定义构造函数，那么就仅仅创建对象而不做任何初始化工作。

3.1.2 构造函数的特点

构造函数是一种特殊的成员函数，它主要用于为对象分配存储空间，对数据成员进行初始化。构造函数的特性如下。

（1）构造函数的名字必须与类名相同，以此来标识是构造函数。

（2）构造函数没有返回类型，void 也不可以写。

（3）构造函数可以重载，它可以带参数，也可以不带参数，只要每个构造函数的参数表是唯一的就可以了，从而提供初始化类对象的不同方法。

（4）声明类对象时系统会自动调用构造函数，构造函数是不能被显式调用的。

（5）若未定义构造函数，系统会自动生成默认的构造函数，此时构造函数的函数体为空。

（6）若自定义了构造函数，系统不会再自动生成默认构造函数，因此不能再被使用，此时要使用自定义的构造函数来创建对象。

（7）构造函数的访问权限一般是 public 的，如果是 private 的，这个类是不能被实例化的，也就没什么意义了。

3.1.3 构造函数的种类

1. 无参构造函数

格式如下：

```
类名( )
{    函数体    }
```

当创建不带任何参数的对象时会调用无参构造函数。

如果用户不定义构造函数，系统会自动提供一个默认构造函数，就是无参的构造函数，只不过函数体是空的。其形式如下：

```
类名( )
{  }
```

第 2 章中定义的类都没有构造函数，那么实际上是有个默认的构造函数。如：Time 类的默认构造函数是

```
Time( )
{ }
```

例 3-1 定义一个 Student 类，其中对数据成员初始化的成员函数用无参构造函数来实现。

```
#include<iostream>
using namespace std;
class Student
{public:
    Student()                   //例 2-2 中是由 set 成员函数来实现的
    {   cout<<"请输入学号、姓名、分数"<<endl;
        cin>>no>>name>>score;
    }
 void display()
    {   cout<<"学号："<<no<<endl;
        cout<<"姓名："<<name<<endl;
        cout<<"分数："<<score<<endl;
    }
    private:
        int no;
        char name[20];
        float score;
};
int main()
{   Student stu;
    stu.display();
    return 0;
}
```

程序说明：

（1）定义了一个无参的构造函数，从键盘输入数据，给数据成员初始化。

（2）定义的对象只能是不带参数的。这个对象的定义和第 2 章中是一样的，但第 2 章因为没有定义构造函数，所以会调用默认构造函数，也就是函数体为空的无参构造函数，而这里调用的是自定义的无参构造函数。

2. 带参数的构造函数

一般形式

类名(形式参数列表)
{　函数体　}

构造函数也可以带有参数，根据需要可以一个，也可以多个。创建对象时要给出相应的实参对对象进行初始化。

例 3-2 定义一个 Student 类，其中对数据成员初始化的成员函数用带参数的构造函数来实现。

```
#include<iostream>
using namespace std;
class Student
{public:
    Student(int n,char na[],float s)      //第 2 章中由成员函数 set 实现
    {   no=n;
        strcpy(name,na);
        score=s;
    }
     void display()
    {   cout<<"学号: "<<no<<endl;
        cout<<"姓名: "<<name<<endl;
        cout<<"分数: "<<score<<endl;
    }
private:
    int no;
    char name[20];
    float score;
};
int main()
{   //Student std1;  错误
    Student std2(202001,"王一",100);
    std2.display();
    return 0;
}
```

程序说明：

（1）程序中被注释的部分是错误的，如果这样定义了对象 std1，std1 会自动调用无参的构造函数，而类中只有一个带参数的构造函数，没定义无参数构造函数，这时系统将无法创建不带参数的对象，会有如下出错信息。

```
error C2512: 'Student' : no appropriate default constructor available
```

要特别注意的是，一旦定义了构造函数，那么默认构造函数就不存在了。

（2）定义对象 std2 时给出相应的实参，会自动调用有参的构造函数。这样给出不同的实参从而实现定义有不同初始值的对象。

构造函数可以带参数，所以构造函数可以重载。下例中重载定义了构造函数。

例 3-3 定义一个 Student 类，其中对数据成员初始化的成员函数由构造函数重载来实现。

```
#include<iostream>
using namespace std;
class Student
{public:
    Student();                              //无参构造函数
    Student(int n,char na[],float s);       //有参构造函数
    void display();
    int getno(){    return no; }
    float getscore(){ return score; }
    char* getname(){ return name; }
private:
    int no;
    char name[20];
    float score;
};
Student::Student()
{   cout<<"请输入学号、姓名、分数"<<endl;
    cin>>no>>name>>score;
}
Student::Student(int n,char na[],float s)
{   no=n;
    strcpy(name,na);
    score=s;
}
void Student::display()
{   cout<<"学号: "<<no<<endl;
    cout<<"姓名: "<<name<<endl;
    cout<<"分数: "<<score<<endl;
}
int main()
{   Student std1;
    Student std2(202001,"王一",100);
    std1.display();
    std2.display();
    return 0;
}
```

程序说明：

定义了两个构造函数，对象 std1 会调用无参构造函数，对象 std2 会调用有参构造函数。

对数据成员的初始化，除了可以在函数体中用一个一个的赋值语句来实现以外，还可以有另外一种参数初始化表的形式。

格式如下：

类名(参数):数据成员名 1(初始化值),数据成员名 2(初始化值)......
{ 函数体 }

例 3-4 将 Time 类的定义构造函数用初始化表的形式给出。

```
#include<iostream>
using namespace std;
class Time
{public:
```

```
    Time();
    Time(int ,int ,int );
    void display();
private:
    int hour,minute,second;
};
Time::Time()
{   cin>>hour>>minute>>second;
}
Time::Time(int h,int m,int s):hour(h),minute(m),second(s){}
void Time::display()
{   cout<<hour<<":"<<minute<<":"<<second<<endl; }
int main()
{   Time t1;
    Time t2(0,0,1);
    t1.display();
    t2.display ();
    return 0;
}
```

程序说明：

（1）通过参数初始化列表进行赋值的形式，对于三个数据成员的类来说可能看不出什么优势，但是当数据成员比较多的时候，这种方式的优势就显现出来了，如此写法简洁明了。这比在构造函数体内使用赋值运算符更高效。

（2）需要注意的是：参数初始化顺序与初始化表列出的变量的顺序无关，参数初始化顺序只与数据成员在类中声明的顺序有关。

例 3-5 将例 3-2 中的构造函数用参数初始化列表的形式给出。

```
#include<iostream>
using namespace std;
class Student
{public:
    Student(int n,char na[],float s):no(n),score(s)
    {
        strcpy(name,na);        //无法使用 name=na 形式，仍需写在函数体中
    }
    void display()
    {   cout<<"学号："<<no<<endl;
        cout<<"姓名："<<name<<endl;
        cout<<"分数："<<score<<endl;
    }
private:
    int no;
    char name[20];
    float score;
};
int main()
{   //Student std1;  错误
    Student std2(202001,"王一",100);
    std2.display();
    return 0;
}
```

程序说明：

要注意字符串的赋值是不可以通过赋值号=来实现的，所以 name 的赋值不能通过参数初始化列表的形式给出，必须写在函数体内。

3. 使用默认参数值的构造函数

构造函数中参数也可以指定默认值，也就是说，在调用时没有指定与形参相对应的实参时，就自动使用默认参数。

例 3-6 定义 Time 类，其中构造函数有默认参数值。

```
#include<iostream>
using namespace std;
class Time
{public:
    Time(int h=0,int m=0,int s=0)
    {   hour=h;minute=m;sec=s;    }
 private:
    int hour,minute,sec;
};
int main()
{   Time t1;
    Time t2(1);
    Time t3(1,2);
    Time t4(1,2,3);
    return 0;
}
```

程序说明：

（1）在构造函数中使用有默认值的参数，为建立对象提供了多种选择，它的作用相当于以下几个重载的构造函数。

```
Time(){hour=0;minute=0;sec=0;}
Time(int h){hour=h;minute=0;sec=0;}
Time(int h,int m){hour=h;minute=m;sec=0;}
Time(int h,int m,int s){hour=h;minute=m;sec=s;}
```

（2）如果构造函数在类外定义，要在声明构造函数时指定默认参数值。

（3）如果同时再定义一个无参的构造函数，会怎么样？当然是错误的，因为对象 t1 会无法识别应该调用哪个构造函数，出现二义性，编译时会报错。

3.2 析构函数

一个类可能需要在构造函数内动态分配资源，这些资源需要在对象不复存在以前被销毁掉，那么析构函数就提供了这个方便。

析构函数的作用和构造函数的作用恰好相反，创建对象时系统会自动调用构造函数进行初始化工作，销毁对象时系统自动调用析构函数来进行资源回收。

3.2.1 析构函数的特点

析构函数的特点如下：

（1）析构函数与构造函数作用恰好相反，析构函数名就是在构造函数名前加一个位取反运算符“~”。

（2）析构函数没有返回值，没有参数，所以不能重载。

（3）当对象生命期结束时，析构函数会被自动调用，其主要目的是释放对象所占用的内存空间。

（4）析构函数以调用构造函数相反的顺序被调用。

析构函数与构造函数最主要区别就在于调用时间不同，构造函数可以有参数，可以重载，但析构函数没有参数，不能重载，一个类只可定义一个析构函数。

3.2.2 析构函数的格式

析构函数的格式形式如下：

```
~类名()
{ 函数体  }
```

例 3-7 以下程序是一个学生类的定义，其中有构造函数和析构函数，分析程序运行结果。

```
#include<iostream>
using namespace std;
class Student
{public:
    Student(int n,char na[],float s)
    {   no=n;
        strcpy(name,na);
        score=s;
        cout<<"constructing student "<<no<<endl;  //为了查看调用情况
    }
    void display()
    {   cout<<"学号："<<no<<endl;
        cout<<"姓名："<<name<<endl;
        cout<<"分数："<<score<<endl;
    }
    ~Student()
    {  cout<<"destucting student "<<no<<endl;  }  //为了查看调用情况
private:
    int no;
    char name[20];
    float score;
};
int main()
{   Student std1(202001,"王一",100);
    Student std2(202002,"张三",99);
    cout<<"main end"<<endl;                      //为了查看调用情况
    return 0;
}
```

程序运行结果：

```
constructing student 202001
constructing student 202002
main end
```

```
destucting student 202002
destucting student 202001
```

程序说明：

（1）为了能看到调用构造函数和析构函数的输出结果，在构造函数中增加了输出语句：cout<<"constructing student "<<no<<endl;在析构函数中增加了输出语句：cout<<"destucting student "<<no<<endl;

（2）从运行结果可以看到，析构函数在main函数运行结束前被执行，并且其顺序正好与构造函数相反。可以将其理解为一个栈，先入后出。

（3）因为这个类的定义无需动态分配空间，所以在析构函数中也就不用收回空间了。这个实例的析构函数是无实际意义的。

下面我们来看一个有动态空间分配的类的定义。

例3-8 将一组整数按从大到小排序（动态数组）。

```
#include<iostream>
using namespace std;
class Array
{public:
    Array(int);
    void sort();
    void show_array();
    ~Array();
private:
    int *a,n;
};
Array::Array(int nn)
{   int i;
    n=nn;
    a=new int[n];
    cout<<"请输入"<<n<<"个整数"<<endl;
    for(i=0;i<n;i++)
        cin>>a[i];
}
void Array::show_array()
{   int i;
    for(i=0;i<n;i++)
        cout<<a[i]<<"  ";
    cout<<endl;
}
void Array::sort()
{   int i,j;
    for(i=n-1;i>=1;i--)
        for(j=0;j<i;j++)
            if(a[j]<a[j+1])
            {   int t=a[j];
                a[j]=a[j+1];
                a[j+1]=t;
            }
}
Array::~Array()
{   delete [] a;    }
int main()
{   Array mya(10);
```

```
    cout<<"排序前：";
    mya.show_array();
    cout<<"排序后：";
    mya.sort();
    mya.show_array();
    return 0;
}
```

程序说明：

（1）构造函数中动态分配了存放 n 个整数的内存空间，且从键盘输入数据进行初始化。

（2）析构函数~Array()负责收回分配的内存空间。

3.2.3　默认析构函数

每一个类都必须有一个析构函数，如果一个类没有定义析构函数，系统会自动生成一个公有的析构函数，即默认析构函数，它的定义格式如下：

```
~类名()
{ }
```

默认的析构函数不能释放由 new 分配的空间，如果类中有数据成员占用的空间是在构造函数中动态分配的，就必须自定义析构函数，显式使用 delete 运算符来释放构造函数使用 new 运算符分配的内存。

3.3　复制构造函数

基本数据类型变量的复制是非常简单的。如 int a=10;int b=a;这里 b 就是由 a 复制而来。那么复杂的类对象也能这样简单复制吗？

3.3.1　类对象的复制

类对象复制可以像简单数据类型一样吗？下面通过实例来进行讲解。

例 3-9　相同类型对象之间的复制。

```
#include<iostream>
using namespace std;
class Date
{
public:
    Date(int y,int m,int d):year(y),month(m),day(a){     }
    void display()
    {   cout<<year<<'-'<<month<<'-'<<day<<endl;     }
private:
    int year,month,day;
};
int main()
{   Date d1(2016,10,1);
    d1.display ();
    Date d2(d1); //等同于 Date d2=d1;
    d2.display ();
```

```
    return 0;
}
```

运行结果如下：

```
2016-10-1
2016-10-1
```

程序说明：

（1）复制形式可以写成 Date d2(d1)，还有一种方便用户的复制形式，用赋值号代替括号写成 Date d2=d1;。但一定要注意这与 Date d1;d2=d1;是不同的，赋值是对一个已经存在的对象赋值，因此必须先定义，再赋值，而对象的复制是建立一个新的对象，同时使它与一个已有的对象完全相同。

（2）如果类的数据成员中包括动态分配的数据，在复制时可能出现严重后果。这点将在后面的深复制中讲述。

（3）对象的复制是生成一个新对象 d2，与 d1 一样。但只对其中的数据成员赋值，而不对成员函数赋值。

Date d2(d1);或 Date d2=d1;这样的语句完成了对象的复制，类对象的复制就像简单类型对象的复制一样简单吗？当然不是，相同类型对象之间的复制是通过复制构造函数来完成整个复制过程的。

在上面的代码中，并没有看到复制构造函数，同样完成了复制工作，这是因为当一个类没有自定义的复制构造函数的时候系统会自动提供一个默认的复制构造函数来完成复制工作。

复制构造函数的格式形式如下。

```
类名(const 类名& 引用对象名)
{    复制构造函数体    }
```

说明

（1）复制构造函数也是一种构造函数，因此函数名与类名相同，并且没有返回类型。

（2）只有一个参数，它必须是本类类型的一个引用但并不限制为 const，一般普遍地会加上 const 限制，使参数值不能改变，以免在调用此函数时因不慎而使对象值被修改。

（3）是通过参数传进来的那个对象来初始化而产生一个新的对象。简单地说就是用一个对象初始化另外一个对象。

例 3-10 定义一个 Date 类，写出它的复制构造函数，分析程序结果。

```
#include<iostream>
using namespace std;
class Date
{public:
    Date(int y,int m,int d):year(y),month(m),day(d){ }
    void display()
    {   cout<<year<<'-'<<month<<'-'<<day<<endl;    }
    Date(Date &d)
    {   year=d.year;
        month=d.month;
        day=d.day;
        //以上三句为复制过程的核心语句，去掉的话就无法完成复制
        cout<<"copying"<<endl;//为了查看调用情况，加了这一输出
    }
private:
    int year,month,day;
};
```

```
int main()
{   Date d1(2016,10,1);
    d1.display ();
    Date d2=d1;
    d2.display ();
    return 0;
}
```

程序运行结果：

```
2016-10-1
copying
2016-10-1
```

程序说明：

（1）其实这个复制构造函数是不需自己编写的，但为了说明问题，在此写出复制构造函数，并且加上了一个输出语句，查看是否执行了复制构造函数。

（2）Date d2=d1;实际是 Date d2(d1);另一种方便用户的复制形式，因为用赋值号代替括号，所以会调用复制构造函数。

3.3.2 复制构造函数的调用时机

在 C++中，有下面三种情况需要调用复制构造函数。

1. 对象通过另外一个对象进行初始化

上面讨论的就是这种情况，在这里就不再赘述。

2. 对象以值传递的方式传入函数参数

例 3-11 阅读程序，分析对象作为参数传入时调用复制构造函数的情况。

```
#include<iostream>
using namespace std;
class Date
{public:
    Date(int y,int m,int d):year(y),month(m),day(d){ }
    void display()
    {   cout<<year<<'-'<<month<<'-'<<day<<endl;    }
    Date(Date &d)
    {   year=d.year;
        month=d.month;
        day=d.day;
        cout<<"copying"<<endl;
    }
private:
    int year,month,day;
};
void fun(Date d)
{   d.display ();
    cout<<"in fun"<<endl;
}
int main()
{   Date d1(2016,10,1);
    fun(d1);
    return 0;
}
```

程序运行结果：

```
copying
2016-10-1
in fun
```

程序说明：

调用时将实参 d1 对象完整地传递给形参 d 对象，建立一个实参的拷贝，也就是按实参复制一个形参，系统会通过调用复制构造函数来实现，这样能保证形参具有和实参完全相同的值。

3. 对象以值传递的方式从函数返回

例 3-12 阅读程序，分析返回对象值时调用复制构造函数的情况。

```
#include<iostream>
using namespace std;
class Date
{public:
    Date(int y,int m,int d):year(y),month(m),day(d){ }
    void display()
    {   cout<<year<<'-'<<month<<'-'<<day<<endl;    }
    Date(Date &d)
    {   year=d.year;
        month=d.month;
        day=d.day;
        cout<<"copying"<<endl;
    }
private:
    int year,month,day;
};
Date fun()
{   Date temp(0,0,0);
    cout<<"in fun"<<endl;
    return temp;
}
int main()
{   Date d1(2016,10,1);
    d1=fun();
    d1.display ();
    return 0;
}
```

程序说明：

temp 是在函数 fun 中定义的，当 fun 函数调用结束，它的生命期就结束了，所以并不会将 temp 带回到主函数，而是在函数 fun 结束前执行 return 语句时调用复制构造函数，按 temp 复制一个新的对象，然后将它赋值给 d1。

以上几种调用复制构造函数都是由编译系统自动调用实现的，不必用户自己去调用，复制构造函数也无需用户编写，只是为了说明问题，才自己编写了复制构造函数。

3.3.3 深复制与浅复制问题

在默认复制构造函数中，编译器会自动生成代码，将“老对象”的数据成员的值一一赋值给“新对象”的数据成员。但是如果认为这样就可以解决对象的复制问题，那就错了。默认复制构造函数执行的是浅复制，也就是说是在对象复制时，只对对象中的数据成员进行简单的赋值。大多情况下“浅复制”已经能很好地工作了，但是一旦对象存在了动态成员，那么浅复制就会出问题了，例如，下面程序中出现的问题。

例 3-13 阅读下列程序，分析出现的问题。

```
#include<iostream>
using namespace std;
class Student
{public:
    Student(int n,char *na,int s)     //构造函数，name 指向分配的空间
    {   no=n;
        name = new char[strlen(na)+1];
        strcpy(name,na);
        score=s;
    }
    ~Student()                        //析构函数，释放动态分配的空间
    {   if(name != NULL)
           delete []name;
}
private:
    int no;
    char *name;
    int score;
};
int main()
{   Student stu1(1,"wangming",90);
    Student stu2(stu1);                  // 复制对象
    return 0;
}
```

程序运行会出现运行错误。原因分析如下：

创建 stu1 对象时构造函数分配空间并赋值给 name,执行 Student stu2(stu1)时，因为没有定义拷贝构造函数，于是就调用默认复制构造函数，只是将数据成员的值进行赋值，也就是执行 stu2.name=stu1.name，由于没有分配新空间给 stu2，所以两个指针指向了同一个空间。

当销毁对象时，两个对象的析构函数将对同一个内存空间释放，也就是同一内存空间释放了两次，这就是错误出现的原因。由于需要的不是两个 name 有相同的值，而是两个 name 指向的空间有相同的值，解决办法就是使用“深复制”。

“深复制”时，对于对象中的动态成员不能只是简单的赋值，而应该重新动态分配空间，解决方案如下：

例 3-14 “深复制”解决例 3-13 的问题。

```
#include<iostream>
using namespace std;
class Student
{public:
    Student(int n,char *na,int s)//构造函数，name 指向堆中分配的内存空间
    {   no=n;
        name = new char[strlen(na)+1];
        strcpy(name,na);
        score=s;
    }
    Student(const Student& s)
```

```
    {   no = s.no;
        score=s.score ;
        name = new char[strlen(s.name)+1];//为新对象重新动态分配空间
        strcpy(name,s.name );
    }
    ~Student()      // 析构函数，释放动态分配的空间
    {   if(name != NULL)
            delete []name;
    }
private:
    int no;
    char *name;
    int score;

};
int main()
{   Student stu1(1,"wangming",90);
    Student stu2(stu1);// 复制对象
    return 0;
}
```

程序说明：

程序中定义了复制构造函数，其中语句 name = new char[strlen(s.name)+1];会为新对象 stu2 分配空间，通过 strcpy(name,s.name);使得 stu2.name 所指空间中的值与 stu1.name 所指空间中的值一样。

3.4 对象指针、对象引用和对象数组

3.4.1 对象指针

无论是简单类型变量还是复杂类型变量（对象）都占有一定的内存空间，对象有数据成员和成员函数两种成员，但实际上定义对象时只为数据成员分配内存空间。

变量中存放的是数据本身，而指针中存放的是数据的地址。对象指针中存放的就是对象的地址，对象指针就是指向对象的指针。

对象指针的定义格式如下：

类名 * 对象指针名=初值;

说明

（1）对象指针定义时可以赋初值，也可以不赋初值。赋初值通常是对象的地址值。例如：Time *pt=&t1; //对象 t1 已经定义存在

（2）赋初值还可以使用 new 为对象指针赋值，在后面详述。

（3）使用对象指针可以访问对象的公有成员，其形式为对象指针名->公有成员名。当然也可以用(*对象名).公有成员名来表示，但最好用前者。

3.4.2 对象引用

对象引用的定义格式如下：

类名 & 对象引用名=对象名;

如：

```
Time t(1,1,1);
Time &rt=t;
```

其中，rt 是对象 t 的引用，也就是对象 t 的别名。

说明

（1）对象引用常用来作函数的形参，当函数形参为对象引用时，则要求实参为对象名，实现引用调用。引用调用具有传址调用的机制和特点，而比传址调用更简单方便。

（2）由于引用调用可以在被调用函数中，通过引用来改变调用函数中的参数值，为了避免这种改变，常使用 const 来限定。由此可知为什么复制构造函数的参数通常是对象的常引用了。

3.4.3　对象数组

数组不仅可以由简单数据类型组成，也可以由复杂数据类型组成。

就拿学生类来说，每个学生都包括有学号、姓名、成绩等数据成员，这些是共同的，但每一个对象也就是每一个具体的学生，对象值是不一样的。例如一个班有 40 个学生，如果为每一个学生建立一个对象，需要分别取 40 个对象名，在程序处理上及不方便。这时可以定义一个“学生类”对象数组，每一个数组元素是一个“学生类”对象。

对象数组的定义格式如下：

类名　数组名[整型常量表达式]

说明

（1）其中整型常量表达式的值表示的是数组元素的个数，也就是定义的对象的个数。

（2）对象元素的表示格式是：数组名[下标]，其中下标值从 0 开始。

如：Student stud[40]；定义了 stud 数组，有 40 个元素，从 stud[0]到 stud[39]。

（3）在建立数组时，会自动调用无参构造函数。如果有 40 个元素，需要调用 40 次无参构造函数。

（4）定义对象数组时还可以提供实参，实现初始化。如：

```
Student stu[3]={Student(1001,” adf” ,90),Student( 1002, ” wang” ,100),
Student(1003,” li” ,98)   };
```

以上初始化是调用 3 个参数的构造函数实现的。

（5）对象数组元素也可以被赋值。如：stu[2]=Student(1002,” zhao” ,100);表示给下标为 2 的元素赋值，赋值时也可以使用一个已知对象进行赋值。

例 3-15　分析下列程序，了解对象数组的定义。

```
#include<iostream>
using namespace std;
class Student
{public:
    Student(int n=0,char na[]="",float s=0)
    {   no=n;
        strcpy(name,na);
        score=s;
        cout<<"Constructing  "<<name<<endl;  //为了查看调用情况
    }
private:
```

```
        int no;
        char name[20];
        float score;
    };
    int main()
    {   Student s1[2];
        Student s2[3]={Student(1001,"zhang",99),Student(1002,"wang",90),
                                Student(1003,"Li",88)};
        return 0;
    }
```

程序运行结果：

```
Constructing
Constructing
Constructing  zhang
Constructing  wang
Constructing  Li
```

程序说明：

（1）为了看出自动调用构造函数的过程，特意在构造函数中编写了输出语句

```
cout<<"Constructing  "<<name<<endl;
```

（2）前二行的结果是数组 s1 产生的，调用的是无参的构造函数，后三行的结果是数组 s2 产生的，调用的是有参的构造函数。

3.4.4 对象指针数组

对象指针数组是一个数组，其数组元素是指向相同类的对象的指针。

对象指针数组的定义格式如下：

类名 *对象指针数组名 [整型常量表达式]

说明：类名是对象指针数组中指针所指向的对象的类，整型常量表达式表示元素的个数。

例 3-16 分析下列程序，了解对象指针数组。

```
#include<iostream>
using namespace std;
class Student
{public:
    Student(int n=0,char na[]="",float s=0)
    {   no=n;
        strcpy(name,na);
        score=s;
    }
    void display()
    {   cout<<"学号: "<<no;
        cout<<"  姓名: "<<name;
        cout<<"  分数: "<<score<<endl;
    }
private:
    int no;
    char name[20];
```

```
    float score;
};
int main()
{   Student s1,s2(1001),s3(1002,"Li"),s4(1003,"wang",98);
    Student *pa[4]={&s1,&s2,&s3,&s4};//对象指针数组可以初始化
    for(int i=0;i<4;i++)
        pa[i]->display();
    pa[0]=&s4;  //对象指针数组元素赋值
    pa[0]->display ();
    return 0;
}
```

程序说明：

程序中定义了一个对象指针数组 pa，一共有 4 个元素，分别是 pa[0]、pa[1]、pa[2]、pa[3]，这 4 个元素都是指向对象的指针。

3.4.5 指向对象数组的指针

指向对象数组的指针可以指向一维对象数组，可以指向二维对象数组，也可以指向多维对象数组。我们这里只讨论指向一维对象数组的指针。

指向一维对象数组的指针定义格式如下：

类名 (*指针名)[整型常量表达式]

> 说明
>
> 类名是该指针所指向的一维对象数组中对象所属的类；整型常量表达式是该指针所指向的一维对象数组的元素个数。
>
> 如：Student (*ps)[5];
>
> ps 是一个指向一维数组对象的指针，该数组有 5 个类对象。

例 3-17 阅读以下程序，熟悉指向一维对象数组的指针。

```
#include<iostream>
using namespace std;
class Point
{public:
    Point (int xx=0,int yy=0):x(xx),y(yy){ }
    void show(){cout<<'('<<x<<','<<y<<')'<<endl;}
private:
    int x,y;
};
int main()
{   int i,j;
    Point a[3]={Point(0,0),Point(1,1),Point(2,2)},b[2][3];
    Point (*p)[3];          //可以指向一维对象数组(含有三个对象)
    for(i=0;i<2;i++)
        for(j=0;j<3;j++)
            b[i][j]=Point(i,j);
    p=&a;                  //指向一维对象数组 a
    for(j=0;j<3;j++)
        (*p)[j].show ();
    p=b;                   //或 p=&b[0]; 指向一维对象数组 b[0]
    for(j=0;j<3;j++)
        (*p)[j].show ();
```

```
    p=&b[1];              //或p=p+1;  指向一维对象数组b[1]
    for(j=0;j<3;j++)      //调用成员函数show
        (*p)[j].show ();
    return 0;
}
```

程序运行结果：

```
(0,0)
(1,1)
(2,2)
(0,0)
(0,1)
(0,2)
(1,0)
(1,1)
(1,2)
```

程序说明：

（1）p=&a是把一维数组的地址赋值给p。

（2）p=b是把二维数组名赋值给p，也就是把&b[0]赋值给p，这里b[0]是一个一维数组。

（3）p=&b[1]是把b[1]的地址赋值给p，这里b[1]是一个一维数组。

3.5 常对象与常成员

虽然数据的封装性保证了数据的安全性，但数据共享还是在不同程度上破坏了数据的安全，所以要对需要共享又需要防止改变的数据定义为常量保护起来。常量用const加以修饰说明。

3.5.1 常对象

使用const关键字修饰的对象称为常对象，常对象在定义时必须初始化，而且不能被更改。常对象的定义格式如下：

类名 const 对象名(实参表列)

或

const 类名 对象名(实参表列)

如const Time t(1,1,1); //定义常对象t1，并指定数据成员的值

常对象只能调用const型的成员函数，不能调用非const型的成员函数，这是为了防止通过调用成员函数来改变常对象中的数据成员的值。

例3-18 分析下列程序有几处错误。

```
#include<iostream>
using namespace std;
class Point
{   int x, y;
public:
    Point(int xx,int yy){x=xx;y=yy;}//也可以写成初始化列表的形式
    void move(int xoff,int yoff){x+=xoff;y+=yoff;}
    void show(){   cout<<"("<<x<<","<<y<<")"<<endl;   }
```

```
};
int main()
{  const Point p(0,0);//定义了一个常对象会改变对象中数据成员的值
   p.move(1,2);
   p.show();
   return 0;
}
```

程序说明：

（1）p是常对象，那么调用move函数显然是错误的，因为move函数改变了数据成员的值。

（2）p.show();是错误的，虽然show函数没有修改数据成员的值，但也不允许常对象调用，因为只有用了 const 对成员函数加以限制才能认为这个成员函数中没有改变数据成员值的语句。有关常成员函数会在后面详述。

3.5.2 常成员

1. 常成员函数

使用const关键字说明的成员函数称为常成员函数。

常成员函数的定义格式如下：

```
返回类型  成员函数名(参数列表) const
{   函数体  }
```

说明

（1）const 放在函数的后边，它是函数类型的一部分，在说明函数和定义函数时都要有const。

（2）常对象只能调用常成员函数。

（3）设计成常成员函数的好处是，让使用者知道这个成员函数不会改变对象值。能够成为常成员函数的，应尽量写成常成员函数形式。

例3-14中show函数要定义成常成员函数，常对象才能调用它。

（4）用 const 可以与不带 const 的函数进行重载。当类中只有一个常成员函数时，一般对象也可以调用常成员函数；但当同名的一般成员函数和常成员函数同时存在时，一般对象调用一般成员函数，常对象调用常成员函数。

例3-19 阅读程序，查看一般成员函数与常成员函数重载情况。

```
#include<iostream>
using namespace std;
class Point
{  int x, y;
public:
    Point(int xx,int yy):{x=xx;y=yy;}//也可以写成初始化列表的形式
    void show(){  cout<<"("<<x<<","<<y<<")"<<endl;  }
    void show() const {  cout<<"const ("<<x<<","<<y<<")"<<endl;  }
};
int main()
{  Point p1(0,0);
   const Point p2(1,1);
   p1.show();  //一般对象调用一般成员函数
   p2.show();  //常对象调用常成员函数
   return 0;
}
```

程序运行结果：

```
(0,0)
const (1,1)
```

程序说明：

从程序结果可以看出一般对象调用一般成员函数，常对象调用常成员函数。

2. 常数据成员

使用 const 说明的数据成员称为常数据成员。

常数据成员定义格式如下：

const 类型 常数据成员名 或 类型 const 常数据成员名

常数据成员必须进行初始化，且不能改变。常数据成员的初始化只能通过构造函数的成员初始化列表形式来实现。

例 3-20 阅读程序，查看类中的常数据成员。

```
#include<iostream>
using namespace std;
class Point
{   const int  x, y;          //常数据成员
public:
    Point(int xx,int yy):x(xx),y(yy){}//只能写成初始化列表的形式
    void show() const {   cout<<"("<<x<<","<<y<<")"<<endl;   }
};
int main()
{   Point p1(0,0);
    p1.show();
    return 0;
}
```

程序说明：

（1）其中二个数据成员都必须通过初始化列表的形式设定初始值，初始化后再不能改变。对象 p1 的值不能改变，但不同对象的数据成员的值在定义时给出，是可以不同的。

（2）p1 是一般对象，也可以调用常成员函数。

3.5.3 指向对象的常指针

对象指针的定义格式如下：类名 * 对象指针名=初值;。那么指向对象的常指针就是加以 const 限制且将之初始化。

指向对象的常指针的定义格式如下：

类名 *const 指针变量名=对象地址;

说明

指向对象的常指针是常量，不得改变，但该指针所指向的对象值是可以改变的。

例 3-21 阅读分析下列程序，了解指向对象的常指针。

```
using namespace std;
class Point
{   int  x, y;
public:
    Point(int xx=0,int yy=0):x(xx),y(yy){}
```

```
    void move(int xoff,int yoff){x+=xoff;y+=yoff;}
    void show(){  cout<<"("<<x<<","<<y<<")"<<endl;  }
};
int main()
{  Point p1,p2(1,1);
   Point *ptr=&p1;//定义对象指针，初始值指向p1
   ptr=&p2;        //可以改变，又指向p2
   Point *const cptr=&p1;//定义指向对象的常指针，初始化后不可改变
   p1.move (2,3);         //指向对象的常指针所指向的对象值可以改变
   cptr->show ();
   return 0;
}
```

程序说明：

（1）该程序定义了一个指向对象的指针 ptr，初始指向对象 p1,这个指针值可以改变，指向其他对象，程序中 ptr=&p2;语句使得 ptr 又指向了对象 p2。

（2）程序定义了一个指向对象的常指针 cptr，初始指向对象 p1，不能再指向其他对象了。如果有语句 cptr=&p2;，这是错误的，因为 cptr 被初始化指向对象 p1，不能再让该指针指向对象 p2 了。

（3）指向对象的常指针始终指向一个对象，企图想改变指针所指向的对象都是错误的，但指向对象的数据成员值是可以改变的。如程序中常指针所指的对象 p1，经过 move 的调用改变了数据成员的值，这是被允许的。

3.5.4 指向常对象的指针

指向常对象的指针是指这个指针所指向的是一个常对象。

指向常对象的指针的定义格式如下：

const 类名 * 指针名;

例 3-22 阅读程序，熟悉指向常对象的指针的用法。

```
#include<iostream>
using namespace std;
class Point
{  int  x, y;
public:
    Point(int xx=0,int yy=0):x(xx),y(yy){}
    void move(int xoff,int yoff){x+=xoff;y+=yoff;}
    void display(){  cout<<"("<<x<<","<<y<<")"<<endl;  }
    void show() const{  cout<<"const("<<x<<","<<y<<")"<<endl;  }
};
int main()
{   Point p;                              //一般对象p
    const Point cp1(1,1),cp2(2,2);        //常对象cp1,cp2
    Point *pp;                            //指向一般对象的指针pp
    const Point *pcp1;          //定义指向常对象的指针pcp1，没有初始化
    const Point *pcp2=&cp2; //定义指向常对象的指针pcp2,有初始化值
    //pp=&cp1;             错误，常对象只能用指向常对象的指针指向它
    pcp1=&p;        //指向常对象的指针是可以指向一般对象的
    //pcp1->move();     错误，不能试图通过指向常对象的指针来改变对象值
    return 0;
}
```

程序说明：

（1）指向常对象的指针定义格式中 const 在*左边，const 修饰的是指针所指的对象，表示指针指向的对象是常对象。而指向对象的常指针中的 const 在*右边，const 修饰的是指针，说明指针是常量。

（2）指向常对象的指针定义时可以初始值，也可以不初始值，以后再给它赋值。

```
const Point *pcp1;         //定义指向常对象的指针 pcp1，没有初始化
const Point *pcp2=&cp2;   //定义指向常对象的指针 pcp2,有初始化值
```

（3）指向常对象的指针是个变量，也就是说指针值是可以改变的。

```
pcp=&cp1;  //指向常对象的指针 cpc 指向常对象 cp1
pcp=&cp2;  //指向常对象的指针 cpc 改变指向常对象 cp2
```

（4）常对象只能用指向常对象的指针指向它，指向一般对象的指针是不能指向常对象的。

pp=&cp1;是错误的，常对象只能用指向常对象的指针指向它，指向一般对象的指针是不能指向常对象的。

（5）特别要注意的是：指向常对象的指针不仅可以指向常对象，还可以指向一般对象，只是不能通过该指针改变对象值。

```
pcp1=&p;//指向常对象的指针是可以指向一般对象的
//pcp1->move();错误，不能试图通过指向常对象的指针来改变对象值。
```

所以说指向常对象的指针引用的成员函数只能是常成员函数。

```
//pcp1->display();错误，虽然此成员函数没有改变对象值，但不是常成员函数，也是不可以的。
如果是调用相同功能的常成员函数 show 就可以了。
```

（6）指向常对象的指针常用于函数的形参，其目的是保护形参指针所指向的对象不被修改。

```
void fun(const  Point *p)
{     p->move(1,2);//错误,函数中不可改变对象值   }
```

实参可以是常对象也可以是一般对象，无论是常对象还是一般对象都不能改变对象值。

3.5.5 对象的常引用

对象常引用的定义格式如下：

const 类名 &引用名=对象名

例 3-23 阅读程序，了解对象的常引用。

```
#include<iostream>
using namespace std;
class Point
{  int  x, y;
public:
    Point(int xx=0,int yy=0):x(xx),y(yy){}
    void move(int xoff,int yoff){x+=xoff;y+=yoff;}
    void show() const{  cout<<"const("<<x<<","<<y<<")"<<endl;  }
};
void fun1(const Point &crp)  //形式参数是常引用
{   crp.show();
    //crp.move(4,5);是错误的，常引用不能调用一般成员函数 move
}
void fun2(Point &rp)     //形式参数是一般引用
```

```
{   rp.show();
    rp.move(4,5);  //可以调用一般成员函数move
}
int main()
{   Point p1,p2(1,1);
    const Point cp;
    Point &rp=p1;
    const Point &crp=p2;
    fun1(p1); fun1(cp); fun1(rp); fun1(crp);
   //形参是常引用，实参可以是一般对象、常对象、一般引用、常引用
    fun2(p1);fun2(rp);
   //fun2(cp); fun2(crp);是错误的
    //形参是一般引用，实参不能是常对象或常引用
    return 0;
}
```

程序说明：

（1）常引用只能调用常成员函数。

（2）常引用作为函数的形参时，函数中不能有修改其对应的实参中的数据成员值的语句。

（3）常引用作为函数的形参时，实参可以是一般对象、常对象、一般引用、常引用。

（4）一般引用作为函数的形参时，实参只能是一般对象或一般引用。

（5）由于引用调用可以在被调用函数中通过引用来改变调用函数中的参数值，为了避免这种改变，常使用const来限定。复制构造函数的参数通常是对象的常引用。

3.6 动态创建对象和释放对象

有时需要在程序中创建多少个对象是不能预知的，所以要能够在运行时动态创建和销毁对象。

3.6.1 动态创建对象

动态对象就是根据需要在程序运行中随时创建的对象。

创建一个对象的格式如下：

```
new 类名 (初值)
```

说明

（1）new运算符组成的表达式的值是一个地址值，通常可以将它赋值给同类型的指针，这个指针指向所创建的对象。

例如：
```
Date *pd;
pd=new Date(2016,10,1);
```

这里pd是指向Date类对象的指针，它指向一个由new创建的对象，该对象的三个数据成员值分别为2016、10和1。

new有两个功能，一是在内存中申请内存空间，二是自动调用类中相应的构造函数。上例就是在内存中申请了一个可存放Date类对象大小的内存空间，并将其首地址值赋给了指针pd，并且自动调用了Date类中有三个参数的构造函数，将其数据成员值放在开辟好的内存单元中。

（2）初值是创建对象时给所创建对象进行初始化的值，如果省略则所创建的对象采用默认值，也就是自动调用无参的构造函数。

（3）使用 new 创建对象时，如果创建成功则得到一个非 0 的地址值，如果创建失败则得到一个 0 值。

3.6.2 释放对象

任何由 new 操作符分配的对象都应该用 delete 操作符手动地释放掉。

使用 delete 释放对象的格式如下：

```
delete 指针名;
```

其功能是将指针名所指的对象释放，也就是从内存中清除。如前面动态对象的地址分配给了 pd，使用 delete pd;清除对象，释放所占内存空间。

3.6.3 动态对象数组的创建与释放

new（delete）既可以分配（释放）单个的对象，也可以分配（释放）对象数组。

动态创建对象数组的格式如下：

```
new 类名 [整数常量表达式]
```

（1）其中整数常量表达式用来表示所创建对象的个数。

例如：

```
Date *pdarray;
new Date darray[10];
```

pdarray 是一个指向类 Date 一维对象数组首地址的指针。该对象一共有 10 个对象。

（2）除了在内存中申请 10 个 sizeof(class Date)个字节的内存空间外，还自动调用 10 次类 Date 中的无参的构造函数给对象数组进行初始化。

（3）对象数组创建后可通过得到的值是 0 还是非 0 来判断是否成功。

（4）使用 new 所创建的对象数组，可以给其赋值。例如：

```
Darray[0]=Date(2016,10,1);
Dayyar[1]=Date(2016,10,2);
```

等等。

释放对象数组的格式如下：

```
delete []指针名;
```

其功能是将指针名所指向的整个对象数组所占用的空间释放掉，而不是释放一个元素。

3.7 对象的生存期

对象的生存期是指该对象从创建到释放的存在时间，对象的生存期是由该对象的存储类别决定的。在 C 语言中的存储类别概念也适用于对象。按生存期的不同，对象可分为如下三种：

（1）局部对象

局部对象是被定义在一个函数体内或一个复合语句中，当对象被定义时调用构造函数，该对象被创建，当程序退出定义该对象所在的函数体或复合语句时，自动调用析构函数，释放该对象。

（2）静态对象：static 局部对象，当程序第一次执行所定义的静态对象时，该对象被创建，当程序结束时（如 main 函数结束或调用 exit 函数），自动调用析构函数释放该对象。

（3）全局对象是在所有函数之外定义的对象，它的构造函数在主函数开始运行之前执行，当程序结束时（如 main 函数结束或调用 exit 函数）调用析构函数释放该对象。

例 3-24 阅读程序，查看各对象的生命期。

```
#include<iostream>
using namespace std;
class A
{  char str[20];
public:
  A(char s[]){ strcpy(str,s);cout<<str<<"A->"; }
  ~A(){ cout<<str<<"~A->"; }
};
class B
{    char str[20];
public:
  B(char s[]){strcpy(str,s);cout<<str<<"B->"; }
  ~B(){ cout<<str<<"~B->"; }
};
void fun()
{  A a("fun");
   static B b("fun");
}
A a("global");
int main()
{   B b("main");
    fun();
    fun();
    return 0;
}
```

程序运行结果：

```
globalA->mainB->funA->funB->fun~A->funA->fun~A->main~B->fun~B->~A
```

程序说明：

（1）执行 main 函数前构造全局对象 a，输出结果 globalA，进入主函数后构造局部对象 b，输出结果 mainB。

（2）第一次执行 fun 函数，构造局部对象 a，输出结果 funA，构造静态对象 b，输出结果 funB，随后 fun 函数调用结束，析构局部对象 a，输出结果~funA，这里要注意的是静态对象 b 要在程序结束时才会被析构。

（3）第二次执行 fun 函数，构造局部对象 a，输出结果 funA，此时静态对象 b 仍然存在，无需再次构造，随后 fun 函数调用结束，析构局部对象 a，输出结果~funA。

（4）二次调用 fun 函数后，主函数调用结束，析构主函数中的局部对象 b，输出结果~mainB，析构 fun 中定义的静态对象，输出结果~funB。析构全局对象 a，输出结果~A。

从运行结果可以看出：全局对象的作用域最大，生存期最长；静态对象次之；局部对象的作用域最小，生存期也最短。

在 Visual C++6.0 环境下执行的实际运行结果是：

```
globalA->mainB->funA->funB->fun~A->funA->fun~A->main~B->fun~B->
```

其中是没有~A 的。那是因为 cout 作为一个 iostream 类的对象，在退出 main 函数后比全局对象 a 先执行析构函数，故无法输出~A。这种全局变量的析构顺序是和编译器相关的。

3.8 程序实例

例 3-25 定义一个矩阵类，可以进行矩阵的加减计算。

```
#include<iostream>
using namespace std;
class Matrix
{public:
    Matrix(int ,int );          //有参构造函数
    Matrix(Matrix &);           //复制构造函数
    ~Matrix();                  //析构函数
    Matrix plus(Matrix);        //矩阵加成员函数
    Matrix minus(Matrix);       //矩阵减成员函数
    void print();               //矩阵的输出
private:
    double **data;              //二维矩阵数据数组指针
    int row,col;                //矩阵的行数，列数
};
Matrix::Matrix(int m,int n)     //有参构造函数的定义
{   int i,j;
    row=m;col=n;
    data=new double*[row];
    for(i=0;i<row;i++)
        data[i]=new double[col];
       cout<<"请输入"<<row*col<<"个数:"<<endl;
    for(i=0;i<row;i++)
        for(j=0;j<col;j++)
            cin>>data[i][j];
}
Matrix::Matrix(Matrix &copym)   //复制构造函数定义
{   int i,j;
    row=copym.row;
    col=copym.col;
    data=new double*[row];
    for(i=0;i<row;i++)
        data[i]=new double[col];
    for(i=0;i<row;i++)
        for(j=0;j<col;j++)
            data[i][j]=copym.data[i][j];
}
Matrix::~Matrix()               //析构函数的定义
{   int i;
```

```
        for(i=0;i<row;i++)
            delete[]data[i];
    }
    Matrix Matrix::plus(Matrix m)   //矩阵加成员函数的定义
    {   int i,j;
        for(i=0;i<row;i++)
            for(j=0;j<col;j++)
                data[i][j]=data[i][j]+m.data[i][j];
        return *this;
    }
    Matrix Matrix::minus(Matrix m)   //矩阵减成员函数的定义
    {   int i,j;
        for(i=0;i<row;i++)
            for(j=0;j<col;j++)
                data[i][j]=data[i][j]-m.data[i][j];
        return *this;
    }
    void Matrix::print()
    {   int i,j;
        for(i=0;i<row;i++)
        {   for(j=0;j<col;j++)
                cout<<data[i][j]<<"  ";
            cout<<"\n";
        }
    }
    int main()
    {   Matrix m1(2,3),m2(2,3);
        m1.plus(m2);
        cout<<"矩阵加后的结果："<<endl;
        m1.print();
        m1.minus(m2);
        cout<<"矩阵减后的结果："<<endl;
        m1.print();
        return 0;
    }
```

程序运行结果：

```
请输入 6 个数：
1 2 3
3 2 1
请输入 6 个数：
1 2 3
3 2 1
矩阵加后的结果：
2  4  6
6  4  2
矩阵减后的结果：
1  2  3
3  2  1
```

程序说明：

（1）复制构造函数必须要定义，因为在进行 plus 和 minus 成员函数定义时，需要一个矩阵类的形参，如果不定义复制构造函数，则会调用默认的复制构造函数，这样就没有内存空间的分配，程序运行会出现内存错误。

（2）析构函数也是必须定义的，以释放构造函数中使用 new 分配的内存空间，用 new 分配的空间用完若不及时收回，将导致内存泄漏。

本章小结

构造函数是一种特殊的成员函数，它主要用于为对象分配内存空间，对数据成员进行初始化。构造函数名与类名相同，没有返回值，可以有参数，所以构造函数可以重载，参数可以有默认值。创建对象时系统自动调用构造函数。

析构函数的作用和构造函数的作用恰好相反，销毁对象时系统自动调用析构函数进行资源回收。析构函数没有返回值，没有参数，所以不能重载。

复制构造函数可以实现对象的复制，如果对象中不存在动态成员，浅复制就可实现对象的复制，但如果对象中存在动态成员时需要考虑深复制以实现对象的复制。

对象指针就是指向对象的指针；对象引用是对象的别名；对象数组就是数组中的元素，是同类的对象；对象指针数组就是数组元素指向相同类的对象的指针；指向对象数组的指针就是指向对象数组的指针。

为了保证数据共享时数据的安全性，需要将数据定义为常量保护起来。常量用 const 加以修饰说明。使用 const 关键字修饰的对象称为常对象，使用 const 关键字说明的成员函数称为常成员函数。常对象只能调用常成员函数。使用 const 说明的数据成员称为常数据成员，常数据成员的初始化只能通过构造函数的成员初始化列表形式来实现。

指向对象的常指针是常量，不得改变，但该指针所指向的对象值是可以改变的；指向常对象的指针所指向的是一个常对象，指向常对象的指针也可以指向一般对象。

常引用只能调用常成员函数，常引用常常作为函数的形参。

动态对象就是根据需要在程序运行中随时创建的对象。

按生存期的不同，对象可分为：局部对象、静态对象和全局对象。

习　题

3-1　写出下列程序的运行结果。

```
#include <iostream>
using namespace std;
class MyClass
{public:
MyClass(int xx=0):x(xx)
{    cout<<"Constructing x="<<x<<endl;}
     ~MyClass()
     {    cout<<"Destructing\n";     }
private:
     int x;
};
int main()
{    MyClass *ptr=new MyClass[3];
```

```
    delete []ptr;
    return 0;
}
```

3-2 写出下列程序的运行结果。

```
#include <iostream>
using namespace std;
class A
{public:
    A(int i,int j)
    {   a=i;b=j; cout<<"Constructing\n";  }
    ~A()
    {   cout<<"Destructing\n";   }
    void print()
    {   cout<<a<<"  "<<b<<endl;   }
private:
    int a,b;
};
int main()
{   A *p1,*p2;
    p1=new A(2,3);    p2=new A(6,7);
    p1->print();   p2->print();
    delete p1;   delete p2;
    return 0;
}
```

3-3 写出下列程序的运行结果。

```
#include <iostream>
using namespace std;
class MyClass
{public:
    MyClass(int xx=0):x(xx)
    {  cout<<"Constructing x="<<x<<endl;}
    MyClass(MyClass& m)
    {  x=m.x;
       cout<<"Copyinging x="<<x<<endl;
    }
private:
    int x;
};
int main()
{   MyClass m1(6),m2(m1),m3;
    return 0;
}
```

3-4 写出下列程序的运行结果。

```
#include <iostream>
using namespace std;
class A
{   int a;
public:
    A(){a=0;}
    A(int as)
    {   a=as; cout<<a++;   }
};
```

```
int main()
{   A x,y(2),z(3),*p[2];
    cout<<endl;    return 0;
}
```

3-5 写出下列程序的运行结果。

```
#include<iostream>
using namespace std;
class example
{   int a;
public:
    example(int b){a=b++;}
    void print(){a=a+1;cout<<a<<" ";}
    void print()const{cout<<a;}
};
int main()
{   example x(3);
    const example y(2);
    x.print();      y.print(); return 0;
}
```

3-6 对于下面定义的类 MyClass,请在函数 f( )中添加语句，把 n 的值修改为 50。

```
#include<iostream>
using namespace std;
class Myclass
{public:
    Myclass(int x){n=x;}
    void SetNum(int n1){n=n1;}
private:
    int n;
};
void f()
{   Myclass*ptr=new Myclass(45);
    ______________________
}
int main()
{   f(); return 0; }
```

3-7 在下面程序的横线处填上适当的语句，使该程序执行结果为 10。

```
#include<iostream>
using namespace std;
class MyClass
{public:
    MyClass(int a){x = a;}
    ________________________
private:
    int x;
};
int main()
{   MyClass my(10);
    cout<<my.GetNum()<<endl;    return 0;
}
```

3-8 声明一个矩形类 Rect，其数据成员为矩形左上角坐标 x1、y1 及右下角坐标 x2、y2，写出其构造函数、析构函数及复制构造函数以及计算并输出面积的成员函数。

3-9 编写一个类 CAL，计算出 fact=1×2×3×……×n 值。类中包含数据成员 n、fact，成员函数包括初始化 n 的构造函数，求 fact 值的 process 函数，输出 n、fact 值的 show 函数。写出主函数，输入 n 的值，并输出结果。

3-10 编写一个类 CAL，计算出 $1^2+2^2+3^2+\cdots\cdots+n^2$ 值。类中包含数据成员 n，成员函数包括初始化 n 值的构造函数，求 $1^2+2^2+3^2+\cdots\cdots+n^2$ 值的 process 函数。写出主函数，输入 n 的值，并输出计算结果。

3-11 为下面的程序添加一个复制构造函数，使输出结果为 5。

```
#include <iostream>
using namespace std;
class Cat
{public:
    Cat()
    {   itsAge=new int;
        *itsAge=5;
    }
    int getAge(){ return *itsAge; }
    void setAge(int a){ *itsAge=a; }
    ~Cat(){ delete itsAge; }
private:
    int *itsAge;
};
int main()
{   Cat c1;
    Cat c2(c1);
    c2.setAge(6);
    cout<<c1.getAge()<<endl; return 0;
}
```

3-12 在下面给出的生日 BirthDay 类中，增加 show 函数，以年/月/日的格式显示生日的值，要注意保证程序能够通过编译且正确运行。

```
#include <iostream>
using namespace std;
class BirthDay
{public:
    BirthDay(int yy,int mm,int dd):y(yy),m(mm),d(dd){}
private:
    int y,m,d;
};
int main()
{   const BirthDay birth(1990,12,10);
    birth.show();   return 0;
}
```

3-13 在下面给出的点 Point 类中，增加 show 函数，显示点的坐标值，要注意保证程序能够通过编译且正确运行。

```
#include <iostream>
using namespace std;
class Point
{public:
    Point(int xx,int yy):x(xx),y(yy){ }
private:
```

```
    int x,y;
};
int main()
{   Point *ptr=new Point(20,30);
    const Point* cptr=ptr;
    cptr->show();
    delete ptr;
    return 0;
}
```

3-14 根据下面给出的圆类 Circle 的声明，增加合适的函数 add，求两圆周长之和，使得程序能够正确运行。

```
#include <iostream>
using namespace std;
class Circle
{public:
    Circle(float rr):r(rr){}
private:
    float r;
};
int main()
{   Circle c1(10),c2(20);
    cout<<add(c1,c2)<<endl;
    return 0;
}
```

3-15 下面的程序中，类 ARRAY 包含两个数据成员 int a[10],b[10]；其中数组 b 由数组 a 生成而来，生成的规则如下：数组元素 b[i]的值为数组 a 中大于 a[i]的元素个数。例如若 a[10]={1,2,3,4,5,6,7,8,9,10}，则 b[1]=8。完成该程序。

```
#include <iostream>
using namespace std;
class ARRAY
{public:
    ARRAY(________________)
    {   for(int i=0;i<10;i++)
            ____________________;
    }
    void process()
    {    for(int i=0;i<10;i++)
        {   __________________;
            for(int j=0;j<10;j++)
               if(a[j]>a[i])_____________;
        }
    }
    void print()
    {    cout<<"a:";
        for(int i=0;i<10;i++)
            cout<<a[i]<<'\t';
        cout<<endl<<"b:";
        for(i=0;i<10;i++)
            cout<<b[i]<<'\t';
        cout<<endl;
    }
private:
```

```
    int a[10],b[10];
};
int main()
{      int t[10]={1,5,3,9,13,7,11,24,12,6};
      ARRAY test(t);
      test.process();
      test.print(); return 0;
}
```

3-16 下面程序中声明的 NUM 类可以对一个任意的 5 位整数，求出其降序数。例如，整数是 82319，则其降序数是 98321。完成该程序。

```
#include <iostream>
using namespace std;
class NUM
{public:
    NUM(int x)
    {      _________________;  }
    void decrease()
    {   int temp=n;
        for(int i=0;i<5;i++)
        {  a[i]=_____________;
           temp=_____________;
        }
        for(int pass=1;pass<5;pass++)
        {   for(int j=0;j<____________;j++)
            {   if(____________________)
                {  temp=a[j];a[j]=a[j+1];a[j+1]=temp;  }
            }
        }
    }
     void show()
     {   cout<<n<<"  ";
         for(int i=0;i<5;i++)
           cout<<a[i];
         cout<<endl;
     }
private:
     int n,a[5];
};
int main( )
{   NUM num(82319);
    num.decrease();
    num.show();return 0;
}
```

3-17 下面程序中声明的类 STRING，可以将一个字符串交叉插入到另一个等长的字符串中，如将字符串“0123456789”交叉插入到字符串“abcdefghij”中得到字符串“a0b1c2d3e4f5g6h7i8j9”，完成该程序。

```
#include <iostream>
#include <string>
using namespace std;
class STRING
{public:
    STRING(char *s1,char *s2)
```

```
    {   ________________;
        ________________;
    }
    void process()
    {   char s[80];
        for(int i=0,j=0;i<________________;i++)
        {    s[j++]=str1[i];
            s[j++]=str2[i];
        }
        ________________;
        strcpy(str1,s);
     }
    void print()
    {   cout<<"str1="<<str1<<endl;
        cout<<"str2="<<str2<<endl;
    }
private:
    char str1[80],str2[40];
};
int main()
{   char *s1="abcdefghij";
    char *s2="0123456789";
    STRING str(s1,s2);
    str.process();
    str.print();return 0;
}
```

3-18 编写一个类 MYCLASS，求出 min、max 之间的所有能被 3 整除的数，放到数组 data[200] 中，满足条件的数的个数放到 num 中。类中包含数据成员 min、max、data[200]、num，成员函数包括初始化 min、max 的构造函数，求指定范围满足条件数的 process 函数，输出所有满足条件数的 print 函数。写出主函数，输入 min、max 的值，并输出结果。

3-19 声明一个类 ARRAY，求一维数组中各元素的最大值、最小值和平均值。

3-20 声明一个类 SUM，求二维数组外围各元素的和，并输出数组中各元素及所求之和。

第 4 章 静态成员与友元

在进行面向对象程序设计时，首先根据实际问题的需要设计相应的类，确定类的数据成员与类的成员函数。本章将介绍类中特殊的成员，即静态成员，以及与类存在特殊关系的友元函数及友元类。

4.1 静态成员

静态成员分静态数据成员及静态成员函数。

4.1.1 静态数据成员

定义类对象时将为对象的数据成员分配内存空间，例如下面的用户类：

```
class User
{private:
    char userID[20];          //用户 ID
    char phoneNumber[20];     //用户电话号码
};
```

当定义 User 类对象时，根据类中声明的数据成员的类型，为每个对象分配 40 字节的内存空间，用于存放每个用户的 ID 及电话号码。

假定用户参加某种商品的团购，当参加团购的人数达到一定数量时，商家将给予相应的折扣。报名参团的用户希望知道当前参团的人数，以及所能获得的折扣，从而决定是否购买。为了保存参团人数信息，需要在类中增加数据成员，将 User 类修改如下：

```
class User
{private:
    char userID[20];          //用户 ID
    char phoneNumber[20];     //用户电话号码
    long count;               //参团人数
};
```

这样，每增加一个报名者，即增加一个 User 类对象，每个对象要占用 44 字节内存，其中 40 字节用于存放用户信息，4 字节存放参团人数。在增加 User 类对象的同时需要更新每个对象的数据成员 count 的值，使 count 值加 1，即参团人数加 1。由于每个对象的 count 值完全相同，因此为每个对象增加 count 成员并设置其值，不仅浪费内存空间，也因要重复修改各对象的 count 数值而浪费了时间。如果能把参团人数保存在一个变量中，由所有对象来共享，就可以解决以上浪费时间和空间的问题。

C++语言为类提供了静态数据成员，用于实现类中数据的共享。在 User 类中增加静态数据成员 count 如下：

```
class User
{private:
    char userID[20];              //用户 ID
    char phoneNum[20];            //用户电话号码
    static long count;            //参团人数改为静态数据成员
};
long User::count=0;       //静态数据成员在类声明外定义性说明和初始化
```

其中数据成员 count 前被加上 static 修饰符，count 属于静态数据成员。

静态数据成员的特点如下：

（1）定义对象时不会为静态数据成员分配内存空间。

写出主函数如下：

```
int main()
{   User user1,user2,user3,user4;
    cout<<sizeof(user1)<<endl;
    return 0;
}
```

输出结果：40

从输出结果可知，定义对象 user1 时，没有为静态数据成员 count 分配内存空间。

（2）静态数据成员是类中对象共享的数据，为所有类对象共同拥有，相当于类中的全局变量。User 类中的静态数据成员 count 的示意图如图 4-1 所示。

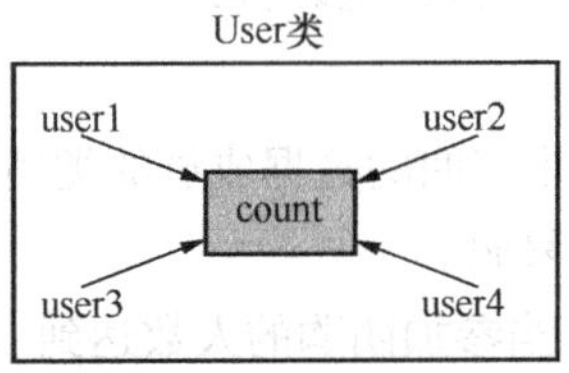

图 4-1　User 类中静态数据成员 count 示意图

（3）静态数据成员具有静态生存期，必须在类外对其进行初始化，静态数据成员初始化的格式如下：

```
数据类型 类名::静态数据成员名=初始值;
```

注意　静态数据成员初始化时，不需要加关键字 static。

（4）静态数据成员的作用域为类的作用域，当静态数据成员私有或受保护时，在类外只能通过公有的成员函数进行访问，与全局变量相比，静态数据成员保证了数据的隐藏性和安全性。

例 4-1　有静态数据成员的 User 类。

要求：当参团人数超过 50 人，商品折扣是 95 折，参团人数超过 100 人，折扣是 9 折，参团人数超过 200 人，折扣是 85 折。代码如下：

```
#include <iostream>
#include <string>
using namespace std;
class User
{public:
    User(char id[]="0",char phone[]="0")
    {   strcpy(userID,id);
        strcpy(phoneNum,phone);
        count++;                        //人数加 1
        compute();                      //调用计算折扣函数
    }
    User(const User& u)                 //复制构造函数
    {   strcpy(userID,u.userID);
        strcpy(phoneNum,u.phoneNum);
        count++;                        //count 值加 1
        compute();                      //调用计算折扣函数
    }
    void compute()                      //计算折扣函数
    {   if(count>=50&&count<100)
            discount=0.05;
        if(count>=100&&count<200)
            discount=0.1;
        if(count>=200)
            discount=0.15;
    }
    void show()                         //显示数据
    {    cout<<userID<<":"<<phoneNum<<" 当前团购人数:"<<count
             <<" 当前折扣"<<discount*100<<"%off"<<endl;
    }
    ~User()
    {   count--;                        //释放对象时人数减 1
        compute();                      //调用计算折扣函数
    }
private:
    char userID[20];                //用户 ID
    char phoneNum[20];              //用户电话号码
    static long count;              //参团人数改为静态数据成员
    static float discount;          //折扣，静态数据成员
};
long User::count=0;                 //静态数据成员 count 定义性说明和初始化
float User::discount=0;             //静态数据成员 discount 定义性说明和初始化
void func()
{   User user3("user3","86118003");
    user3.show();
}
int main()
{   User user1("user1","86118001"); //定义对象 user1，调用构造函数
```

```
    user1.show();
    User user2("user2","86118002"); //定义对象 user2，调用构造函数
    user2.show();
    func();

    User user[50];                  //定义对象数组，调用 50 次构造函数
    user1.show();
    user2.show();
    return 0;
}
```

程序运行结果：

```
user1:86118001 当前团购人数 1  当前折扣:0%off
user2:86118002 当前团购人数 2  当前折扣:0%off
user3:86118003 当前团购人数 3  当前折扣:0%off
user1:86118001 当前团购人数 52  当前折扣:5%off
user2:86118002 当前团购人数 52  当前折扣:5%off
```

程序说明：

（1）定义对象 user1、user2 时，各调用 1 次构造函数，使 count 值加 1。

（2）调用 func()函数，定义对象 user3，count 值加 1，func()函数运行结束，释放对象 user3，将调用析构函数，使 count 值减 1。

（3）定义 user 数组时，调用 50 次构造函数，使 count 值加 50。

（4）为了使 count 值与 User 对象个数保持一致，需要自定义复制构造函数实现深复制。

4.1.2 静态成员函数

若静态数据成员是公有的，在类外可以直接访问，如果静态数据成员是私有或受保护的，在类外只能通过类对象（或对象指针）调用公有的成员函数访问它。

例 4-1 中，如要显示当前团购人数，即 User 类中的静态数据成员 count 的值，当 count 是公有的时，既可以通过 User 类的任何一个对象，也可以通过类名直接访问，即：cout<<user1.count; 或者 cout<<User::count;。

当 count 是私有或受保护的时，只能通过已定义的类对象调用类的公有成员函数 show()输出其值，若没有定义类对象，则无法调用 show()函数。

由于静态数据成员具有静态生命期，在程序开始运行时就已存在，若要在定义对象之前访问，C++语言提供了静态成员函数，静态成员函数可以不通过对象(或对象指针)调用，而通过类名调用。

在成员函数定义或声明前面加上 static 前缀，该成员函数成为静态成员函数。

如在例 4-1 的 User 类中增加成员函数如下：

```
static void showcount()                 //加了 static 前缀
{   cout<<"当前团购人数:"<<count<<endl;     }
```

该函数即为静态成员函数，可以通过类名调用，即 User::showcount();。

静态成员函数特点：

（1）静态成员函数可以在类中定义，也可以在类外定义，在类外定义时，需要在类中声明该静态成员函数，声明时需要加 static 前缀，定义时不需要加 static 前缀。

（2）静态成员函数是类中所有对象共享的成员函数，既可以通过已定义的任何一个对象（或对象指针）调用，也可以通过类名调用。

（3）由于静态成员函数可以不通过对象（或对象指针）调用，所以静态成员函数没有默认的 this 指针参数，只能对静态数据成员进行操作，不能直接访问类的非静态数据成员。

例 4-2 有静态数据成员、静态成员函数的 User 类。

在例 4-1 的 User 类中增加静态成员函数声明，代码如下：

```
#include <iostream>
#include <string>
using namespace std;
class User
{public:
    User(char id[]="0",char phone[]="0")
    {    strcpy(userID,id);
         strcpy(phoneNum,phone);
         count++;
         compute();
    }
    User(const User& u)
    {    strcpy(userID,u.userID);
         strcpy(phoneNum,u.phoneNum);
         count++;
         compute();
    }
    void compute()
    {    if(count>=50&&count<100)
         discount=0.05;
         if(count>=100&&count<200)
             discount=0.1;
         if(count>=200)
             discount=0.15;
    }
    void show()
    {     cout<<userID<<":"<<phoneNum<<" 当前团购人数:"<<count
              <<" 当前折扣"<<discount*100<<"%off"<<endl;
    }
    ~User()
    {    count--;
         compute();
    }

    static void showcount();        //声明静态成员函数要加前缀 static
    static void showdiscount();     //声明静态成员函数要加前缀 static
public:
    char userID[20];              //用户 ID
    char phoneNum[20];            //用户电话号码
    static long count;            //参团人数改为静态数据成员
    static float discount;
};

void User::showcount()            //类外定义静态成员函数不加前缀 static
{    cout<<"当前团购人数:"<<count<<endl;}      //输出团购人数
```

```
void User::showdiscount()      //类外定义静态成员函数不加前缀static
{   cout<<"当前折扣:"<<discount*100<<"%off"<<endl;}    //输出折扣

long User::count=0;
float User::discount=0;

int main()
{   User::showcount();              //通过类名调用静态成员函数
    User::showdiscount();           //通过类名调用静态成员函数
    cout<<endl;

    User user[100];
    User::showcount();             //通过类名调用静态成员函数
    User::showdiscount();          //通过类名调用静态成员函数
    cout<<endl;

    User user1;
    user1.showcount();             //通过类对象调用静态成员函数
    user1.showdiscount();          //通过类对象调用静态成员函数
    return 0;
}
```

程序运行结果：

```
当前团购人数 0
当前折扣:0%off

当前团购人数 100
当前折扣:10%off

当前团购人数 101
当前折扣:10%off
```

程序说明：

（1）未定义 User 类对象时，可以通过类名调用静态成员函数，输出当前团购人数和当前折扣。

（2）如已定义 User 类对象，则既可通过对象调用，也可通过类名调用静态成员函数，输出结果相同。

（3）静态成员函数只能直接访问静态数据成员。

（4）若要使静态成员函数能够访问非静态数据成员，必须将要访问的非静态数据成员所属的类对象作为参数传递，进而通过传递的对象参数访问非静态数据成员。

如将例 4-2 中的成员函数 show()改为静态成员函数，因该成员函数要输出非静态数据成员 userID、phoneNum 的值，所以需要为该函数增加对象参数，代码如下：

```
static void show(User& u)
{   cout<<u.userID<<":"<<u.phoneNum<<" 当前团购人数:"<<count
        <<" 当前折扣"<<discount*100<<"%off"<<endl;
}
```

将主函数修改如下：

```
int main()
```

```
{   User user1("user1","86118001");
    User::show(user1);              //通过类名调用
    user1.show(user1);              //通过 user1 对象调用
    return 0;
}
```

程序运行结果：

```
user1:86118001 当前团购人数 1 当前折扣:0%off
user1:86118001 当前团购人数 1 当前折扣:0%off
```

由输出结果可以看出，无论通过类名调用还是通过对象调用静态成员函数 show()，都需要传递对象参数，两者输出结果相同。

注意　将只访问静态数据成员的成员函数定义为静态成员函数。

4.2 友　元

在类中，为了保证数据的安全性，类的数据成员一般为私有或受保护的。由于类的私有和受保护数据成员只能被类的成员函数所访问，因此外部的函数要访问这些数据，只能通过调用公有成员函数来实现。

当外部函数频繁访问类中数据时，需要反复调用类的成员函数。因为调用函数需要花费一定的时间与内存空间，因此多次调用成员函数将导致程序运行效率降低。

C++提供了友元来解决这一问题。友元包括友元函数和友元类，它们不是类中的成员，而是类的“朋友”，它们可以像类的成员函数一样直接访问类的私有的和受保护的成员。

4.2.1 友元函数

友元函数是类外的函数，既可以是普通函数，也可以是其他类的成员函数。这些函数在类中被声明，且在声明时前面加了关键字 friend，则成为类的友元函数，友元函数可以直接访问类的私有的和受保护的成员。

1. 普通函数作友元函数

例 4-3 使用友元函数求两个矩形面积之和。

矩形类的数据成员是矩形左上角的坐标 x1、y1 和右下角的坐标 x2、y2，定义一个非成员函数 addarea()，求两个矩形面积之和，代码如下：

```
#include <iostream>
using namespace std;
class Rect
{public:
    Rect(int xx1=0,int yy1=0,int xx2=0,int yy2=0)
        :x1(xx1),y1(yy1),x2(xx2),y2(yy2)
    { }
    int getx1(){   return x1;}              //获得 x1
    int gety1(){   return y1;}              //获得 y1
```

```
    int getx2(){    return x2;}                 //获得 x2
    int gety2(){    return y2;}                 //获得 y2

    friend int addarea(Rect &r1,Rect &r2);//友元函数声明
private:
    int x1,y1,x2,y2;                //矩形左上角与右下角坐标
};
int addarea(Rect &r1,Rect &r2)  //求两个矩形面积之和
{   return (r1.x2-r1.x1)*(r1.y2-r1.y1)+(r2.x2-r2.x1)*(r2.y2-r2.y1);}
                                //通过对象访问私有数据成员
int main()
{   Rect rect1(3,4,5,7),rect2(6,8,16,18);
    cout<<"两矩形面积之和为"<<addarea(rect1,rect2)<<endl;
    return 0;
}
```

程序运行结果：

```
两矩形面积之和为 106
```

程序说明：

（1）求两矩形面积之和的函数 addarea()不是 Rect 类的成员函数，但在 Rect 类中声明为友元函数，所以可以直接访问类的私有成员 x1、y1、x2、y2。

（2）如果不将 addarea()函数声明为友元函数，则需通过对象 r1、r2 调用公有成员函数 getx1()、gety1()、getx2()、gety2()获得私有数据成员值，程序不仅繁琐且运行效率低。

（3）友元函数声明可以放在类的公有部分、私有部分或是保护部分。

注意 *友元函数提高了程序运行的效率，但是破坏了类的封装性，使用时需要权衡利弊。*

2. 其他类的成员函数作友元函数

友元函数不仅可以是类外的普通函数，也可以是其他类的成员函数。

下面例子中，Teacher 类的成员函数 setscore()被声明为 Student 类的友元函数，setscore()函数可以通过 Student 类对象直接访问该类的私有数据成员 score。

例 4-4 使用友元函数修改学生分数。

教师类中增加成员函数 setscore()，调用该函数可以修改学生分数，教师类和学生类代码如下：

```
#include <iostream>
#include <string>
using namespace std;
class Student;                              //前向声明 Student 类
class Teacher
{public:
    Teacher(int n,char na[])
    {   no=n;
        strcpy(name,na);
    }
     void setscore(Student &st,int s);
private:
    int no;
```

```
    char name[20];
};
class Student
{public:
    Student(int n,char na[],int s)
    {   no=n;
        strcpy(name,na);
        score=s;
    }
    void show()
    {   cout<<no<<" "<<name<<" "<<score<<endl;    }

    friend void Teacher::setscore(Student &st,int s); //友元函数声明
private:
    int no;
    char name[20];
    int score;
};
void Teacher::setscore(Student& st,int s) //友元函数实现
{   st.score=s;  }                  //通过对象访问私有数据成员
```

主函数代码如下：

```
int main()
{   Teacher te(5001,"Wang");
    Student st(1001,"Zhang",80);
    st.show();
    te.setscore(st,85);               //调用 setscore 函数修改学生分数
    st.show();
    return 0;
}
```

程序运行结果：

```
1001 Zhang 80
1001 Zhang 85
```

程序说明：

（1）在 Student 类中声明的 Teacher 类的成员函数 setscore()是 Student 类的友元函数，因此 setscore()函数可以直接访问 Student 类的私有成员 score。

（2）由于 Student 类在 Teacher 类之后进行声明，在 Teacher 类的成员函数 setscore()的参数中又出现 Student&，所以要在 Teacher 类前对 Student 类进行前向声明。

（3）由于 Teacher 类的成员函数 setscore()的函数体中出现 Student 类的数据成员 score，所以该成员函数的定义要放在 Student 声明之后。

（4）Teacher 类的成员函数 setscore()在 Student 类中声明为友元函数时，函数名前要加上类名，即 Teacher::setscore。

4.2.2　友元类

友元不仅可以是函数，还可以是类，即一个类可以是另一个类的“朋友”。在一个类中声明另一个类，前面加上修饰符 friend，被声明的类称为友元类，友元类中的所有成员函数都是另一个类的友元函数，可以直接访问该类中私有的和受保护的成员。

下面的例题中，在 Student 类中声明 Teacher 类为友元类，则 Teacher 类中所有的成员函数都是 Student 类友元函数，可以直接访问 Student 类中私有数据成员 score。

例 4-5 使用友元类的成员函数修改学生分数。

```
#include <iostream>
#include <string>
using namespace std;
class Student;                                  //前向声明 Student 类
class Teacher
{public:
    Teacher(long nu,char na[])
    {   num=nu;
        strcpy(name,na);
    }
    void setscore(Student &st,int s);
private:
    long num;
    char name[20];
};
class Student
{public:
    Student(long nu,char na[],int s)
    {   num=nu;
        strcpy(name,na);
        score=s;
    }
    void show()
    {   cout<<num<<" "<<name<<" "<<score<<endl;     }
    friend Teacher;       //友元类声明
private:
    long num;
    char name[20];
    int score;
};
void Teacher::setscore(Student& st,int s) //友元函数实现
{   st.score=s;     }                     //通过对象访问私有数据成员
int main()
{   Teacher te(5001,"Wang");
    Student st(1001,"Zhang",80);
    st.show();
    te.setscore(st,85);                   //调用 setscore 函数修改学生分数
    st.show();
    return 0;
}
```

程序运行结果：

```
1001 Zhang 80
1001 Zhang 85
```

程序说明：

（1）由于在 Student 类中声明了 Teacher 类是友元类，则 Teacher 类中所有的成员函数都是 Student 类的友元函数，因此 Teacher 类的成员函数 setscore()可以直接访问 Student 类的私有成员 score。

（2）友元类声明可以放在类的公有部分、私有部分或是保护部分。

关于友元，还有几点需要注意：

（1）友元关系不能传递，如 A 类是 B 类的友元，B 类是 C 类的友元，并不能得出 A 类是 C 类友元的结论。

（2）友元关系是单向的，如 A 类是 B 类的友元，但不等于说 B 类也是 A 类的友员。

（3）友元关系不能被继承，如 D 类是 A 类的派生类，A 类是 B 类的友元，并不能说 D 类也是 B 类的友元。类的继承将在第 6 章中介绍。

4.3　模　　板

模板是 C++的重要特性，利用模板可以由一段代码生成一组相关的函数或类。

4.3.1　函数模板

当需要定义多个函数，只是参数类型或返回类型不同，但参数个数与函数体基本相同时，如果定义多个重载函数，将使程序十分繁琐。

例 4-6　定义函数，求一维数组中元素的最大值。

```
#include <iostream>
using namespace std;
int findmax(int array[],int n)        //求一维整型数组中元素的最大值
{   int max=array[0];
    for(int i=1;i<n;i++)
        if(array[i]>max)
            max=array[i];
    return max;
}
int main()
{   int a[]={1,4,7,200,0,-34,9,10},max;
    max=findmax(a,sizeof(a)/sizeof(int));
    cout<<"max="<<max<<endl;
    return 0;
}
```

程序运行结果：

max=200

程序说明：

（1）函数 findmax 只能求一维整型数组中元素最大值。

（2）如果要求其他类型一维数组中元素的最大值，需要定义多个 findmax 函数，这些重载的函数，参数个数相同，函数体基本相同，但参数类型与返回值类型不同。

为了解决功能相似的重载函数代码重复定义的问题，C++语言提供了函数模板。

函数模板是一组相关函数的模型或样板。这些相关函数功能与代码相似，只是处理的数据类型不同，将这些相关函数合并成一个函数，处理的数据类型用模板参数代替，即是函数模板。

函数模板中用到的模板参数要先声明，声明格式是：

```
template <模板形参表>
```

模板形参表由一个或多个模板形参组成，即：

```
typename  参数名1,typename 参数名2,……
或者：class  参数名1,class  参数名2,……
```

以上两种形式声明的参数是虚拟类型参数，模板形参表中也可以包含常规参数，格式是：

```
类型名1  参数名1,类型名2  参数名2,……
```

声明过的模板参数可以在函数模板中使用。

例 4-7 定义函数模板，求一维数组中元素最大值。

```
#include <iostream>
using namespace std;
template <typename T>          //模板参数声明也可以写为 template <class T>
T findmax(T array[],int n) //函数模板中处理数据的类型用模板参数 T 代替
{   T max=array[0];
    for(int i=1;i<n;i++)
        if(array[i]>max)
            max=array[i];
    return max;
}
```

函数模板定义后即可调用。调用函数模板时，编译系统根据调用时使用的数据类型生成相应的具体函数，这一过程称作函数模板的实例化，生成的具体函数称作**模板函数**。

调用函数模板的格式有两种，第一种与调用普通函数的格式相同，即：

```
函数名(实参1,实参2,……);
```

第二种需要给出模板实参，即：

```
函数名<模板实参1,模板实参2,…>(实参1,实参2,……);
```

当由实参1,实参2,……，可确定函数模板中模板参数的类型时，就可以采用第一种方式调用函数模板。当由实参1,实参2,……，不能确定函数模板中模板参数的类型时，就要采用第二种方式调用函数模板。

例 4-7 主函数的代码如下：

```
int main()
{   int a[]={1,4,7,200,0,-34,9,10},max1;
    max1=findmax(a,sizeof(a)/sizeof(int));      //调用函数模板
    cout<<"max1="<<max1<<endl;
    double b[]={1.2,3.4,78.9,0,-100,5.6,7.8},max2;
    max2=findmax(b,sizeof(b)/sizeof(double));  //调用函数模板
    cout<<"max2="<<max2<<endl;
    return 0;
}
```

程序运行结果：

```
max1=200
max2=78.9
```

程序说明：

（1）与函数定义一样，函数模板的定义也可以放在主函数之后，在主函数之前则给出函数模板声明，函数模板的声明和定义的前面都要给出模板参数声明。例 4-7 代码修改如下：

```
#include <iostream>
using namespace std;
template <typename T>        //模板参数声明
T findmax(T array[],int n);  //函数模板声明

int main()
{   int a[]={1,4,7,200,0,-34,9,10},max1;
    max1=findmax(a,sizeof(a)/sizeof(int));
    cout<<"max1="<<max1<<endl;
    double b[]={1.2,3.4,78.9,0,-100,5.6,7.8},max2;
    max2=findmax(b,sizeof(b)/sizeof(double));
    cout<<"max2="<<max2<<endl;
    return 0;
}

template <typename T>          //模板参数声明
T findmax(T array[],int n)     //函数模板定义
{   T max=array[0];
    for(int i=1;i<n;i++)
    if(array[i]>max)
        max=array[i];
    return max;
}
```

（2）调用函数模板采用了与调用普通函数同样的格式，编译系统根据给出的实参类型确定模板参数 T 的类型，生成具体的模板函数。

例 4-8 定义函数模板，在一维数组中查找给定的数，若存在，返回对应元素下标，若不存在，返回-1。

```
#include <iostream>
using namespace std;
template <typename T1,typename T2>       //模板参数说明
int findnum(T1 array[],int n,T2 num)     //函数模板中可以有多个模板参数
{   for(int i=0;i<n;i++)
        if(array[i]==num)
            return i;
    return -1;
}
int main()
{   int a[]={1,4,7,200,0,-34,9,10},index1;
    index1=findnum(a,sizeof(a)/sizeof(int),-34);
    cout<<"index1="<<index1<<endl;
    double b[]={1.2,3.4,78.9,0,-100,5.6,7.8},index2;
    index2=findnum(b,sizeof(b)/sizeof(double),-100);
    cout<<"index2="<<index2<<endl;
    return 0;
}
```

程序运行结果：

```
index1=5
index2=4
```

程序说明：

模板参数可以有多个。

例 4-9 定义函数模板，求一维数组中元素的平均值。

```
#include <iostream>
using namespace std;
template <typename T1,typename T2>         //模板参数说明
T2 findaver(T1 array[],int n)        //函数模板中模板参数有多个
{    T1 sum=0;
     T2 aver;
     for(int i=0;i<n;i++)
         sum+=array[i];
     aver=sum/(double)n;
     return aver;
}
int main()
{    double b[]={1,2,3,4,5,6,7,8},average;
     average=findaver<double,double>(b,sizeof(b)/sizeof(double));
     cout<<"average="<<average<<endl;
     average=findaver<double,int>(b,sizeof(b)/sizeof(double));
     cout<<"average="<<average<<endl;
     return 0;
}
```

程序运行结果：

```
average=4.5
average=4
```

程序说明：

（1）当由实参 b,sizeof(b)/sizeof(double)不能确定函数模板中模板参数 T1、T2 的类型时，调用函数模板时要用 findaver<double,double>形式告知编译系统，T1、T2 的类型是 double、double，据此生成相应的模板函数。

（2）调用函数模板时，T1、T2 可以是不同类型，运行结果也会不同。

4.3.2 类模板

有些功能相似的类，类中的数据成员及成员函数代码基本相同，只是处理的数据的类型不同，这些类的代码重复率高。

例 4-10 一维整型数组类。

```
#include <iostream>
using namespace std;
#define N 100
class Array
{public:
    Array(int aa[],int nn)
    {    n=nn;
         for(int i=0;i<n;i++)
             data[i]=aa[i];
    }
    int getmax()                    //求数组元素的最大值
    {    int max=data[0];
```

```
        for(int i=1;i<n;i++)
            if(data[i]>max)
                max=data[i];
        return max;
    }
    int getmin()                    //求数组元素的最小值
    {   int min=data[0];
        for(int i=1;i<n;i++)
            if(data[i]<min)
                min=data[i];
        return min;
    }
private:
    int data[N];
    int n;
};
int main()
{   int a[]={1,2,3,4,5,6,7,8};
    Array arr(a,sizeof(a)/sizeof(int));
    cout<<"max="<<arr.getmax()<<endl;
    cout<<"min="<<arr.getmin()<<endl;
    return 0;
}
```

程序运行结果：

```
max=8
min=1
```

程序说明：

（1）Array 类只能对一维整型数组中的数据进行处理，可以求出一维整型数组中元素的最大值与最小值。

（2）如果需要对其他类型一维数组中的数据进行处理，需要写出多个一维数组类，这些类的数据成员与成员函数基本相同，但处理的数据类型不同。

为了解决功能相似的类代码重复的问题，C++语言提供了类模板。

类模板是一组相关类的模型或样板。这些相关类的功能与代码相似，只是处理的数据类型不同，将这些相关类合并成一个类，处理的数据类型用模板参数代替，即是类模板。

类模板中用到的模板参数要先声明再使用，声明格式是：

```
template <模板形参表>
```

模板形参表由一个或多个模板形参组成，即：

```
class 参数名 1,class 参数名 2,……
或者：typename 参数名 1,typename 参数名 2,……
```

与函数模板类似，模板形参表中也可以包含常规参数，格式是：

```
类型名 1   参数名 1,类型名 2   参数名 2,……
```

注意　可以为模板参数的最后若干个参数设置默认值。

例 4-11 一维数组类模板。

```
#include <iostream>
using namespace std;
#define N 100
template <class T>          //声明模板参数也可以写为 template <typename T>
class Array
{public:
    Array(T aa[],int nn)        //类模板中处理数据的类型用模板参数 T 代替
    {   n=nn;
        for(int i=0;i<n;i++)
            data[i]=aa[i];
    }
    T getmax()                  //类模板中处理数据的类型用模板参数 T 代替
    {   T max=data[0];
        for(int i=1;i<n;i++)
            if(data[i]>max)
                max=data[i];
        return max;
    }
    T getmin()                  //类模板中处理数据的类型用模板参数 T 代替
    {   T min=data[0];
        for(int i=1;i<n;i++)
            if(data[i]<min)
               min=data[i];
        return min;
    }
private:
    T data[N];                  //类模板中处理数据的类型用模板参数 T 代替
    int n;
};
```

类模板声明后，即可用类模板定义对象，定义类模板对象的格式是：

```
类模板名<模板实参表> 对象名;
```

或者：

```
类模板名<模板实参表> 对象名(构造函数实参表);
```

定义类模板对象时，编译系统根据定义对象时给出的模板实参，确定类模板中模板参数的类型，从而生成相应的类，这一过程称作类模板的实例化，生成的类称作**模板类**。

例 4-11 中主函数代码如下：

```
int main()
{   int a[]={1,2,3,4,5,6,7,8};
    Array<int> arr1(a,sizeof(a)/sizeof(int));           //定义类模板对象
    cout<<"max="<<arr1.getmax()<<endl;
    cout<<"min="<<arr1.getmin()<<endl;

    double b[]={1.1,2.2,3.3,4.4,5.5,6.6,7.7,8.8};
    Array<double> arr2(b,sizeof(b)/sizeof(double)); //定义类模板对象
    cout<<"max="<<arr2.getmax()<<endl;
    cout<<"min="<<arr2.getmin()<<endl;
    return 0;
}
```

程序运行结果：

```
max=8
min=1
max=8.8
min=1.1
```

程序说明：

（1）与普通类的定义一样，类模板中的成员函数也可以在类外定义，而在类模板中给出成员函数说明。在类外定义每个成员函数前都要给出模板参数声明，成员函数定义格式如下：

```
template <模板形参表>
返回类型 类名<模板形参表>::函数名(函数形参表)
{    函数体  }
```

例 4-11 代码修改如下：

```
#include <iostream>
using namespace std;
#define N 100
template <class T>
class Array
{public:
    Array(T aa[],int nn);      //成员函数声明
    T getmax();                //成员函数声明
    T getmin();                //成员函数声明
private:
    T data[N];
    int n;
};
template <class T>                    //模板参数声明
Array<T>::Array(T aa[],int nn)    //成员函数定义
{   n=nn;
    for(int i=0;i<n;i++)
        data[i]=aa[i];
}
template <class T>             //模板参数声明
T Array<T>::getmax()           //成员函数定义
{   T max=data[0];
    for(int i=1;i<n;i++)
        if(data[i]>max)
           max=data[i];
    return max;
}
template <class T>             //模板参数声明
T Array<T>::getmin()           //成员函数定义
{   T min=data[0];
    for(int i=1;i<n;i++)
        if(data[i]<min)
           min=data[i];
    return min;
}
int main()
```

```
{    int a[]={1,2,3,4,5,6,7,8};
     Array<int> arr1(a,sizeof(a)/sizeof(int));
     cout<<"max="<<arr1.getmax()<<endl;
     cout<<"min="<<arr1.getmin()<<endl;

     double b[]={1.1,2.2,3.3,4.4,5.5,6.6,7.7,8.8};
     Array<double> arr2(b,sizeof(b)/sizeof(double));
     cout<<"max="<<arr2.getmax()<<endl;
     cout<<"min="<<arr2.getmin()<<endl;
     return 0;
}
```

（2）定义类模板对象时，类名后要给出模板实参，编译系统根据给出的实参类型确定模板参数 T 的类型，生成具体的模板类。

例 4-12 有多个模板参数的一维数组类模板。

```
#include <iostream>
using namespace std;
#define N 100
template <class T1,class T2=float> //模板参数声明，第 2 个参数有默认值
class Array
{public:
     Array(T1 aa[],int nn)
     {    n=nn;
          for(int i=0;i<n;i++)
               data[i]=aa[i];
     }
     T2 getaver()                        //求数组元素平均值
     {    T1 sum=0;
          T2 aver;
          for(int i=0;i<n;i++)
               sum+=data[i];
          aver=sum/(double)n;
          return aver;
     }
private:
     T1 data[N];
     int n;
};
int main()
{    int a[]={1,2,3,4,5,6,7,8};
     Array<int,int> arr1(a,sizeof(a)/sizeof(int)); //定义类模板对象
     cout<<"aver="<<arr1.getaver()<<endl;

     Array<int> arr2(a,sizeof(a)/sizeof(int));
                         //定义类模板对象，第 2 个模板参数取默认值 float
     cout<<"aver="<<arr2.getaver()<<endl;
     return 0;
}
```

程序运行结果：

```
aver=4
aver=4.5
```

程序说明：

（1）类模板的两个模板参数 T1、T2 中，最后一个模板参数 T2 有默认值。

（2）定义类模板对象 arr1 时，给出两个模板参数，编译系统根据模板参数的值确定类模板中 T1、T2 的类型分别为 int、int，生成具体的模板类。

（3）定义类模板对象 arr2 时，只给出一个模板参数，另一个模板参数取默认值 float，编译系统根据模板参数的值确定类模板中 T1、T2 的类型分别为 int、float，生成具体的模板类。

4.4 程序实例

下面的例题实现了一个 50 以内的加、减法练习系统，练习者首先设定练习时间，在输入姓名之后，系统开始随机出题，每答对一道题得 1 分，答错不得分。当达到规定的练习时间，将给出最终得分，同时给出最高分记录保持者的姓名及最高得分。

例 4-13　加、减练习系统。

首先根据题目要求进行类 Train 的设计。

（1）在类中包含私有数据成员，存放答题者姓名、随机出题生成的两个 50 以内的随机数、答题者给出的答案、得分。

（2）在类中包含私有静态数据成员，保存每次练习时间、最高分记录者姓名以及最高分记录得分。

（3）类中包含构造函数、设置数据成员值的函数以及实现答题练习的函数。

（4）类中包含设置练习时间和获取练习时间的两个静态成员函数。

类 Train 声明代码如下：

```
#include <iostream>
#include <ctime>
using namespace std;

#define TIMES 10        //练习次数
#define NUM 500         //每次练习的最大题数

class Train
{public:
    Train(char na[]="noname"):score(0)  //构造函数
    {   }
    void setdata(char na[]="noname");   //设置数据成员的值
    void practice();                    //练习函数

    static void settime(int t)      //静态成员函数，设置练习时间
    {   practicetime=t;   }
    static int gettime()            //静态成员函数，获得练习时间
    {   return practicetime;    }
private:
    char name[20];      //姓名
    int data1[NUM];     //随机数 1
    int data2[NUM];     //随机数 2
    int answer[NUM];    //答题者给出的答案
```

```
    int score;            //练习得分
    static int practicetime;     //每次练习时间
    static char recordname[20];//最高分记录者姓名
    static int recordscore;     //最高分记录得分
};
```

在类外定义的设置数据成员值的函数代码如下：

```
void Train::setdata(char na[])//参数默认值在函数声明时给出
{   strcpy(name,na);
    score=0;
    srand(time(NULL));        //设置随机数种子
    int d1,d2,sign;
    for(int i=0;i<NUM;i++)
    {   d1=rand()%50+1;       //求 50 以内的随机数
        d2=rand()%50+1;       //求 50 以内的随机数
        sign=rand();
        if(sign%2)            //sign 为奇数，做加法运算
        {   data1[i]=d1;
            data2[i]=d2;
        }
        else                  //sign 为偶数，做减法运算
        {   data1[i]=d1>d2?d1:d2;//使被减数大于减数
            data2[i]=-(d1<d2?d1:d2);
        }
    }
}
```

在类外定义的实现答题练习的函数代码如下：

```
void Train::practice()
{   long begintime,nowtime;
    begintime=time(NULL);          //调用 time()函数获取开始时间
    for(int i=0;i<NUM;i++)
    {   cout<<"第"<<i+1<<"题: "<<data1[i]<<(data2[i]>=0?"+":"")
            <<data2[i]<<"=";      //如做加法运算输出+，否则不输出
        cin>>answer[i];
        nowtime=time(NULL);        //调用 time()函数获取当前时间
        if(answer[i]==data1[i]+data2[i]
                &&(nowtime-begintime)/60<=practicetime)
            score++; //在规定时间内答对 1 题加 1 分
        else
            if((nowtime-begintime)/60>practicetime)
            {   cout<<"已超过"<<practicetime<<"分钟,你的得分是:"
                    <<score<<"分"<<endl;
                break;
            }
    }
    if(score>recordscore)                //得分大于最高分
    {   strcpy(recordname,name);         //记录姓名
        recordscore=score;               //记录得分
        cout<<"祝贺"<<name<<"创造了新得分记录!"<<endl;
    }
```

```
    else                        //得分不大于最高分
    {   cout<<"最高记录者"<<recordname
            <<"获得最高分"<<recordscore<<"分"<<endl;
    }
}
int Train::practicetime=0;                //静态数据成员赋初值
char Train::recordname[20]="\0";          //静态数据成员赋初值
int Train::recordscore=0;                 //静态数据成员赋初值
```

主函数代码如下：

```
int main()
{   int time;
    cout<<"请输入每次练习时间(分钟):";
    cin>>time;
    Train::settime(time);           //调用静态成员函数设置练习时间
    Train train[TIMES];             //定义对象数组
    char name[20];
    char choice;

    for(int i=0;i<TIMES;i++)
    {   cout<<"请注意练习时间是"<<Train::gettime()<<"分钟"<<endl;
        cout<<"请输入姓名:";
        cin>>name;
        train[i].setdata(name);
        train[i].practice();
        cout<<"是否开始下一次练习(y/n)?";
        cin>>choice;
        if(choice!='y'&&choice!='Y')
            break;
        else
            system("cls");
    }
    return 0;
}
```

程序运行结果：

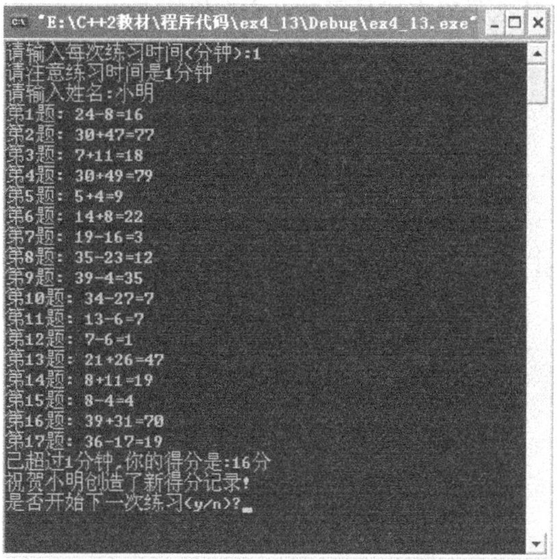

程序说明：

（1）随机出题时，加法或减法由 sign 中的随机数决定。当 sign 是奇数，做加法运算，sign 是偶数，做减法运算。做减法运算时，第二个操作数为负且其绝对值小于第一个数。

（2）调用 time()函数将返回当前日期时间距 1970 年 0:0:0 的秒数。

（3）定义了 Train 类对象数组，可以保存每次练习时练习者的姓名、题目及得分，数组的元素个数为 TIMES，所以运行一次程序可以最多做 TIMES 次练习。

本 章 小 结

静态成员是类中特殊的成员，静态成员包括静态数据成员和静态成员函数。

静态数据成员实现了类中数据的共享，相当于类中的全局变量。静态数据成员具有静态生存期，必须在类外对其进行初始化。静态数据成员的作用域为类的作用域，与全局变量相比，静态数据成员保证了数据的隐藏性和安全性。

静态成员函数实现了不通过对象，只通过类名访问静态数据成员的方法。

友元包括友元函数和友元类，它们不是类中的成员，而是类的“朋友”，它们可以像类的成员函数一样直接访问类的私有的和受保护的成员。友元函数和友元类提高了程序的效率，但破坏了类的封装性，使用时应慎重考虑。

函数模板与类模板是 C++面向对象程序设计的重要特性，函数模板与类模板实现了代码的复用。

函数模板是一组相关函数的模型或样板，调用函数模板时，编译系统根据调用时使用的数据类型生成相应的具体函数，称作模板函数。

类模板是一组相关类的模型或样板，定义类模板对象时，编译系统根据定义对象时给出的模板实参生成相应的具体类，称作模板类。

习　　题

4-1　什么是静态数据成员？它有何特点？什么是静态成员函数？它有何特点？

4-2　写出下列程序的运行结果。

```
#include <iostream>
using namespace std;
class Circle
{public:
    Circle(double rr){ r=rr;}
    void showarea(){ cout<<pi*r*r<<endl;}
    static void changepi(){ pi=3.14;}
private:
    double r;
    static double pi;
};
double Circle::pi=3;
int main()
{   Circle c1(2),c2(1);
    c1.showarea(); c2.changepi();
```

```
    c1.showarea();
    return 0;
}
```

4-3　写出下列程序的运行结果。

```
#include <iostream>
using namespace std;
class point
{public:
    static int number;
public:
    point(){number++;}
    ~point(){number--;}
};
int point::number =0;
int main()
{   point *ptr;
    point A,B;
    point *ptr_point=new point[3];
    ptr=ptr_point;
    point C;
    cout<<point::number <<endl;
    delete[]ptr; return 0;
}
```

4-4　写出下列程序的运行结果。

```
#include<iostream>
using namespace std;
int c;
class A
{private:
    int a;
    static int b;
public:
    A(){a=0;c=0;}
    void seta(){a++;}
    void setb(){b++;}
    void setc(){c++;}
    void display(){cout<<a<<" "<<b<<" "<<c;}
};
int A::b=0;
int main()
{   A al,a2;
    al.seta();  al.setb();  al.setc();
    a2.seta();  a2.setb();  a2.setc();
    a2.display();  return 0;
}
```

4-5　在下面的程序中，添加静态数据成员初始化的语句，使输出结果为：

```
    object id=0
    object id=1
#include <iostream>
using namespace std;
class Point
{public:
```

```
    Point(int xx=0, int yy=0) {X=xx; Y=yy; countP++; }
    ~Point( ) { countP--; }
    int GetX( ) {return X;}
    int GetY( ) {return Y;}
    static void GetC( ) {cout<<"Object id="<<countP<<endl;}
private:
    int X,Y;
    static int countP;
};
______________________
int main( )
{   Point::GetC( );
    Point A(4,5);
    A.GetC( );   return 0;
}
```

4-6　以下程序是求学生的平均成绩，完成该程序。

```
#include <iostream>
using namespace std;
class Student
{public:
    Student(long n,int s):num(n),score(s){}
    void total()
    {     ___________;
          ___________;
    }
    static float average()
    {     return sum/count;     }
private:
    long num;
    int score;
    static float sum;
    static int count;
};
_________________;
_________________;
int main()
{   Student stud[3]={Student(1001,80),Student(1002,85),
                     Student(1003,75)};
    for(int i=0;i<3;i++)
        stud[i].total();
    cout<<"the average score is "<<Student::average()<<endl;
    return 0;
}
```

4-7　在下面给出的 MyClass 类中，在类外增加语句给 b 赋初值，增加静态成员函数 showb，使得运行结果为：b=0

a=5

b=2。

```
#include <iostream>
using namespace std;
class MyClass
{public:
    MyClass(int x){   a=x;b++;}
```

```
    void showa(){   cout<<"a="<<a<<endl;    }
private:
    int a;
    static int b;
};
int main()
{   MyClass::showb();
    MyClass m1(5),m2(5);
    m1.showa();
    m2.showb();
    return 0;
}
```

4-8　在下列程序的学生类 Student 中，增加静态数据成员 num，在类外给 num 赋初值，使得运行结果为：num=52

num=50。

```
#include <iostream>
using namespace std;
class Student
{public:
     Student(){  num++;}
     static void show(){  cout<<"num="<<num<<endl;     }
     ~Student(){  num-=2;}
private:
};
int main()
{   Student st1;
    Student *ptr=new Student;
    st1.show();
    delete ptr;
    Student::show(); return 0;
}
```

4-9　编写程序，声明一个 Cat 类，拥有静态数据成员 HowManyCats，记录 Cat 类对象的个数，并且拥有静态成员函数 GetHowMany()，输出 HowManyCats 的值。

4-10　什么是友员函数？什么是友元类？

4-11　阅读下面的程序。

（1）改正程序中的错误。

```
#include <iostream>
using namespace std;
class Cat;
void SetValue(Cat&,int);
void SetValue(Cat&,int,int);
class Cat
{public:
    friend void SetValue(Cat&,int);
private:
    int weight;
    int age;
};
void SetValue(Cat& ta,int w)
{   ta.weight=w;}
```

```
void SetValue(Cat& ta,int w,int a)
{    ta.weight=w;
     ta.age=a;
}
int main()
{    Cat mimi;
     SetValue(mimi,3);
     SetValue(mimi,5,4); return 0;
}
```

（2）将上面程序中的友元函数改为普通函数，并在 Cat 类中增加成员函数，访问 Cat 类中私有的数据成员。

4-12 根据下面给出的圆类 Circle 的声明，增加合适的函数 add，求两圆周长之和，使得程序能够正确运行。

```
#include <iostream>
using namespace std;
class Circle
{public:
     Circle(float rr):r(rr){}
private:
     float r;
};
int main()
{    Circle c1(10),c2(20);
     cout<<add(c1,c2)<<endl;
     return 0;
}
```

4-13　写出一个函数模板 findmax，函数功能为求 x、y、z 的中的最大值，定义主函数，调用该函数。

4-14　写出一个函数模板 sort，函数功能为可以对 n 个数据由小到大排序，定义主函数，调用该函数。

4-15　写出下列程序的运行结果。

```
#include <iostream>
using namespace std;
template <typename T,int n>          //模板参数说明
float findaver(T array[]) //函数模板中处理数据的类型用模板参数 T 代替
{    T sum=0;
     float aver;
     for(int i=0;i<n;i++)
         sum+=array[i];
     aver=sum/(float)n;
     return aver;
}
int main()
{    int a[]={1,2,3,4,5,6,7,8};
     float average;
     average=findaver<int,8>(a);
     cout<<"average="<<average<<endl;
     return 0;
}
```

4-16 以下程序要求能求出两个整数的和及两个双精度数的和，完成该程序。

```
#include <iostream>
using namespace std;
template <________>
class Tadd
{public:
    Tadd(T a,T b){ x=a;y=b;}
    T add(){ return x+y;}
private:
    _______ x,y;
};
int main()
{   Tadd<__________> A(5,6);
    Tadd<__________> B(3.5,4.6);
    cout<<A.add()<<endl;
    cout<<B.add()<<endl; return 0;
}
```

4-17 声明一个类 ARRAY，求一维数组中各元素的最大值、最小值和平均值。

4-18 声明一个类 SUM，求二维数组外围各元素的和，并输出数组中各元素及所求之和。

4-19 将以上两题改为类模板实现。

第5章 运算符重载

C++语言具有丰富的运算符，这些 C++系统内部定义的运算符主要用于 C++基本类型数据的运算，对于自定义类型数据，如类对象的运算不能直接使用。但可以通过定义重载运算符的函数，使类对象能够用已有的运算符按照指定的规则进行相应的运算，使对类对象的运算与对基本类型数据的运算一样方便。

5.1 运算符重载的概念

第 1 章介绍了函数重载的概念，重载即指赋予新的含义。

C++的一些运算符具有多重含义，如：&运算符既可以是取地址运算符，也可以是位与运算符，<<运算符既可以是流输出运算符，也可以左移运算符，此外 +、−、*、/运算符既可以用于整数的运算，也可以用于浮点数的运算，编译系统根据使用运算符的环境，区分运算符的不同含义。

当运算符具有多重含义时称为运算符重载。虽然 C++系统内部重载的运算符能够用于各种基本类型数据的运算，但对于类对象的运算不能使用。下面的例子中声明了一个复数类 Complex，在主函数中定义了两个复数类对象 c1、c2，要求得出 c1 与 c2 的和，不能通过计算表达式 c1+c2 来得到。

例 5-1 复数类加法的实现。

```
#include <iostream>
using namespace std;
class Complex
{public:
    Complex(double r=0,double i=0):real(r),imag(i)
    { }
    Complex add(Complex c)          //实现复数加法运算的成员函数
    {   Complex temp;
        temp.real=real+c.real;
        temp.imag=imag+c.imag;
        return temp;
    }
    void display()
    {   cout<<real<<(imag>=0?"+":"")<<imag<<"i"<<endl;}
private:
    double real,imag;
};
```

```
int main()
{   Complex c1(5,6),c2(3,4),c3;
    c3=c1.add(c2);
    c3.display();
    return 0;
}
```

程序运行结果：8+10i

程序说明：在上例的复数类中，为了实现两个复数的加法，定义了一个成员函数 add，返回两个复数相加的和。

这样的代码不够简洁、可读性差。

本章介绍的**运算符重载**是指通过定义某个运算符重载函数，使类对象能够直接使用该运算符完成指定规则的运算。

5.2 运算符重载的方法

运算符重载的方法有三种，一种是将运算符重载函数写在类中，作为类的成员函数；另一种是将运算符重载函数写在类外，当该函数需要访问类的私有或受保护成员时，在类中将该函数声明为友元函数；第三种是将运算符重载函数写在类外，且该函数不需要访问类的私有或受保护成员，则该函数是普通函数。

本章主要介绍前两种运算符重载的方法，即成员函数形式与友元函数形式。

5.2.1 重载为成员函数

在类中重载运算符函数的格式是：

```
函数类型 operator $(形式参数表){……}
```

其中$代表被重载的运算符，当重载的运算符为单目运算符时，参数个数为 0，重载的运算符为双目运算符时，参数个数为 1，而唯一的三目运算符即条件运算符不允许重载。

下面的例子采用成员函数形式重载加法运算符，实现两个复数类对象的加法运算。

例 5-2 复数类加法的实现——成员函数形式。

```
#include <iostream>
using namespace std;
class Complex
{public:
    Complex(double r=0,double i=0):real(r),imag(i){ }
    Complex operator+(Complex c)      //+运算符重载函数
    {   Complex temp;
        temp.real=real+c.real;
        temp.imag=imag+c.imag;
         return temp;
    }
    void display(){   cout<<real<<(imag>=0?"+":"")<<imag<<"i"<<endl;}
private:
    double real,imag;
};
int main()
```

```
{   Complex c1(5,6),c2(3,4),c3;
    c3=c1+c2;                    //使用重载的+运算符函数计算两个复数之和
    c3.display();
    return 0;
}
```

程序运行结果：8+10i

程序说明：

（1）在上例中，因为重载的加法运算符是双目运算符，所以参数个数为1。

（2）主函数中，编译系统将语句 c3=c1+c2;自动处理成函数调用语句，即：c3=c1.operator+(c2);。

5.2.2 重载为友元函数

在类外重载运算符函数的格式是：

```
返回类型 operator $(参数){……}
```

其中$代表被重载的运算符，当重载的运算符为单目运算符时，参数个数为1，重载的运算符为双目运算符时，参数个数为2。

该运算符重载函数如果要访问类中的私有的或受保护的成员，为了方便，一般将该函数在类中声明为类的友元函数。

下面的例子采用友元函数形式重载加法运算符，实现两个复数类对象的加法运算。

例 5-3 复数类加法的实现——友元函数形式。

```
#include <iostream>
using namespace std;
class Complex
{public:
    Complex(double r=0,double i=0):real(r),imag(i){ }
    void display(){cout<<real<<(imag>=0?"+":"")<<imag<<"i"<<endl;}
    friend Complex operator+(Complex cc1,Complex cc2);
                                 //声明+运算符重载函数为友元函数
private:
    double real,imag;
};
Complex operator+(Complex cc1,Complex cc2)  //+运算符重载函数
{   Complex temp;
    temp.real=cc1.real+cc2.real;
    temp.imag=cc1.imag+cc2.imag;
    return temp;
}
int main()
{   Complex c1(5,6),c2(3,4),c3;
    c3=c1+c2;                    //使用"+"重载运算符计算两个复数之和
    c3.display();
    return 0;
}
```

程序运行结果：8+10i

程序说明：

（1）在上例中，因为重载的加法运算符是双目运算符，所以参数个数为2。

（2）主函数中，编译系统将语句 c3=c1+c2;自动处理成函数调用语句，即：c3=operator+(c1,c2);

由以上两例可以看出，同样的运算符重载为友元函数形式时，参数个数比重载为成员函数形式多了1个。

> **注意**　有的 Visual C++6.0 版本采用新的头文件时不支持运算符重载为友元函数形式，需要将新的头文件改为带.h 后缀的老的头文件。

下面的两个例题分别采用成员函数形式和友元函数形式重载增量运算符，实现复数类对象实部与虚部各加1的运算。

例 5-4　复数类增量运算的实现——成员函数形式。

```
#include <iostream>
using namespace std;
class Complex
{public:
    Complex(double r=0,double i=0):real(r),imag(i){}
    void operator++()              //重载++运算符
    {    ++real;                   //实部加1
         ++imag;                   //虚部加1
    }
    void display(){     cout<<real<<(imag>=0?"+":"")<<imag<<"i"<<endl;}
private:
    double real,imag;
};
int main()
{   Complex c(3,4);
    ++c;                      //使用重载的运算符做复数对象增量运算
    c.display();
    return 0;
}
```

程序运行结果：

```
4+5i。
```

程序说明：

（1）在上例中，因为重载的增量运算符是单目运算符，所以参数个数为0。

（2）主函数中，编译系统将语句++c;自动处理成函数调用语句，即：c.operator++();。

（3）若将类中增量运算符重载函数改为如下代码：

```
Complex& operator++()      //重载++运算符
{   real++;
    imag++;
    return *this;          //返回实部与虚部各加1后的对象
}
```

即将实部与虚部各加1后的对象引用返回，则在主函数中可以对 Complex 对象 c 做连续增量运算，即将++c 改为++++c，运行结果为：5+6i。

例 5-5　复数类增量运算的实现——友元函数形式。

```
#include <iostream>
using namespace std;
class Complex
```

```
{public:
    Complex(double r=0,double i=0):real(r),imag(i){ }
    void display(){ cout<<real<<(imag>=0?"+":"")<<imag<<"i"<<endl;}
    friend Complex& operator++(Complex& cc);
                                //声明++运算符重载函数为友元函数
private:
    double real,imag;
};
Complex& operator++(Complex& cc)        //重载++运算符
{   ++cc.real;
    ++cc.imag;
    return cc;                  //返回实部与虚部各加 1 后的对象
}
int main()
{   Complex c(3,4);
    ++c;                                //使用重载的运算符做复数增量运算
    c.display();
    return 0;
}
```

程序运行结果：4+5i

程序说明：

（1）在上例中，因为重载的增量运算符是单目运算符，所以参数个数为 1。

（2）主函数中，编译系统将语句++c;自动处理成函数调用语句，即：operator++(c);。

（3）增量运算符重载函数 operator++()参数的类型必须是 Complex&，这是因为在该函数中要修改参数 cc 对应的主函数对象 c 的值。

5.3 运算符重载的规则

前面介绍了运算符重载的方法，重载运算符时需要注意以下几点：

（1）运算符是 C++系统内部定义的，具有特定的语法规则，重载运算符时应注意该运算符的优先级和结合性保持不变。

（2）C++规定有五个运算符不能重载，它们是：成员访问运算符“.”、成员指针访问运算符“.*”、作用域运算符“::”、长度运算符“sizeof”和条件运算符“?:”。同时也不能创造新运算符。

（3）重载运算符时应注意使重载后的运算符的功能与原有功能类似，原运算符操作数的个数应保持不变且至少有一个操作数是自定义类型数据。因此重载运算符函数的参数不能有默认值。

（4）由于友元函数破坏了类的封装性，所以重载单目运算符时一般采用成员函数形式。

（5）重载双目运算符时，若第一个操作数是类对象，则既可以采用成员函数形式也可以采用友元函数形式，若第一个操作数不是类对象，则只能采用友元函数形式。

5.4 常用运算符的重载

以下常用的单目运算符重载均采用成员函数形式。

5.4.1 算术运算符的重载

下面以时间类为例，重载时间类的增量运算符，其他算术运算符重载的方法与此类似。

算术运算中的增量运算分前增量与后增量两种，前增量运算是先将变量值加 1 再取加 1 之后变量的值，而后增量运算是先取变量原先的值，再将变量值加 1。

5.2 节中例 5-4 与例 5-5 实现的是前增量运算符的重载，返回的是实部和虚部分别加 1 的对象引用，下面以时间类为例，介绍前增量与后增量重载函数的区别。

例 5-6 时间类前增量与后增量运算的实现。

以成员函数形式重载前增量与后增量运算符，实现时间类对象加 1 秒运算的代码如下：

```
#include <iostream>
using namespace std;
class Time
{public:
    Time(int h=0,int m=0,int s=0):hour(h),minute(m),second(s)
    { }
    Time& operator++();    //前增量运算符重载函数声明
    Time operator++(int); //后增量运算符重载函数声明增加一个 int 参数
    void ShowTime()                  //显示时间函数
    {    cout<<hour<<":"<<minute<<":"<<second<<endl;    }
private:
    int hour,minute,second;
};
```

其中前增量运算符重载函数定义如下：

```
Time& Time::operator++()
{   second++;
    if(second==60)
    {   second=0;
        minute++;
        if(minute==60)
        {   minute=0;
            hour++;
            if(hour==24)hour=0;
        }
    }
    return *this;                        //返回增量后的对象的引用
}
```

后增量运算符重载函数定义如下：

```
Time Time::operator++(int)               //多了一个整型参数
{   Time temp(*this);                    //定义临时对象，保存原对象值
    second++;
    if(second==60)
    {   second=0;
        minute++;
        if(minute==60)
        {   minute=0;
            hour++;
            if(hour==24)hour=0;
        }
```

```
    }
    return temp;                          //返回临时对象的值
}
```

程序说明：

（1）重载的后增量运算符比前增量运算符多了一个整型参数，该 int 形参只用于区分前、后增量运算符，没有其他作用，所以参数名省略不写。

（2）保留了前、后增量运算符原有的特点，即前增量是先将对象做增量运算(实部与虚部各加1)再取其值，而后增量是先取其值再对该对象进行增量运算。

（3）前增量运算符重载函数返回类型是对象的引用，这样可以使类对象做连续增量运算。后增量运算符重载函数返回类型为对象，实际返回的是保存对象原值的临时对象的值。

（4）为了验证前、后增量运算符的特点，设计主函数代码如下：

```
int main()
{   Time t(23,59,59);
    t.ShowTime();               //显示 23:59:59
    (t++).ShowTime();           //显示保存对象原值的临时对象值，即 23:59:59
    t.ShowTime();               //显示后增量运算后的对象值，即 0:0:0
    (++t).ShowTime();           //显示前增量后对象值，即 0:0:1
    t.ShowTime();               //显示前增量后对象值，即 0:0:1
    ++(++t);                    //连续前增量
    t.ShowTime();               //显示连续前增量后对象值，即 0:0:3
    (t++)++;                    //连续后增量，第二次增量操作对临时对象进行
    t.ShowTime();               //显示连续后增量后对象值，即 0:0:4
    return 0;
}
```

（5）由于后增量运算符重载函数返回的是临时对象的值，所以主函数中连续后增量运算语句：(t++)++，其中第二次增量运算是对返回的临时对象进行的，而对象 t 只做了一次增量运算，因此进行连续后增量运算后，t 的值只加了 1 秒，输出 t 的值为 0:0:4。

（6）若要实现时间类对象加 n 秒的运算，可以在 Time 类中增加重载+=运算符的成员函数，代码如下：

```
Time& operator+=(int n)
{   for(int i=0;i<n;i++)              //循环 n 次
        ++(*this);                    //当前对象进行增量运算
    return *this;                     //返回当前对象
}
```

以上介绍了增量运算符重载的方法，其他算术运算符的重载可以仿照此例来写。

5.4.2 关系运算符的重载

下面仍以时间类为例，重载时间类的大于运算符。

例 5-7 时间类大于运算的实现。

以成员函数形式重载>运算符，比较 2 个 Time 类对象大小的代码如下：

```
int operator>(const Time& t)           //参数个数为 1 个
{   long tt1,tt2;
```

```
    tt1=hour*10000+minute*100+second;        //将时分秒组合成一个整数
    tt2=t.hour*10000+t.minute*100+t.second; //将时分秒组合成一个整数
    if(tt1>tt2)
        return 1;
    else
        return 0;
}
```

主函数代码如下：

```
int main()
{   Time t1(23,59,59),t2(23,59,58);
    cout<<(t1>t2)<<" ";    //执行t1.operator>(t2)，并输出其返回值1
    cout<<(t2>t1)<<endl;   //执行t2.operator>(t1)，并输出其返回值0
    return 0;
}
```

程序运行结果：

```
1 0
```

程序说明：

（1）函数参数 Time& t 前面加 const 是为了对 t 对象的值进行保护，确保其不被修改，函数参数也可以写为 Time t。

（2）保留了大于运算符原来的特点，大于关系成立时，返回 1，否则返回 0。

（3）如果以友元函数形式重载>运算符，在 Time 类外增加代码如下：

```
int operator>(const Time& t1,const Time& t2)  //参数个数为2个
{   long tt1,tt2;
    tt1=t1.hour*10000+t1.minute*100+t1.second;
    tt2=t2.hour*10000+t2.minute*100+t2.second;
    if(tt1>tt2)return 1;
    else return 0;
}
```

在 Time 类中将该函数声明为友元函数，即：

```
friend int operator>(const Time& t1,const Time& t2);
```

（4）以友元函数形式重载>运算符，参数个数比成员函数形式多了 1 个。

这里以时间类为例介绍了大于运算符重载的方法,其他关系运算符的重载可以参照此例来写。

5.4.3 逻辑运算符的重载

下面以一维数组类为例，重载逻辑与运算符。

一维数组类定义如下：

```
class Array
{public:
    Array(int d[],int nn)        //构造函数
    {   n=nn;
        data=new int[n];         //申请动态内存空间
        for(int i=0;i<n;i++)
            data[i]=d[i];        //用d指向的数组初始化data数组
    }
```

```
    ~Array()                  //析构函数
    {   if(data!=NULL)
            delete []data;        //释放内存空间
    }
private:
    int *data,n;
};
```

例 5-8 一维数组类逻辑与运算的实现。

要求重载&&运算符，求出两个一维数组中相同元素的个数，每个一维数组中各元素值均不相同。

例如 a 数组元素为：1 2 3 4 5 6 7 8 9 10

b 数组元素为：2 4 6 8 10 12 14 16 18 20

则两数组中相同元素个数为 5。

以友元成员函数形式重载&&运算符的代码如下：

```
#include <iostream>
using namespace std;
class Array
{public:
    Array(int d[],int nn)       //构造函数
    {   n=nn;
        data=new int[n];
        for(int i=0;i<n;i++)
            data[i]=d[i];
    }
    ~Array()                    //析构函数，释放内存空间
    {   if(data!=NULL)
            delete []data;
    }
    friend int operator&&(const Array &ar1,const Array &ar2);
                                //声明&&运算符重载函数为友元函数
private:
    int *data,n;
};
int operator&&(const Array &ar1,const Array &ar2) //&&运算符重载函数
{   int num=0;
    for(int i=0;i<ar1.n;i++)
        for(int j=0;j<ar2.n;j++)
            if(ar1.data[i]==ar2.data[j])
            {   num++;break;}
    return num;             //返回相同元素个数
}
int main()
{  int a[]={1,2,3,4,5,6,7,8,9,10},b[]={2,4,6,8,10,12,14,16,18,20};
   Array arr1(a,sizeof(a)/sizeof(int)),arr2(b,sizeof(b)/sizeof(int));
   cout<<"两个数组中相同元素个数为"<<(arr1&&arr2)<<endl;
                            //执行 operator&&(arr1,arr2)，并输出其返回值
   return 0;
}
```

程序运行结果：

两数组中相同元素个数为 5。

程序说明：

（1）定义对象 arr1 时，调用构造函数，使对象 arr1 的数据成员 data 指向分配的动态内存空间，且用数组 a 的值初始化 data 动态数组，arr1 的数据成员 n 的值等于 a 数组元素个数。同样定义对象 arr2 时，调用构造函数，使对象 arr2 的数据成员 data 指向另一块分配的动态内存空间，且用数组 b 的值初始化 data 动态数组，arr2 的数据成员 n 的值等于 b 数组元素个数。

（2）&&运算符重载函数求出两个 Array 类对象的数据成员 data 所指向的两个数组相同元素的个数。

（3）如果以成员函数形式重载&&运算符，则参数个数为 1 个。

这里以一维数组类为例介绍了逻辑与运算符重载的方法，其他逻辑运算符的重载可以参照此例来写。

5.4.4 位移运算符的重载

下面仍以一维数组类为例，重载一维数组类的左移运算符。

例 5-9 一维数组类左移运算的实现。

要求重载左移<<运算符，将一维数组中的元素左移 n 次，第 1 个元素左移 1 次将变成最后 1 个元素。

例如 a 数组元素为：1 2 3 4 5 6 7 8 9 10

左移 3 次后，a 数组元素为： 4 5 6 7 8 9 10 1 2 3

以成员函数形式实现左移运算符重载的代码如下：

```
#include <iostream>
using namespace std;
class Array
{public:
    Array(int d[],int nn)        //构造函数
    {   n=nn;
        data=new int[n];
        for(int i=0;i<n;i++)
             data[i]=d[i];
    }
    ~Array()                     //析构函数，释放内存空间
    {   if(data!=NULL)
            delete []data;
    }
    void show()                          //输出数组中所有元素
    {   for(int i=0;i<n;i++)
            cout<<data[i]<<" ";
        cout<<endl;
    }
    Array& operator<<(int num)              //重载左移<<运算符
    {   int temp;
        for(int pass=1;pass<=num;pass++)      //左移 n 次
        {   temp=data[0];                    //保存第 1 个元素
            for(int i=0;i<n-1;i++)
                data[i]=data[i+1];
            data[n-1]=temp;                 //将保存的第 1 个元素放到最后
```

```
        }
        return *this;                              //返回当前对象
    }
private:
    int *data,n;
};
int main()
{   int a[]={1,2,3,4,5,6,7,8,9,10};
    Array arr(a,sizeof(a)/sizeof(int));
    cout<<"原始数据：";
    arr.show();             //显示数组各元素原始值
    arr<<3;                 //调用<<运算符重载函数，即执行a.operator<<(3)
    cout<<"左移3次后数据：";
    arr.show();             //显示左移3次后的数组各元素值
    return 0;
}
```

程序运行结果：

```
原始数据：1 2 3 4 5 6 7 8 9 10
左移3次后数据：4 5 6 7 8 9 10 1 2 3
```

程序说明：

（1）定义 arr 对象时，调用构造函数，使对象 arr 的数据成员 data 指向分配的动态内存空间，且用数组 a 的值初始化 data 动态数组，arr 的数据成员 n 的值等于 a 数组元素个数。

（2）由于<<运算符重载函数返回当前对象的引用，所以在主函数中也可以通过如下语句：(arr<<3).show();，不仅能够实现数组左移 3 次，还可以将左移 3 次后的数组输出。

这里介绍了左移运算符重载的方法，右移运算符的重载可以参照此例来写。

5.4.5 下标访问运算符的重载

下面以一维数组类为例，介绍下标访问运算符的重载。

例 5-10 一维数组类下标访问运算的实现。

在上例（例 5-9）的 Array 类中，增加重载下标运算符的成员函数，实现通过下标访问 a 数组元素的运算。并且在访问 a 数组元素之前，先检查下标是否在正常范围，若在正常范围，则返回对应数组元素引用，否则提示出错，从而避免下标越界。

以成员函数形式实现[]运算符重载的代码如下：

```
int& operator[](int index)          //重载[]运算符
{   if(index>=0&&index<=n-1)        //判断下标是否超出范围
        return data[index];         //返回下标为index的data数组元素引用
    else
    {   cout<<"下标超出范围"<<endl;
        exit(1);
    }
}
```

主函数代码如下：

```
int main()
{   int a[]={1,2,3,4,5,6,7,8,9,10};
```

```
    Array arr(a,sizeof(a)/sizeof(int));
    arr.show();      //显示数组各元素原始值
    arr[9]=100;    //调用 arr.operator[](9)函数返回 data[9]即 a[9]的引用
    arr.show();      //显示修改后的数组元素值
    return 0;
}
```

程序运行结果：

```
1 2 3 4 5 6 7 8 9 10
1 2 3 4 5 6 7 8 9 100
```

程序说明：

（1）定义 arr 对象时，调用构造函数，使对象 arr 的数据成员 data 指向分配的动态内存空间，且用数组 a 的值初始化 data 动态数组，arr 的数据成员 n 的值等于 a 数组元素个数。

（2）由于下标运算符重载函数返回当前对象成员 data[index]的引用，所以在主函数中执行 arr[9]=100;相当于执行 data[9]=100，即 a[9]=100，第 2 次输出 a 数组元素时，最后一个元素的值为 100。

下标运算符重载函数中通过 if 语句判断下标是否超出范围，如果超出范围将终止程序的运行，这样保证访问数组元素时不会越界。

5.4.6 赋值运算符的重载

下面以学生类为例，介绍赋值运算符的重载。

C++语言提供了默认的赋值运算符重载函数，与默认的复制构造函数一样，可以实现同类对象之间的赋值。但默认复制构造函数只能实现浅复制，与其类似，默认的赋值运算符重载函数也只能实现浅赋值。

将第 3 章中的例 3-14 修改后如下：

```
#include<iostream>
using namespace std;
class Student
{public:
    Student(int n=0,char *na="noname",int s=0)//构造函数
    {   no=n;
        name=new char[20];      //name 指向堆中分配的一空间
        strcpy(name,na);
        score=s;
    }
    void set(int n,char *na,int s)
    {   no=n;
        strcpy(name,na);
        score=s;
    }
    void show()
    {   cout<<no<<" "<<name<<" "<<score<<endl;     }
private:
    int no;
    char *name;
    int score;
};
```

```
int main()
{    Student st1(1001,"Wang",80),st2;
     st2=st1;   //调用默认赋值运算符重载函数，即执行 st2.operator=(s1);
     cout<<"st2 后:\n";
     cout<<"st1:"; st1.show();
     cout<<"st2:"; st2.show();
     st2.set(1002,"Li",90);   //修改 st2 的值
     cout<<"\n 修改 st2 的值后:\n";
     cout<<"st1:"; st1.show();
     cout<<"st2:"; st2.show();
     return 0;
}
```

程序运行结果：

```
执行 st2=st1 后:
st1:1001 Wang 80
st2:1001 Wang 80

修改 st2 的值后:
st1:1001 Li 80
st2:1002 Li 90
```

程序说明：

（1）由运行结果可知，当修改 st2 对象 name 的值时，st1 对象 name 的值也改变了。出现这种情况的原因是：赋值前 st1 与 st2 对象的 name 指针指向不同的内存空间，如图 5-1 所示。

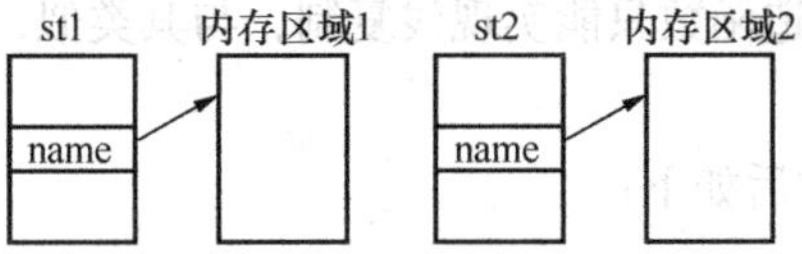

图 5-1　赋值前 st1 与 st2 对象的 name 指针

执行赋值语句 st2=st1 时，调用了默认的赋值运算符重载函数，该函数代码如下：

```
Student& operator=(const Student& s)
{    no=s.no;
     name=s.name;          //name 与 s.name(即 st1.name)指向同一个内存空间
     score=s.score;
     return *this;              //返回当前对象
}
```

由于默认的赋值运算符重载函数实现的是浅赋值，使得 st2.name=st1.name，即对象 st2 的 name 指针指向了对象 st1 的 name 指针对应的内存空间，如图 5-2 所示。因此，在执行语句 st2.set(1002,"Li",90);修改 st2 数据成员的值时，使得 st1 中 name 的数据被修改了，因此在执行 st1.show();语句时，输出的 st1 对象 name 为 Li。

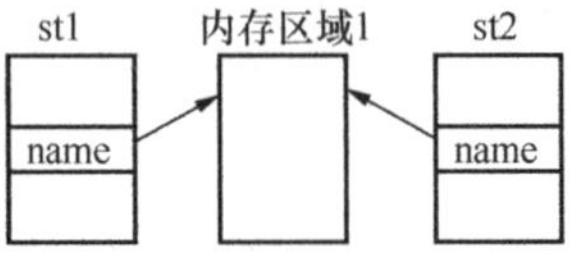

图 5-2　赋值后 st1 与 st2 对象的 name 指针

（2）为了解决这个问题，需要自定义赋值运算符重载函数实现深赋值。

例 5-11 学生类赋值运算的实现。

由于赋值运算符必须重载为成员函数形式，所以在 Student 类中增加了重载赋值运算符的成员函数，代码如下：

```
#include<iostream>
using namespace std;
class Student
{public:
    Student(int n=0,char *na="noname",int s=0)  //构造函数
    {   no=n;
        name=new char[20];    //name 指向堆中分配的一空间
        strcpy(name,na);
        score=s;
    }
    void set(int n,char *na,int s)
    {   no=n;
        strcpy(name,na);
        score=s;
    }
    void show()
    {   cout<<no<<" "<<name<<" "<<score<<endl;    }
    ~Student()            // 析构函数，释放动态分配的空间
    {   if(name != NULL)
        {  delete []name;    }
    }
    Student& operator=(const Student& s) //实现深赋值运算的重载函数
    {   no=s.no;
        strcpy(name,s.name);      //name 仍指向原来的内存空间
        score=s.score;
        return *this;              //返回当前对象
    }
private:
    int no;
    char *name;
    int score;
};
int main()
{   Student st1(1001,"Wang",80),st2;
    st2=st1;  //调用自定义赋值运算符重载函数，即执行 st2.operator=(st1)
    cout<<"执行 st2=st1 后:\n";
    cout<<"st1:"; st1.show();
    cout<<"st2:"; st2.show();
    st2.set(1002,"Li",90);
    cout<<"\n 修改 st2 的值后:\n";
    cout<<"st1:"; st1.show();
    cout<<"st2:"; st2.show();
    return 0;
}
```

程序运行结果：

```
执行 st2=st1 后:
```

```
st1:1001 Wang 80
st2:1001 Wang 80
```

修改 st2 的值后：

```
st1:1001 Wang 80
st2:1002 Li 90
```

程序说明：

由输出结果可知，调用自定义赋值运算符重载函数，不会使 st1、st2 对象的 name 指针指向同一内存空间。

5.4.7 流输出与流输入运算符的重载

C++语言中实现输出操作的流输出运算符<<，以及实现输入操作的流输入运算符>>，可以用于各种基本类型数据及字符指针类型数据的输出与输入，当需要用于类对象的输出与输入操作时，要重载这两个运算符。

重载流输出运算符<<与流输入运算符>>时，由于第一个操作数是流类对象，如 cout 与 cin，所以不能以成员函数形式重载这两个运算符，只能采用友元函数形式。

重载流输出运算符<<的格式是：

```
ostream& operator<<(ostream&, 自定义类名&){……}
```

重载流输入运算符>>的格式是：

```
istream& operator>>(istream&, 自定义类名&){……}
```

下面以复数类为例，介绍流输出与流输入运算符的重载。

例 5-12　复数类流输出与流输入运算符的重载

```
#include <iostream>
using namespace std;
class Complex
{public:
    Complex(double r=0,double i=0):real(r),imag(i)
    { }
    friend ostream& operator<<(ostream& out,Complex& cc);
    friend istream& operator>>(istream& in,Complex& cc);
private:
    double real,imag;
};
ostream& operator<<(ostream& out,Complex& cc) //重载流输出运算符
{   out<<cc.real<<(cc.imag>=0?"+":"")<<cc.imag<<"i"<<endl;
    return out;                          //返回 out 的引用
}
istream& operator>>(istream& in,Complex& cc) //重载流输入运算符
{   in>>cc.real>>cc.imag;
    return in;                           //返回 in 的引用
}
int main()
{   Complex c1,c2;
    cout<<"请输入 c1,c2:";
    cin>>c1>>c2;     //执行 operator>>(cin,c1);及 operator>>(cin,c2);
```

```
    cout<<"c1,c1 的值为:\n";
    cout<<c1<<c2;    //执行 operator<<(cout,c1);及 operator<<(cout,c2);
    return 0;
}
```

程序运行结果：

```
请输入 c1,c2:1 2 3 4
c1,c1 的值为:
1+2i
3+4i
```

程序说明：

（1）运行程序时，依次输入：1 2 3 4，则输出 c1、c2 的实部与虚部。

（2）重载流输出运算符<<时，返回 out 的引用是为了能够实现连续输出。

（3）重载流输入运算符>>时，返回 in 的引用是为了能够连续输入，且第二个形参一定要为对象引用，即：Complex& cc，使得主函数中的对象 c1 和 c2 的值改为输入的数据。

5.4.8 不同类型数据之间的转换

在 C++的算术运算中，有两个操作数的双目运算，如加、减、乘、除，当两个操作数是基本类型数据，且类型不同时，一般要将两个操作数转换为同一类型的数据才能进行运算。

对于有操作数是类对象的算术运算，当类对象与其他类型数据进行运算时，有两种处理方式。

（1）第一种处理方式是通过定义多个算术运算符重载函数实现相应的运算。

以复数类 Complex 的加法运算为例，前面例题(例 5-2 和例 5-3)中重载的加法运算符只能用于类对象与类对象的加法运算，对于类对象与 double 类型数据的加法运算，需要另外定义两个加法运算符重载函数来实现。

实现 Complex 对象与 double 类型数据加法运算的重载函数，既可以采用成员函数形式也可以采用友元函数形式。采用友元函数形式时，第 1 个形参类型为 Complex 对象(或对象引用)，第 2 个形参类型为 double。在类外定义的加法运算符重载函数(友元函数形式)代码如下：

```
Complex operator+(Complex c,double d)   //+运算符重载函数
{   return Complex(c.real+d,c.imag);}   //返回无名对象
```

该函数在类中被声明为友元函数，即：

```
friend Complex operator+(Complex c,double d);
```

实现 double 类型数据与 Complex 对象加法运算的函数只能采用友元函数形式，第 1 个形参类型为 double，第 2 个形参类型为 Complex 对象(或对象引用)。

在类外定义的加法运算符重载函数代码如下：

```
Complex operator+(double d,Complex c)   //+运算符重载的实现
{   return Complex(c.real+d,c.imag);}   //返回无名对象
```

该函数在类中被声明为友元函数，即：

```
friend Complex operator+(double d,Complex c);
```

（2）第二种处理方式是将 Complex 对象与 double 类型数据转换为同一类型后再进行运算。转换方式又有两种：

一种是将 Complex 对象转换为 double 类型，再做两个 double 数据的加法，这种转换需要定义类型转换运算符重载函数。

另一种是将 double 类型转换为 Complex 对象，再做两个 Complex 对象的加法运算，这种转换需要通过转换构造函数来完成。

1. 类型转换运算符重载函数的定义

类型转换运算符重载函数的作用是将类对象转换为其他类型数据，重载函数只能采用成员函数形式，在类中定义的重载函数的格式是：

```
operator $(){……}
```

其中$是将类对象转换成某种类型的类型符，如 double，由于该函数的返回类型就是要转换的类型$，所以函数返回类型不需要给出。

例 5-13 复数类类型转换运算符函数的实现。

```
#include <iostream>
using namespace std;
class Complex
{public:
    Complex(double r=0,double i=0):real(r),imag(i){}
    operator double()          //类型转换运算符的重载函数
    {   return real; }
private:
    double real,imag;
};
int main()
{   Complex c1(5,6),c2(3,4);
    cout<<c1+2.3<<" "; //执行 c1.operator double()，将 c1 转换为 double
    cout<<2.3+c2<<endl;//执行 c2.operator double()，将 c2 转换为 double
    return 0;
}
```

程序运行结果：

```
7.3 5.3
```

程序说明：

（1）执行主函数中语句 cout<<c1+2.3<<" ";时，先调用类型转换函数，即：c1.operator double()，将 c1 转换为 double 类型，该函数返回 c1.real，再计算 c1.real+2.3 的值并输出。

同样执行 cout<<2.3+c2<<endl;语句，先将 c2 转换为 double 类型，再将其返回值 c2.real 与 2.3 相加并将计算结果输出。

（2）因为没有自定义加法运算符重载函数，计算 c1+2.3 和 2.3+c2 时，只能将 c1、c2 转换为 double 类型数据再做计算，这种转换是唯一的，不会出现二义性。

2. 转换构造函数的定义

转换构造函数是构造函数的特殊形式，其作用是将其他类型数据转换为类对象。转换构造函数的格式是：

```
类名(形式参数){……}
```

其中形参只有 1 个，形参类型为待转换成类的其他数据类型。

例 5-14 复数类转换构造函数的实现。

```
#include <iostream>
using namespace std;
class Complex
{public:
    Complex(double r,double i):real(r),imag(i){} //参数不能有默认值
    Complex():real(0),imag(0){}  //无参构造函数
    Complex(double r):real(r),imag(0){ }  //转换构造函数
    void display()
    {   cout<<real<<(imag>=0?"+":"")<<imag<<"i"<<endl;}
    friend Complex operator+(Complex c1,Complex c2);
                            //声明+运算符重载为友元函数
private:
    double real,imag;
};
Complex operator+(Complex cc1,Complex cc2)  //+运算符重载的实现
{    return Complex(cc1.real+cc2.real,cc1.imag+cc2.imag);}
int main()
{   Complex c1(5,6),c2(3,4),c3;
    c3=c1+2.3;       //将 2.3 转换成 Complex 对象并计算两个复数对象之和
    c3.display();
    c3=2.3+c2;      //将 2.3 转换成 Complex 对象并计算两个复数对象之和
    c3.display();
    return 0;
}
```

程序运行结果：

```
7.3+6i
5.3+4i
```

程序说明：

（1）执行主函数中语句 c3=c1+2.3;时，因存在实现 2 个 Complex 对象加法运算的函数，所以先通过转换构造函数，将 double 类型数据 2.3 转换为 Complex 对象，再调用加法运算符重载函数求出两者之和。

同样执行主函数中语句 c3=2.3+ c2;时，因存在实现 2 个 Complex 对象加法运算的函数，所以先通过转换构造函数，将 double 类型数据 2.3 转换为 Complex 对象，再调用加法运算符重载函数求出两者之和。

（2）这里的加法运算符重载函数，只能以友元函数形式实现，且 2 个形参类型只能是对象而不能是对象引用，否则编译器报错。

（3）为了避免二义性，原先有 2 个参数的构造函数，参数不能再有默认值，而需要的无参构造函数只能另外定义。

5.5 字符串类

C++语言程序中，用字符数组存储字符串数据时，每个字符串要以'\0'结尾，当要对字符串进行各种操作时，可以调用字符串处理函数来实现。利用 C++字符串处理函数处理字符串，虽然效

率较高，但并不是很方便。在C++的标准库中预定义了一个字符串类，该类提供的数据成员及成员函数可以方便地实现对字符串的各种操作。

5.5.1 string字符串类简介

字符串类声明的部分内容如下：

```
class string
{   char *p;
    int size;
public:
    string();                          //无参构造函数声明
    string(char *str);                 //有1个参数的构造函数声明
    string(const string &o);           //复制构造函数
    ˜string(){delete p;}               //析构函数

    friend ostream& operator<<(ostream& stream,string &o);
                                   //重载流输出运算符函数声明
    friend istream& operator>>(istream& stream,string &o);
                                   //重载流输入运算符函数声明


    String& operator=(string &o);     //重载赋值运算符声明
    String& operator=(char *s);       //重载赋值运算符声明

    string operator+(string &o);     //重载加法运算符声明
    string operator+(char *s);       //重载加法运算符声明
    friend string operator+(char *s,string &o);//重载加法运算符声明

    char& operator[](int i);                //重载下标运算符声明
    const char& operator[](int i)const;     //重载下标运算符声明
                              //以下是重载比较运算符的函数定义
    int operator==(string &o){return !strcmp(p,o.p);}
    int operator!=(string &o){return strcmp(p,o.p);}
    int operator<(string &o){return strcmp(p,o.p)<0;}
    int operator>(string &o){return strcmp(p,o.p)>0;}
    int operator<=(string &o){return strcmp(p,o.p)<=0;}
    int operator>=(string &o){return strcmp(p,o.p)>=0;}

    int operator==(char *s){return !strcmp(p,s);}
    int operator!=(char *s){return strcmp(p,s);}
    int operator<(char *s){return strcmp(p,s)<0;}
    int operator>(char *s){return strcmp(p,s)>0;}
        int operator<=(char *s){return strcmp(p,s)<=0;}
    int operator>=(char *s){return strcmp(p,s)>=0;}

    int size(){return size-1;}          //返回字符串对象长度减1
    int length(){return strlen(p);}  //返回字符串对象保存的字符个数
};
```

代码说明：

（1）string 类中的数据成员有两个：字符指针 p 和整型数据 size。当创建一个字符串对象时，用 new 动态分配内存空间来存储字符串，并把该内存空间的首地址存放到 p 中，字符串的长度，即字符串所需内存空间字节数（包括串结束符）存放在 size 中。

（2）字符串类重载了多个构造函数，主要的构造函数有三个。第一个无参构造函数代码如下：

```
string::string()                    //无参构造函数
{   size=1;
    p=new char[size];               //申请堆内存空间
    if(!p)
    {   cout<<"Allocation error\n";
        exit(1);
    }
    *p='\0';                        //创建一个空字符串
}
```

这个构造函数创建一个空字符串对象，该字符串对象的长度为 1。

第二个构造函数的代码如下：

```
string::string(char *str)           //有 1 个参数的构造函数
{   size=strlen(str)+1;
    p=new char[size];               //申请堆内存空间
    if(!p)
    {   cout<<"Allocation error\n";
        exit(1);
    }
    strcpy(p,str);                  //将 str 指向的字符串赋给当前对象
}
```

这个构造函数创建一个字符串对象并用 str 指向的的字符串对其初始化，该对象保存的字符串长度与 str 指向的的字符串长度相同。

第三个构造函数是复制构造函数，实现了深复制，代码如下：

```
string::string(const string &o)     //参数为对象常引用
{   size=o.size;
    p=new char[size];               //申请堆内存空间
    if(!p)
    {   cout<<"Allocation error\n";
        exit(1);
    }
    strcpy(p,o.p);                  //将 o.p 指向的字符串赋给当前对象
}
```

这个构造函数创建一个字符串对象，并用另一个字符串对象对其初始化，该对象保存的字符串长度与 o 所指向对象保存的字符串长度相同。

（3）字符串类的析构函数释放由 p 指向的内存空间。

（4）字符串类中重载了各种运算符，包括算术运算符、关系运算符、下标运算符、赋值运算符、流输入与流输出运算符等，字符串类对象使用这些运算符可以完成相应的操作。其中重载的流输出运算符允许使用<<直接输出字符串对象保存的字符串，重载的流输入运算符允许使用>>从键盘输入字符串到字符串对象中。

（5）字符串类中还包含了很多成员函数。

5.5.2 string 类对象的赋值与连接

下面的例子中定义了若干个字符串类对象，并用字符串类中重载的“=”、“+”、“+=”、“[]”运算符及有关成员函数对字符串类对象进行各种操作。

例 5-15 string 类的赋值与连接。

```
#include <iostream>
#include <string>                   //应用字符串类要包含 string 头文件
using namespace std;
int main()
{   string str1,str2("Good"),str3(str2);
                                //定义 3 个对象，分别调用 3 个构造函数
    cout<<"str3:"<<str3<<endl;
    str1="Very";                //利用重载的=运算符为 str1 赋值
    str3=str1+" "+str2;         //利用重载的+运算符连接 3 个字符串
    cout<<"str3:"<<str3<<endl;
    str3+=" Day";               //在 str3 末尾添加" Day"
    cout<<"str3:"<<str3<<"\n\n";

    string str4(str2+"bye"),str5;      //将 str2 加上"bye"后对 str4 赋初值
    str5.assign(str4);                 //调用 assign 成员函数为 str5 赋值
    cout<<"str5:"<<str5<<endl;
    str5.append("!OK");                 //在 str5 末尾添加"OK"
    cout<<"str5:"<<str5<<"\n\n";

    str5.insert(0,"Hi!");              //在 str5 开始处插入"Hi!"
    cout<<"str5:"<<str5<<"\n\n";
    str5.append(str3,4,str3.size());    //将 str3 从第 4 个字符位置开始
                //的字符串添加到 str5 的末尾，字符串起始字符位置设定为 0
    cout<<"str5:"<<str5<<endl;
    str5[2]='#';                        //修改 str5 的下标为 2 的字符
    cout<<"str5:"<<str5<<"\n\n";
    return 0;
}
```

程序运行结果：

```
str3:Good
str3:Very Good
str3:Very Good Day

str5:Goodbye
str5:Goodbye!OK

str5:Hi!Goodbye!OK
str5:Hi!Goodbye!OK Good Day
str5:Hi#Goodbye!OK Good Day
```

程序说明：

（1）在使用 string 类之前，应先包含头文件 string，该头文件是新的标准 C++库的头文件。在连接时，编译系统会根据该头文件名自动确定连接新的标准 C++库。

（2）在主函数中定义了 3 个 string 类对象，根据定义时给出的参数，分别调用 3 个重载的构造函数。

（3）主函数中应用重载的+、+=、=、<<、>>运算符实现字符串的各种操作。

（4）主函数中调用了一些成员函数实现字符串的各种操作。

（5）主函数中应用重载的下标运算符修改字符串中的某个字符。

5.5.3 string 类对象的比较

string 类中重载了各种关系运算符，同时，也提供了用于比较 string 类对象的成员函数，下面的例子给出了它们的用法。

例 5-16 string 类的比较。

```
#include <iostream>
#include <string>
using namespace std;
int main()
{   string str1("Testing the comparison functions."),
           str2("Hello"),str3("stinger"),str4(str2);
    cout<<"str1:"<<str1<<endl;
    cout<<"str2:"<<str2<<endl;
    cout<<"str3:"<<str3<<endl;
    cout<<"str4:"<<str4<<"\n\n";

    if(str1==str2)          //利用重载"=="运算符判断 str1、str2 是否相等
        cout<<"str1==str2"<<endl;
    else
        if(str1>str2)       //利用重载">"运算符判断 str1 是否大于 str2
            cout<<"str1>str2"<<endl;
        else
            cout<<"str1<str2"<<"\n\n";

    int result=str1.compare(str2);
                 //利用 compare 成员函数比较 str1 与 str2 的大小
    if(result==0)
        cout<<"str1.compare(str2)==0"<<endl;
    else
        if(result>0)
            cout<<"str1.compare(str2)>0"<<endl;
        else
            cout<<"str1.compare(str2)<0"<<endl;

    result=str1.compare(2,5,str3,0,5);
                            //利用 compare 比较 str1 与 str3 局部的大小
    if(result==0)
        cout<<"str1.compare(2,5,str3,0,5)==0"<<endl;
    else
        if(result>0)
            cout<<"str1.compare(2,5,str3,0,5)>0"<<endl;
        else
            cout<<"str1.compare(2,5,str3,0,5)<0"<<endl;
```

```
    result=str2.compare(0,str2.size(),str4);
                                        //利用 compare 比较 str2 与 str4 的大小
    if(result==0)
        cout<<"str2.compare(0,str2.size(),str4)==0"<<endl;
    else
        if(result>0)
            cout<<"str2.compare(0,str2.size(),str4)>0"<<endl;
        else
            cout<<"str2.compare(0,str2.size(),str4)<0"<<endl;
    return 0;
}
```

程序运行结果：

```
str1:Testing the comparison functions.
str2:Hello
str3:stinger
st4:Hello

str1>str2
str1.compare(str2)>0
str1.compare(2,5,str3,0,5)==0
str2.compare(0,str2.size(),str4)==0;
```

程序说明：

（1）主函数中定义了四个 string 类对象，并调用有一个参数且参数类型为字符指针的构造函数，为对象数据成员赋初值。

（2）表达式 str1==str2，是调用 string 类中重载的关系运算符==，判断 str1 与 str2 中的字符串是否相同，相同返回 1，否则返回 0。

表达式 str1>str2，是调用 string 类中重载的关系运算符>，判断 str1 中的字符串是否比 str2 中的字符串大，若 str1 中字符串在词法上大于 str2 中字符串，返回 1，否则返回 0。

（3）语句 str1.compare(str2);是调用 string 类的成员函数 compare 比较 str1 与 str2 中的字符串的大小。当 str1 与 str2 中字符串相同，compare 返回 0，当 str1 中字符串在词法上大于 str2 中字符串，compare 返回正值，当 str1 中字符串小于 str2 中字符串，compare 返回负值。

语句 str1.compare(2,5,str3,0,5);是将 str1 的部分字符与 str3 的部分字符进行比较，其中前 2 个参数 2 与 5 表示从 str1 中截取从第二个字符位置开始的 5 个字符,最后 2 个参数 0 与 5 表示从 str3 中截取从第 0 个字符位置开始的 5 个字符，将两者进行比较。

语句 str2.compare(0,str2.size(),str4);是将 str2 从第 0 个字符位置开始截取其所有字符与 str4 进行比较。

注意：字符串第 1 个字符的位置值是 0。

5.5.4 string 类的特性

string 类提供了获取 string 类对象一些特性的成员函数，例如 string 类的 size()和 length()成员函数返回类对象中字符串所包含的字符数，capacity()成员函数返回不必增加内存即可存放的字符个数，max_size()成员函数返回 string 对象中字符串允许包含的最大字符个数，empty()成员函数判断类对象中的字符串是否为空字符串，为空字符串返回 1，否则返回 0。

下面的例子给出了这些成员函数的用法。

例 5-17 string 类的特性。

```
#include <iostream>
#include <string>
using namespace std;
void printStates(const string&);
int main()
{   string str1,str2;          //调用无参构造函数
    printStates(str1);         //输出 str1 的特性
    cout<<endl;
    cout<<"Enter a string:";
    cin>>str2;                //从键盘输入字符串给 str2
    cout<<"The string entered was:"<<str2<<endl;
    printStates(str2);        //输出 str2 的特性
    return 0;
}
void printStates(const string &s)
{   cout<<"size:"<<s.size()<<endl;             //输出 size-1 的值
    cout<<"length:"<<s.length()<<endl;         //输出字符串字符个数
    cout<<"capacity:"<<s.capacity()<<endl;
                              //输出不增加内存可存放的字符个数
    cout<<"max size:"<<s.max_size()<<endl;
                              //输出对象中字符串允许包含的最大字符数
    cout<<"empty:"<<(s.empty()?"true":"false")<<endl;
                              //判断字符串是否为空，输出 true 或 false
}
```

程序运行结果：

```
size:0
length:0
capacity:0
max size:4294967293
empty:true

Enter a string:Good Morning
The string entered was:Good
size:4
length:4
capacity:31
max size:4294967293
empty:false
```

程序说明：

（1）在主函数中先定义了一个 string 类空字符串对象 str1，输出其特性。

（2）之后从键盘输入字符串 Good Morning，则空格前的字符串 Good，被赋值给 str2，再输出其特性。

5.6 程序实例

对于较大的整数，当其超出C++语言整数的取值范围时，不能用整型数据的处理方式进行各种运算。

下面的例题设计了一个大整数类BigInt，能够实现非负大整数的各种运算。

例5-18 实现非负大整数运算的BigInt类。

根据题目要求，设计大整数类。

（1）在类中包含了存放一个非负大整数各位数码的整型数组array及存放整数位数的整型变量n。

（2）包含若干个重载的构造函数，其中包括转换构造函数，能将以字符串形式，如"123456789"表示的非负大整数，转换成BigInt对象。

（3）采用成员函数形式或友元函数形式进行运算符重载，实现大整数加法运算，前、后增量运算，关系运算，复合加法运算以及流输入、输出运算。

BigInt类声明代码如下：

```
#include <iostream>
#include <string>
using namespace std;
#define N 100
class BigInt
{public:
    BigInt();                 //无参构造函数声明
    BigInt(long l);       //转换构造函数声明，将long类型转换为BigInt类
    BigInt(string str);    //转换构造函数声明，将字符串转换为BigInt类

    int compare(BigInt num);      //比较两个非负大整数的大小

    BigInt& operator++();          //前增量运算符重载函数声明
    BigInt operator++(int);        //后增量运算符重载函数声明
                                   //声明重载+、>=、==运算符的函数为友元函数
    friend BigInt operator+(BigInt inum1,BigInt inum2);
    friend int operator>=(BigInt num1,BigInt num2);
    friend int operator==(BigInt num1,BigInt num2);
    friend ostream& operator<<(ostream& out,BigInt& num);
    friend istream& operator>>(istream& in,BigInt& num);
private:
    int array[N];             //存放非负大整数各位数码的数组
    int n;                    //存放非负大整数位数的变量
};
```

在类外定义的3个重载构造函数代码如下：

```
BigInt::BigInt()              //无参构造函数
{    n=0;                     //将位数置0
    for(int i=0;i<N;i++)      //将存放数码的数组各元素置0
        array[i]=0;
```

```
}
BigInt::BigInt(long l) //将 long 类型数据 l 转换为 BigInt 类对象构造函数,
{   n=0;
    while(l)                //将参数 l 的各位数码放入 array 数组中
    {   array[n]=l%10;
        l/=10;
        n++;                 //位数加 1
    }
    for(int i=n;i<N;i++)     //将未存放数据的其余元素置 0
        array[i]=0;
}
BigInt::BigInt(string str)       //转换构造函数，将字符串转换为类对象
{   int end=str.length()-1;      //将字符串最后一个字符的下标赋给 end
    n=0;
    for(int i=end;i>=0;i--)      //最后一个字符放在 array[0]
    {    if(str[i]>='0'&&str[i]<='9')  //判断是否是数字字符
         {   array[n]=str[i]-'0'; //将数字字符转换为数字放入 array 数组
             n++;                 //位数加 1
         }
    }
    for(i=n;i<N;i++)             //将未存放数据的其余元素置 0
        array[i]=0;
}
int BigInt::compare(BigInt num)      //比较 2 个类对象大小
{   int n1=n,n2=num.n;
    if(n1>n2)                        //若第 1 个数位数多，返回 1
        return 1;
    else
        if(n1<n2)                    //若第 1 个数位数少，返回-1
            return -1;
        else                                 //若位数相同
        {   for(int i=n1-1;i>=0;i--)         //从高位到低位依次比较
            {   if(array[i]>num.array[i])    //若大于，返回 1
                    return 1;
                else
                    if(array[i]<num.array[i]) //若小于，返回-1
                        return -1;
            }
        }
    return 0;                        //若等于，返回 0
}
```

在类外定义的>=、==运算符重载函数代码如下：

```
int operator>=(BigInt num1,BigInt num2)
{   int result=num1.compare(num2);  //调用 compare 函数，比较 2 个对象
    if(result>=0)            //调用 compare 函数，返回值大于等于 0
        return 1;
    else                     //调用 compare 函数，返回值小于 0
        return 0;
}
int operator==(BigInt num1,BigInt num2)
```

```
{   int result=num1.compare(num2);  //调用 compare 函数比较 2 个对象
    if(result==0)                   //调用 compare 函数，返回值等于 0
        return 1;
    else                            //调用 compare 函数，返回值不等于 0
        return 0;
}
```

在类外定义的加法运算符重载函数代码如下：

```
BigInt operator+(BigInt num1,BigInt num2)
{   BigInt temp;
    int num,c,maxi;
    maxi=num1.n>num2.n?num1.n:num2.n;       //获取较大数的位数
    c=0;                                    //进位赋初值为 0
     for(int i=0;i<maxi;i++)
    {   num=num1.array[i]+num2.array[i]+c;  //对应数码及进位相加
        temp.array[i]=num%10;               //获得相加后的 1 位数码
        c=num/10;                           //获得相加后的进位
    }
    temp.n=maxi;              //设置对象之和的位数
    if(c)                     //如最高位有进位
    {   temp.array[i]++;      //最高位前 1 位置 1
        temp.n++;             //位数加 1
    }
    return temp;              //返回结果
}
```

在类外定义的前增量、后增量运算符重载函数代码如下：

```
BigInt& BigInt::operator++()
{   *this=*this+1;           //调用+运算符重载函数，使当前对象加 1
    return *this;            //返回当前对象
}
BigInt BigInt::operator++(int)
{   BigInt temp(*this);      //保存当前对象值
    *this=*this+1;           //调用+运算符重载函数使当前对象加 1
    return temp;             //返回保存加 1 前对象值的临时对象
}
```

重载了流输出运算符<<，代码如下：

```
ostream& operator<<(ostream& out,BigInt& num)
{   for(int i=num.n-1;i>=0;i--)      //从最高位开始显示
        cout<<num.array[i];
    return out;
}
```

重载了流输入运算符>>，代码如下：

```
istream& operator>>(istream& in,BigInt& num)
{   string str;
    cin>>str;
    int end=str.length()-1;
    num.n=0;
```

```
    for(int i=end;i>=0;i--)      //最低位放在 array[0]
    {   if(str[i]>='0'&&str[i]<='9')
        {   num.array[num.n]=str[i]-'0';
            num.n++;
        }
    }
    for(i=num.n;i<N;i++)          //其他元素置为 0
        num.array[i]=0;
    return in;
}
```

主函数代码如下：

```
int main()
{   BigInt big1("5678"),big2("5678"),big3,big4;
    cout<<"big1:"<<big1<<endl;
    cout<<"big2:"<<big2<<endl;
    big3=big1+big2;                      //求 2 个非负大整数之和
    cout<<"big1+big2:"<<big3<<endl;      //调用<<运算符重载函数输出对象
    big3=big1+5;                         //求类对象与 long 数据之和
    cout<<"big1+5="<<big3<<endl;
    big4=5+big2;                         //求 long 数据与类对象之和
    cout<<"5+big2="<<big4<<"\n\n";

    big3=++big1;                         //前增量
    cout<<"big1:"<<big1<<endl;
    cout<<"big3:"<<big3<<"\n\n";

    big4=big2++;                         //后增量
    cout<<"big2:"<<big2<<endl;
    cout<<"big4:"<<big4<<"\n\n";

    if(big3>=big2)                        //求 big3>=big2
    {   cout<<"big3>=big2"<<endl;     }
    if(big1==big2)                        //求 big1==big2
    {     cout<<"big1==big2"<<endl;     }
    return 0;
}
```

程序运行结果：

```
big1:5678
big2:5678
big1+big2:11356
big1+5:5683
5+big2:5683

big1:5679
big3:5679

big2:5679
big4:5678

big3>=big2
big1==big2
```

程序说明：

（1）转换构造函数 BigInt(string str);可以将字符串转换为类对象，将字符串表示的非负大整数各位数码放入对象数据成员 array 数组时，最低位放入 array[0]。

（2）转换构造函数 BigInt(long l); 可以将长整数转换为类对象，将长整数各位数码放入对象数据成员 array 数组时，最低位放入 array[0]。

（3）将加法运算符重载为友元函数形式，且参数为对象，主要是方便计算对象与长整数之和。当计算对象与长整数或长整数与对象之和时，先通过转换构造函数将长整数转换为对象，再调用加法运算符重载函数计算两个对象之和。

（4）重载前增量与后增量运算符时，调用了加法运算符重载函数，使代码简化。

（5）重载关系运算符时，调用了 compare 成员函数，使代码简化。

（6）由于不需要实现深赋值，所以没有重载赋值运算符，直接使用了默认的赋值运算符重载函数。

（7）重载了流输入、输出运算符，可以直接输入、输出类对象。

本章小结

运算符重载是函数重载的特殊情况，具体是指定义某个运算符的重载函数，使该运算符能够用于自定义类型数据——类对象的运算，使得类对象能够像基本类型数据一样，直接使用该运算符完成指定规则的运算。

运算符重载的方法主要有成员函数形式和友元函数形式，成员函数形式是将运算符重载函数写在类中，作为类的成员函数；友元函数形式是将运算符重载函数写在类外，因该函数要访问类的私有或受保护成员，则在类中将该函数声明为友元函数。

由于友元函数破坏了类的封装性，所以重载单目运算符时一般采用成员函数形式。重载双目运算符时，若第一个操作数是类对象，则既可以采用成员函数形式也可以采用友元函数形式，若第一个操作数不是类对象，则只能采用友元函数形式。

重载运算符时需要注意，该运算符的操作数个数、优先级与结合性保持不变。并且应使重载后的运算符的功能与原有功能类似，且操作数中至少有一个是自定义类型数据。

当类对象与其他类型数据进行运算时，需要将它们转换为同一类型数据后再进行运算。转换方式有两种，一种是通过类型转换运算符将类对象转换为基本数据类型；另一种是通过转换构造函数将基本数据类型转换为类对象。

在 C++的标准库中预定义了一个字符串类，该类中重载了各种运算符。使用字符串类，可以方便地实现对字符串的各种操作。

习　题

5-1　什么是运算符重载？运算符重载的作用是什么？重载运算符需要注意些什么？

5-2　阅读程序，写出运行结果。

```
#include <iostream>
using namespace std;
class Point
{public:
    Point(int px=0,int py=0)
    {   x=px;
        y=py;
    }
    Point operator+(Point p2)
    {   Point p;
        p.x=x+p2.x;
        p.y=y+p2.y;
        return p;
    }
    Point operator-(Point p2)
    {   Point p;
        p.x=x-p2.x;
        p.y=y-p2.y;
        return p;
    }
    void display()
    {    cout<<x<<","<<y<<endl;    }
private:
    int x,y;
};
int main()
{   Point p1(30,30),p2(20,20),p3,p4;
    p3=p1+p2;
    p4=p1-p2;
    p3.display();
    p4.display(); return 0;
}
```

5-3 写出下列程序的运行结果。

```
#include <iostream>
using namespace std;
class point
{public:
    point(int val){x=val;}
    point&operator++(){x++;return*this;}
    point operator++(int){point old=*this;++(*this);return old;}
    int GetX()const {return x;}
private:
    int x;
};
int main()
{   point a(10);
    cout<<(++a).GetX();
    cout<<a++.GetX();    return 0;
}
```

5-4 根据下面给出的时间类 Time 的声明，要求：

（1）重载前增量运算符++，实现 Time 类对象加 1 分钟的运算；

（2）重载后减量运算符--，实现 Time 类对象减 1 分钟的运算。

```
class Time
{public:
    Time(int h=0,int m=0):hour(h),minute(m){ }
    void show()
    {   cout<<hour<< ": "<<minute<<endl;
private:
    int hour,minute;
};
int main()
{   Time noon,now;
    cin>>noon;
    now=++noon;
    noon.show();
    now.show();
    now=noon--;
    noon.show();
    now.show();return 0;
}
```

5-5　下面是复数类 complex 的定义，其中重载的运算符“+”的功能是返回一个新的复数对象，其实部等于两个操作对象实部之和，其虚部等于两个操作对象虚部之和，请将程序补充完整。

```
class complex
{   double real; //实部
    double imag; //虚部
public:
    complex(double r,double i):real(r),imag(i){}
    complex operator+(complex a)
    {   return complex( ______________ );      }
};
```

5-6　声明一个点 Point 类,包含点的水平坐标 x、垂直坐标 y 两个数据成员及构造函数，要求：

（1）重载减量运算符(--)以实现 Point 类对象的 x、y 值各减 1 的运算；

（2）重载减法运算符(-)以实现 Point 类对象的减法运算。

5-7　已知如下程序的运行结果是 10，请将程序补充完整。

```
class Amount
{public:
    Amount(int n=0):amount(n){}
    int getAmount()const{return amount;}
    Amount &operator +=(Amount a)
    {   amount+=a.amount;
        return  _________;
    }
private:
    int amount;
};
int main()
{   Amount x(3),y(7);
    x+=y;
    cout<<x.getAmount()<<endl;     return 0;
}
```

5-8　写出下列程序的运行结果。

```
class Complex
{public:
    Complex(double r, double i):re(r), im(i){}
    double real() const{return re;}
    double image() const{return im;}
    Complex& operator +=(Complex a)
    {  re += a.re;
       im += a.im;
       return *this;
    }
    friend ostream &operator<<(ostream& s,const Complex& z);
private:
    double re, im;
};
ostream &operator<<(ostream& s,const Complex& z)
{     return s<<'('<<z.re<<','<<z.im<<')';     }
int main()
{   Complex x(1, -2), y(2, 3);
    cout<<(x += y)<<endl;    return 0;
}
```

5-9 根据下面给出的人民币类 RMB 的声明，要求：

（1）重载加法运算符+，实现 RMB 类对象的加法运算；

（2）重载减量运算符--，实现 RMB 类对象数据成员值减 1 运算；

（3）重载>、>=、==、!=运算符，实现 RMB 类对象的比较；

（4）重载流输出运算符<<，能输出 RMB 类对象数据成员的值；

（5）重载强制类型转换运算符，能将 RMB 类对象转换为整数。

```
#include <iostream>
using namespace std;
class RMB
{public:
    RMB(int y=0):yuan(y){ }
private:
    int yuan;
};
int main()
{   RMB r1(6),r2(9),r3(15);
    r3=r1+r2;
    --r3;
    cout<<r3<<endl;
    if(r1>r2)
        cout<<"r1>r2"<<endl;
    else
        cout<<"r1<=r2"<<endl;
    int d=r3;
    cout<<"d="<<d<<endl;    return 0;
}
```

5-10 编写一个程序，分别输入姓和名，然后连接成一个新 string。

5-11 编写一个程序，从键盘输入字符串，将其逆向输出，并将大写字母变为小写字母，小写字母变为大写字母。

第6章 继承与派生

面向对象程序设计有四大特性：**抽象性、封装性、继承性和多态性**。前面学习了类和对象的最基本特性——抽象性和封装性，本章介绍继承性和多态性。

继承是C++语言的一种重要机制，该机制自动地为一个类提供来自另一个或多个已有类的函数和数据，并且可以重新定义或增加新的数据和函数。

有了继承，过去的代码就可以不被丢弃，只要稍加修改就可重用，面向对象的程序设计思想强调软件的可重用性。继承机制解决了软件重用问题。

多态性也是面向对象程序设计的重要特性，多态性可以简单地概括为“一个接口，多种方法”，程序在运行时才决定调用的是哪一个函数。

6.1 继承的概念

在不同的类中，数据成员和成员函数是不相同的。但有时两个类的内容基本相同或有一部分相同。

例如声明了学生类Student。

```
class Student
{public:
    void display()      //对成员函数display的定义
    {   cout<<"no:"<<no<<endl;
        cout<<"name:"<<name<<endl;
        cout<<"score:"<<score<<endl;
    }
private:
    int no;
    string name;
    float  score;
};
```

如果学校的某一部门除了需要用到学生的学号、姓名、分数以外，还需要用到年龄、地址等信息。直接的做法是，添加两个数据成员，再重新声明另一个类Student1。

```
class Student1
{public:
    void display()      //对成员函数display的定义
    {   cout<<"no:"<<no<<endl;
```

```
        cout<<"name:"<<name<<endl;
        cout<<"score:"<<score<<endl;
        cout<<"age:"<<age<<endl;
        cout<<"add:"<<add<<endl;
    }
private:
    int no;
    string name;
    float  score;
    int age;
    string add;
};
```

比较这两个类的定义，它们有许多相似之处，如果可以在原来类 Student 的基础上加以修改和添加，可以大大减少重复的工作量。怎样在一个原有类 Student 的基础上创建一个新类 Student1 呢？

```
class Student1:public Student
{ public:
    void display_1()            //新类 Student1 中增加的
    {   display();              //原有类 Student 中有的，继承下来的
        cout<<"age:"<<age<<endl;
        cout<<"addr:"<<addr<<endl;
    }
private:
    int age;            //新增加的数据成员，年龄
    string addr;        //新增加的数据成员，地址
};
```

相比之下，运用“继承”能更加简洁明了地解决问题，效率上也会大大提高。

一个新建的类从已有的类那里获得其已有的特性，这种现象称为类的继承。新类继承了原有类，或者称原有类派生了一个新类。通常称新类为派生类，原有类为基类。基类又可以称为父类，派生类称为子类。

基类和派生类是相对而言的，一个基类可以派生出一个或多个派生类，派生类又可作为基类再派生出新派生类，如此派生下去，形成了类的层次结构。

类的层次通常反映了客观世界中某种真实的模型。例如：交通工具的类层次图。如图 6-1 所示，最顶部的交通工具为基类。这个基类会有汽车类、火车类等派生类，图中只画出了汽车类。汽车类以交通工具类为基类，相对交通工具类来说汽车类是派生类。汽车类有三个派生类：小汽车类、卡车类、旅行车类，它们以汽车类作为基类，此时交通工具类是它们的祖先类，简称祖类。图中展示了四层结构，从上到下它们是派生的关系，从下到上是继承的关系。

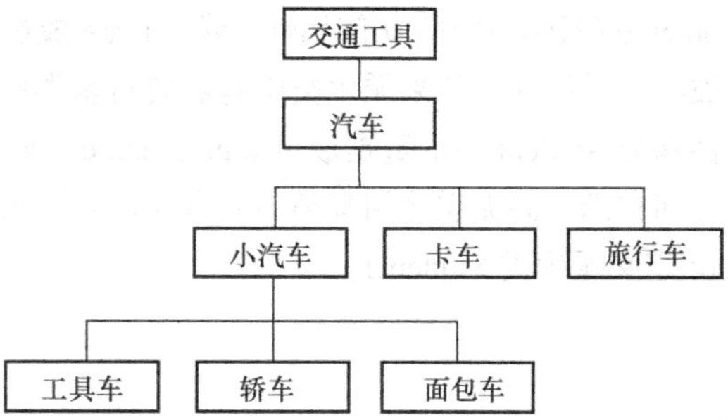

图 6-1　交通工具的多层继承

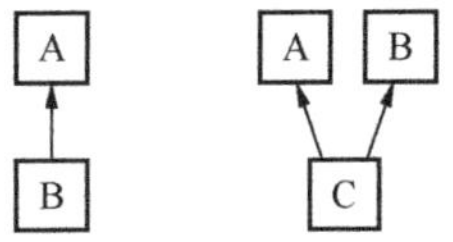

(a) 单继承　　(b) 多(重)继承

图 6-2　单继承与多继承

从派生的角度来看，一个派生类只从一个基类派生，这称为单继承；一个派生类有两个或多个基类的被称为多（重）继承。单继承和多继承时基类和派生类的关系如图 6-2 所示。其中的箭头方向指示了继承的方向。

6.2　派生类的定义与构成

6.2.1　派生类的定义

派生类的定义格式如下：

```
class 派生类名:[继承方式] 基类名
{ 派生类新增加的成员 };
```

说明

（1）基类名是已有的类的名称，派生类名是继承原有类的特性而生成的新类的名称。

（2）定义的是单继承，所以只有一个基类。

（3）继承方式包括 public（公有的）、private（私有的）和 protected（受保护的），此项是可选的，如果不写此项，默认为 private（私有的）。

（4）派生类新增加的成员是指从基类继承来的所有成员之外的新增加的数据成员和成员函数。

6.2.2　派生类的构成

派生类的成员由两部分构成，一部分是从基类中继承的成员，另一部分是在派生类中定义的新成员。

例如前面给出的从基类 Student 派生的 Student1 类中，派生类中除了从基类中继承了学号、姓名、分数等数据成员和 display 成员函数以外，还新增了年龄、地址等数据成员及 display1 成员函数。

由于基类中的私有成员只能由基类中的成员和友元访问，基类中的私有成员不会因为继承而改变其特性，所以基类中的私有成员在派生类中是不能访问的。派生类中的成员函数 display1 是通过调用基类中的公有成员函数 display，来访问基类中的私有成员的。

怎样能够不通过公有的成员函数就可以直接访问到基类中的成员，又仍能禁止类外对其访问呢？这样的成员应使用 protected（受保护的）访问属性，像 private 成员一样，类的 protected 成员不能被类外访问，但可以被派生类访问。如果派生类中有需要对基类中的成员进行访问，就设这些成员为受保护的。如果将基类 Student 中的数据成员 num、name、score 都设置为受保护的，那么在派生类中就可以直接访问它们，而无需使用基类中公有成员函数来实现访问了。

例 6-1　由基类 Student 定义派生类 Student1。

```
#include<iostream>
#include<string>
using namespace std;
class Student
```

```
{public:
    void set()
    {   cout<<"请输入学号、姓名、分数："<<endl;
        cin>>no>>name>>score;
    }
    void display()               //成员函数display的定义
    {   cout<<"no:"<<num<<endl;
        cout<<"name:"<<name<<endl;
        cout<<"score:"<<score<<endl;
    }
protected:                       //受保护的
    int no;
    string name;
    float  score;
};
class Student1:public Student
{ public:
    void set1()
    {   set();                   //原有类Student中有的，继承下来的
        cout<<"请输入年龄、地址："<<endl;
        cin>>age>>addr;
    }
    void display1()              //新类Student1中增加的
    {   display();               //原有类Student中有的，继承下来的
        cout<<"age:"<<age<<endl;
        cout<<"addr:"<<addr<<endl;
    }
 private:
    int age;                     //新增加的数据成员，年龄
    string addr;                 //新增加的数据成员，地址
};
int main()
{   Student1 stu;
    stu.set1();
    stu.display1();
    return 0;
}
```

程序运行结果：

```
请输入学号、姓名、分数：
20201  wangli 99
请输入年龄、地址：
18  NanJing
no:20201
name:wangli
score:99
age:18
addr:NanJing
```

程序说明：

（1）由于构造函数不能继承，所以基类和派生类都暂时没有用构造函数来对数据成员进行初始化。

（2）派生类中的成员函数 set1 调用了基类中的公有成员函数 set，派生类中的 display1 调用了基类中的公有函数 display。

（3）由于受保护的成员可以在派生类中访问，所以 set1 也可以定义如下：

```
void set1()
{   cout<<"请输入学号、姓名、分数："<<endl;
    cin>>no>>name>>score; //基类中继承的数据成员，可以访问
    cout<<"请输入年龄、地址："<<endl;
    cin>>age>>addr;        //派生类中增加的数据成员
}
```

同样，display1 也可以定义如下：

```
void display1()      //新类 Student1 中增加的
{   cout<<"no:"<<no<<endl;
    cout<<"name:"<<name<<endl;
    cout<<"score:"<<score<<endl;
    cout<<"age:"<<age<<endl;
    cout<<"addr:"<<addr<<endl;
}
```

在派生类中，也可以声明一个与基类同名的新成员，这种情况下，新成员覆盖了从基类中继承的同名成员，称为**同名覆盖**。其中派生类新增的同名成员函数不仅函数名相同，参数也相同，才是同名覆盖。若参数不同，则不属于同名覆盖而是重载。

将例 6-1 中的派生类代码修改如下：

```
class Student1:public Student
{public:
    void set()              //同名成员函数
    {   Student::set();     //原有类 Student 中有的，继承下来的
        cout<<"请输入年龄、地址："<<endl;
        cin>>age>>addr;
    }
    void display()          //同名成员函数
    {   Student::display();     //原有类 Student 中有的，继承下来的
        cout<<"age:"<<age<<endl;
        cout<<"addr:"<<addr<<endl;
    }
 private:
    int age;          //新增加的数据成员，年龄
    string addr;      //新增加的数据成员，地址
};
```

主函数修改如下：

```
int main()
{   Student1 stu;
    stu.set();
    stu.display();
    return 0;
}
```

程序运行结果与例 6-1 相同。

程序说明：

（1）派生类 Student1 中定义了与基类同名的成员函数，且参数相同，导致同名覆盖，即主函数中通过派生类对象 stu 调用 set 及 display 函数时，将调用派生类中的同名函数。

（2）派生类中的成员函数 set 调用基类中的同名成员函数 set 时，需在函数名前指定其所属类名，即 Student::set()。

（3）派生类中的成员函数 display 调用基类中的同名成员函数 display 时，同样也需在函数名前指定其所属类名，即 Student::display()。

6.2.3 派生类对基类成员的访问

派生类继承了基类中构造函数、析构函数之外的全部成员。基类的成员在派生类中的访问属性会因为继承方式的不同而发生改变。也就是说继承方式控制了基类中具有不同访问属性的成员在派生类中的访问属性。

1. 公有继承

当派生类的继承方式为公有继承时，基类中的公有成员和受保护成员的访问属性在派生类中分别成为公有的和受保护的，而基类中的私有成员不可访问。所以，在公有继承时，派生类的成员函数可以访问基类中的公有成员和保护成员，不能访问基类中的私有成员。派生类的对象只能访问基类中的公有成员。

通常会把基类比作父亲，而派生类比作孩子。原本的公有成员就如同父亲留给孩子的零花钱和遗产，可以任由孩子消费或让给别人使用（在类外访问），受保护成员则只能由孩子消费。基类中的私有成员，就属于父亲自己的钱，无论如何，外人和孩子是不能动的（不可访问成员）。

2. 私有继承

当派生类的继承方式为私有继承时，基类中的公有成员和受保护成员的访问属性在派生类中都成为私有的，而基类中的私有成员不可访问。所以，在私有继承时，派生类的成员函数可以访问基类中的公有成员和保护成员，不能访问基类中的私有成员。派生类的对象不能访问基类中的任何成员。

由于所有基类成员都成为派生类的私有成员了，所以进一步派生时，基类的成员就无法在新的派生类中访问，实际上是中止了基类的继续派生。

3. 保护继承

当派生类的继承方式为保护继承时，基类中的公有成员和受保护成员的访问属性在派生类中都成为受保护的，而基类中的私有成员不可访问。所以，在保护继承时，派生类的成员函数可以访问基类中的公有成员和受保护成员，不能访问基类中的私有成员。派生类的对象不能访问基类中的任何的成员。

保护继承时，基类的成员只能由派生类访问。

比较一下私有继承和保护继承可以知道，在直接派生类中，以上两种继承方式的作用实际上是相同的，在类外不能访问任何成员，而在派生类中可以通过成员函数访问基类中的公用成员和保护成员。但是如果继续派生，在新的派生类中，两种继承方式的作用就不同了。

综上所述，基类成员在派生类中的访问属性如表 6-1 所示。

从表 6-1 可以看出，在直接派生中，可访问情况结果是一样的，但如果再继续派生，它们就会有所不同了。这个问题在后面的多层（级）派生中讲解。

表 6-1　　基类成员在派生类中的的访问属性

基类中的成员	在公有派生类中的访问属性	在私有派生类中的访问属性	在保护派生类中的访问属性
私有成员	不可访问	不可访问	不可访问
公有成员	可访问（公有）	可访问（私有）	可访问（保护）
保护成员	可访问（保护）	可访问（私有）	可访问（保护）

6.2.4　多层派生时的访问属性

图 6-3 是一个典型的多层继承结构图，派生关系是：类 A 为基类，类 B 是类 A 的派生类，类 C 是类 B 的派生类，则类 C 也是类 A 的派生类。

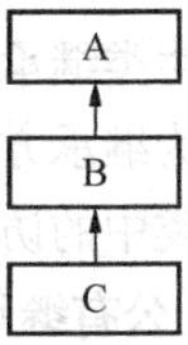

图 6-3　多层继承结构图

类 B 称为类 A 的直接派生类，类 C 称为类 A 的间接派生类。

类 A 是类 B 的直接基类，是类 C 的间接基类。

在多级派生的情况下，各成员的访问属性仍按单级派生的访问属性原则确定。

例 6-2　阅读程序，写出多级派生中各成员的访问属性。

```
#include <iostream>
#include <string>
using namespace std;
class A                    //基类
{public:
    int i;
protected:
    void f2( );
    int j;
private:
    int k;
};
class B: public A        //public 方式
{public:
    void f3( );
 protected:
    void f4( );
private:
    int m;
};
class C: protected B      //protected 方式
{public:
    void f5( );
private:
    int n;
};
int main()
{    return 0;  }
```

各成员在不同类中的访问属性如表 6-2 所示。

表 6-2　　成员在类中的访问情况（类 B 公有继承 A）

类的成员	i	f2	j	k	f3	f4	m	f5	n
基类 A	公有	保护	保护	私有					
公有派生类 B	公有	保护	保护	×	公有	保护	私有		
保护派生类 C	保护	保护	保护	×	保护	保护	×	公有	私有

如果将类 B 的继承方式改为 protected 派生，访问情况如表 6-3 所示。

表 6-3　　成员在类中的访问情况（类 B 保护继承 A）

类的成员	i	f2	j	k	f3	f4	m	f5	n
基类 A	公有	保护	保护	私有					
保护派生类 B	保护	保护	保护	×	公有	保护	私有		
保护派生类 C	保护	保护	保护	×	保护	保护	×	公有	私有

如果将类 B 的继承方式改为 private 派生，访问情况如表 6-4 所示。

表 6-4　　成员在类中的访问情况（类 B 私有继承 A）

类的成员	i	f2	j	k	f3	f4	m	f5	n
基类 A	公有	保护	保护	私有					
私有派生类 B	私有	私有	私有	×	公有	保护	私有		
保护派生类 C	×	×	×	×	保护	保护	×	公有	私有

通过以上分析可知，无论是哪一种继承方式，在派生类中都不能访问基类中的私有成员，如果在多级派生时采用公用继承方式，直到最后一级派生类都能访问基类的公有成员和保护成员。如果采用私有继承方式，经过若干派生后，基类的所有的成员都不可访问了。如果采用保护继承方式，在派生类外是无法访问派生类中的任何成员的。

6.3 派生类的构造函数与析构函数

派生类不仅继承了基类中的数据成员，还增加了新的数据成员，所以派生类构造函数不仅要对从基类继承的数据成员初始化，还要对派生类中新增加的数据成员进行初始化。

由于基类中的构造函数和析构函数是不能继承的，所以派生类构造函数和析构函数必须重新定义（或使用默认的）。派生类构造函数必须调用基类构造函数，对继承的数据成员初始化，同时还要对新增数据成员初始化。同样，派生类的析构函数必须调用基类的析构函数，来释放从基类中继承的数据成员。

6.3.1 派生类的构造函数

派生类构造函数的一般形式为：

```
派生类构造函数名(总参数表列):基类构造函数名(参数表列)
{   派生类中新增数据成员初始化语句   }
```

总参数表列中包括基类构造函数所需的参数和派生类中新增的数据成员初始化所需的参数。

1. 简单派生类的构造函数

简单派生类只有一个基类，而且只有一级派生，在派生类的数据成员中不包含基类的对象（即子对象）。

例 6-3 由基类 Student 定义派生类 Student1，其中对数据成员的初始化由构造函数实现。

```
#include<iostream>
#include<string>
using namespace std;
class Student
{public:
    Student()
    {   cout<<"请输入学号、姓名、分数："<<endl;
        cin>>num>>name>>score;
    }
    void display()        //对成员函数display的定义
    {   cout<<"no:"<<no<<endl;
        cout<<"name:"<<name<<endl;
        cout<<"score:"<<score<<endl;
    }
protected:                 //受保护的
    int no;
    string name;
    float  score;
};
class Student1:protected Student
{ public:
    Student1():Student()
    {  cout<<"请输入年龄、地址："<<endl;
       cin>>age>>addr;
    }
    void display1()        //新类Student1中增加的
    {   display();        //原有类Student中有的，继承下来的
        cout<<"age:"<<age<<endl;
        cout<<"addr:"<<addr<<endl;
    }
private:
    int age;            //新增加的数据成员，年龄
    string addr;        //新增加的数据成员，地址
};
int main()
{   Student1 stu;
    stu.display1();
    return 0;
}
```

程序说明：

派生类构造函数也可以写成如下形式：

```
Student1()
{   cout<<"请输入年龄、地址："<<endl;
    cin>>age>>addr;
}
```

派生类构造函数调用基类中的默认构造函数（无参构造函数）时，该默认构造函数被隐含在派生类的构造函数中，无需显式写出。

如果基类中的构造函数是有参数的，该如何定义派生类中的构造函数呢?

例 6-4 由基类 Student 定义派生类 Student1，其中对数据成员的初始化由有参构造函数实现。

```
#include<iostream>
#include<string>
using namespace std;
class Student
{public:
    Student(int n,string na,float s)
    {   no=n;
        name=na;
        score=s;
    }
    void display()      //对成员函数 display 的定义
    {   cout<<"no:"<<no<<endl;
        cout<<"name:"<<name<<endl;
        cout<<"score:"<<score<<endl;
    }
protected:                   //受保护的
    int no;
    string name;
    float  score;
};
class Student1:protected Student
{ public:
        Student1(int n,string na,float s,int a,string ad): Student(n,na,s)
        {   age=a;
            addr=ad;
        }
    void display1()       //新类 Student1 中增加的
    {   display();       //原有类 Student 中有的，继承下来的
        cout<<"age:"<<age<<endl;
        cout<<"addr:"<<addr<<endl;
    }
private:
    int age;            //新增加的数据成员，年龄
    string addr;        //新增加的数据成员，地址
};
int main()
{   Student1 stu(20201,"wangli",100,18,"NanJing");
    stu.display1();
    return 0;
}
```

程序说明：

（1）main 函数中，建立对象 stud1 时指定了 5 个实参。它们按顺序传递给派生类构造函数 Student1 的形参。然后，派生类构造函数将前面 3 个传递给基类构造函数 Student 的形参。

```
Student1 stu(20201,"wangli",100,   18,  "NanJing");
               ↓           ↓       ↓      ↓         ↓
Student1(int n,string na,float s,int a,string ad):Student(n, na,s)
                                                            ↑     ↑ ↑
```

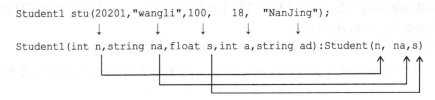

通过调用基类构造函数 Student(n, na, s)把 3 个值再传给基类构造函数的形参。

```
Student(    n,      na,       s)
            ↓       ↓         ↓
Student(int n, string na, float s)
```

（2）派生类构造函数也可在类外定义，而在类体中声明。

```
Student1(int n, string na, float s, int a, string ad);
```

在类的外面定义派生类构造函数:

```
Student1::Student1(int n,string na,float s,int a,string ad):
                Student(n,nam,s)
{age=a;addr=ad; }
```

请注意：在类中对派生类构造函数做声明时，不包括基类构造函数名及其参数表列，即 Student(n, nam, s)。只在定义函数时才将它列出。

（3）调用基类构造函数时的实参是从派生类构造函数的总参数表中得到的，也可以不从派生类构造函数的总参数表中传递过来，而直接使用常量或全局变量。

例如，派生类构造函数可以写成以下形式:

```
Student1(string na,float s,int a,string ad):Student(20210,nam,s)
```

即基类构造函数 3 个实参中，有一个是常量 20210，另外两个从派生类构造函数的总参数表传递过来。也就是说，不仅可以利用初始化表对构造函数的数据成员初始化，而且可以利用初始化表调用基类构造函数，实现对基类数据成员的初始化。

（4）可以将对 age 和 addr 的初始化也用初始化表形式，将构造函数改写为以下形式：

```
Student1(int n, string nam,string s,int a, string ad):
Student(n,nam,s),age(a),addr(ad){}
```

这样函数体为空，更显得简单和方便。

2. 有子对象的派生类的构造函数

前面介绍的类中数据成员都是标准数据类型，而实际上也可以是类对象。这种称为子对象(subobject)，即对象中的对象，在类中也可以称为类的组合。

例 6-5 有子对象的派生类的构造函数。

```
#include<iostream>
#include<string>
using namespace std;
class Date
{public:
    Date(int y,int m,int d):year(y),month(m),day(d)
    { cout<<"Date"<<endl;}  //这个输出是为了方便看构造函数的执行顺序
    void show(){ cout<<year<<'-'<<month<<'-'<<day<<endl;}
private:
```

```
    int year,month,day;
};
class Student
{public:
    Student(int n,string na,float s):no(n),name(na),score(s)
{cout<<"Student\n"; } //增加了输出是为了方便看构造函数的执行顺序
    void display()
    {   cout<<"no:"<<no<<endl;
        cout<<"name:"<<name<<endl;
        cout<<"score:"<<score<<endl;
    }
protected:
    int no;
    string name;
    float  score;
};
class Student1:protected Student
{ public:
    Student1(int n,string na,float s,int a,string ad):
            Student(n,na,s),birthday(1996,12,12),addr(ad){ }
    void display1()
    {   display();
        cout<<"birthday:";
        birthday.show();      //子对象的输出
        cout<<"addr:"<<addr<<endl;
    }
private:
    Date birthday;     //子对象
    string addr;
};
int main()
{   Student1 stu(20201,"wangli",100,18,"NanJing");
    stu.display1();
    return 0;
}
```

程序运行结果：

```
Student
Date
no:20201
name:wangli
score:100
birthday:1996-12-12
addr:NanJing
```

程序说明：

（1）为了能够看出执行顺序，在基类的构造函数中加了输出语句，在子对象所在类的构造函数中加了输出语句。

定义一个含有子对象的派生类的构造函数的一般形式为：

派生类构造函数名(参数表) ：<成员初始化表> { 派生类构造函数的函数体 }

其中，派生类构造函数名同该派生类的类名。

<成员初始化表>中包含如下的初始化项：①基类的构造函数，用来给基类中数据成员初始化；②子对象的类的构造函数，用来给派生类中子对象的数据成员初始化；③派生类中数据成员的初始化。

（2）从结果可以看出，有子对象的派生类先执行基类的构造函数，再执行子对象的构造函数，然后再执行派生类的构造函数。这点并不难理解，其实子对象就是派生类的数据成员，派生类的构造函数先负责基类的构造函数，再负责构造派生类本身数据成员的初始化，其中就包括了子对象的构造。

（3）程序中派生类的构造函数形式如下：

```
Student1(int n,string na,float s,int a,string ad):
        Student(n,na,s),birthday(1996,12,12),addr(ad){ }
```

为了简化派生类的构造函数，在构造子对象 birthday 时，直接用了常量，实际上也可以通过参数给出。

（4）基类构造函数与子对象构造函数的书写顺序不会影响执行顺序。

（5）对派生类中成员的初始化与成员初始化列表中给出的子对象顺序无关，与它们的声明顺序有关。所以对子对象的构造函数 birthday(1996,12,12)写在 addr(ad)后面也不会影响执行顺序。

无论是基类还是派生类，当类中有子对象时，要首先执行所有的子对象的构造函数，当全部子对象的初始化都完成之后，再执行当前类的构造函数体。

有子对象的派生类构造函数的执行顺序如下：

（1）先执行基类构造函数；

（2）再执行子对象所在类的构造函数；

（3）最后执行派生类的构造函数。

3. 多层派生时的构造函数

一个类不仅可以派生出一个派生类，派生类还可以继续派生，形成派生的层次结构。在单层派生构造函数的基础上，不难写出在多层派生情况下派生类的构造函数。每个派生类只需负责它的直接基类的构造，依次上溯。

建立派生类对象时，构造函数的执行顺序如下。

（1）调用基类的构造函数，如果基类构造函数调用在初始化列表中存在，就按初始化列表的调用形式做；否则，就调用相应的基类无参构造函数。如基类上面还有基类，则会调用上面的直接基类的构造函数。依次上溯。

（2）调用子对象的构造函数，调用顺序按类定义中对象声明的顺序。

（3）调用派生类的构造函数。

例 6-6 阅读程序，了解多层派生构造函数的执行顺序。

```
#include<iostream>
#include<string>
using namespace std;
class Member1
{public:
    Member1(int x){cout<<"Member1 "<<x<<"     ";}
};
class Member2
{public:
    Member2(int x){cout<<"Member2 "<<x<<"     ";}
```

```
};
class S1
{public:
    S1(int x){cout<<"S1  "<<x<<endl;}
};
class S11:public S1
{public:
    S11(int x1,int x2):S1(x1)  //负责直接基类S1的构造
    {cout<<"S11  "<<x2<<endl;}
};
class S111: public S11
{   Member1 meb1;
    Member2 meb2;          //声明顺序是meb1 meb2
public:
    S111(int x1,int x2):S11(x1,x2) //负责直接基类S11的构造
    ,meb2(2),meb1(1)    //子对象的构造，执行顺序与声明顺序有关
    {cout<<"S111"<<endl;}
};
int main()
{   S111 s(1,11);
    return 0;
}
```

程序运行结果：

```
S1  1
S11  11
Member1 1    Member2 2    S111
```

程序说明：

（1）定义类S111的对象s时，会自动调用执行S111的构造函数；要执行S111的构造函数要先执行它的直接基类S11的构造函数；要执行S11的构造函数又要先执行它的直接基类S1的构造函数。所以从结果可以看到，最先执行基类S1的构造函数，输出结果“S1 1”；再执行S1的直接派生类S11的构造函数，输出结果为：“S11 11”；最后执行S11的直接派生类S111的构造函数，由于S111中有两个子对象，要先按声明顺序（先声明meb1，再声明meb2）执行子对象的构造函数。输出结果为：“Member1 1   Member2 2   S111”。

（2）如果在基类中没有定义构造函数，或定义了没有参数的构造函数，那么在定义派生类构造函数时可以不显式写出，但这并不表示不执行基类的构造函数。

6.3.2 派生类的析构函数

由于析构函数也不能被继承，因此派生类的析构函数也要包含对基类数据成员的释放。因为析构函数是无参的，所以派生类析构函数中隐含着基类的析构函数。

派生类析构函数的调用顺序应当与派生类构造函数的调用顺序相反。

（1）先执行派生类的析构函数，对派生类新增普通成员进行清理。

（2）再执行子对象所在类的析构函数，对派生类中新增的子对象进行清理。

（3）最后执行基类的析构函数，对基类进行清理。

例6-7 阅读程序，了解派生类析构函数的执行顺序。

```
#include<iostream>
using namespace std;
```

```
class Meba
{public:
    Meba(){cout<<"Meba"<<"    ";}
    ~Meba(){cout<<"~Meba"<<"    ";}
};
class Mebb
{public:
    Mebb(){cout<<"Mebb"<<"    ";}
    ~Mebb(){cout<<"~Mebb"<<"    ";}
};
class A
{public:
    A(){cout<<"A"<<"    ";}
    ~A(){cout<<"~A"<<"    ";}
protected:
    Meba a;//基类中有子对象
};
class B: public A
{public:
    B(){cout<<"B"<<"    ";}
    ~B(){cout<<"~B"<<"    ";}
private:
    Mebb b;//派生类中有子对象
};
int main()
{   B b;
    return 0;
}
```

程序运行结果：

```
Meba    A    Mebb    B    ~B    ~Mebb    ~A    ~Meba
```

程序说明：

从运行结果可以看出，调用析构函数的顺序正好与调用构造函数顺序相反。即先执行派生类自己的析构函数，再调用子对象的析构函数，由此得到输出结果：~B ~Mebb。最后调用基类的析构函数，因为基类中也有子对象，所以先调用基类的析构函数，再调用基类中子对象的析构函数，由此得到输出结果：~A ~Meba。

6.3.3 基类与派生类的赋值兼容

不同类型数据在一定条件下可以进行类型的转换，这种不同类型数据之间的自动转换和赋值，称为**赋值兼容**。

基类与派生类对象之间也可以赋值兼容，其兼容规则是指在需要基类对象的任何地方，都可以使用公有派生类的对象来代替。

因为通过公有继承，除了构造函数和析构函数外，派生类保留了基类其他的所有的成员。所以派生类就具有基类的全部功能，凡是基类能够实现的功能，公有派生类都能实现。我们可以将派生类对象的值赋给基类对象，在用到基类对象的时候可以用其派生类对象代替。

具体表现在以下几个方面：

（1）派生类对象可以向基类对象赋值。

（2）派生类对象可以初始化基类对象的引用。

（3）派生类对象地址可以赋值给指向基类对象的指针。

（4）如果函数的形参是基类对象或基类对象的引用，在调用函数时可以将派生类对象作为实参。

6.4 多重继承

如果一个派生类只有唯一的一个直接基类就是**单继承**。如果一个派生类具有两个或两个以上的直接基类就是**多重继承**。在实际生活中经常有这样的情况：一个派生类有两个或两个以上的基类，派生类从两个或者两个以上的基类中继承所需要的属性。这就像小孩继承了父亲的体魄，同时又继承了母亲的智慧。

多重继承的派生类中包含了所有基类的成员和自身的成员，所以在定义多重继承的派生类时，要指出它的所有基类名和各自的继承方式。

多重继承派生类的定义格式如下：

```
class 派生类名:继承方式1 基类名1,继承方式2 基类名2,…
{派生类类体};
```

例6-8 阅读程序，了解多重继承派生类的定义。

```
#include<iostream>
using namespace std;
class Mc
{public:
    void set_m(int x){m=x;}
protected:
    int m;
};
class Nc
{public:
    void set_n(int x){n=x;}
protected:
    int n;
};
class Pc: public Mc,public Nc  //多重继承
{public:
    void display()
    {   cout<< "m="<<m<<endl;
        cout<<"n="<<n<<endl;
        cout<< "m*n="<<m*n<<endl;
    }
};
int main()
{   Pc pc;
    pc.set_m(10);
    pc.set_n(20);
    pc.display();
    return 0;
}
```

程序运行结果：

```
m=10
n=20
```

```
m*n=200
```

程序说明：

程序中没有定义构造函数，多重继承派生类的构造函数的定义和单继承派生类构造函数类似，只不过需要同时负责该派生类所有基类构造函数的调用。

多重继承派生类的构造函数格式如下：

```
派生类名(总参数表):基类名1(参数表1),基类名2(参数表2),…
子对象名(参数表n+1),…         //如果有子对象的话
{ 派生类构造函数体 }
```

其中，总参数表中各个参数包含了其后的各个分参数表。

派生类构造函数的执行顺序是：首先，执行它所继承的基类的构造函数，其次，执行派生类本身的构造函数。处于同层次的各个基类的构造函数的执行顺序取决于在定义派生类时所指定的各个基类的顺序，与派生类的构造函数中所定义的成员初始化列表的各项顺序无关。

例 6-9 阅读程序，了解多重继承派生类构造函数的定义及构造函数的执行顺序。

```
#include<iostream>
using namespace std;
class Mc
{public:
    Mc(int x){m=x;cout<<"Mc  "<<m<<endl;}
protected:
    int m;
};
class Nc
{public:
    Nc(int x){n=x;cout<<"Nc  "<<n<<endl;}
protected:
    int n;
};
class Pc: public Mc,public Nc
{public:
    Pc(int x1,int x2):Nc(x1),Mc(x2){cout<<"Pc"<<endl; }
    void display()
    {   cout<< "m="<<m<<endl;
        cout<<"n="<<n<<endl;
        cout<< "m*n="<<m*n<<endl;
    }
};
int main()
{   Pc pc(1,2);
    pc.display();
    return 0;
}
```

程序运行结果：

```
Mc  2
Nc  1
Pc
m=2
n=1
m*n=2
```

程序说明：

（1）为了查看派生类构造函数的执行顺序，在基类及派生类的构造函数中增加了输出语句。

（2）从执行结果看，先执行基类的构造函数，再执行派生类的构造函数。

（3）类 Pc 多重继承了类 Mc 和 Nc，定义时先声明 Mc，后声明 Nc，所以执行结果是先执行 Mc 的构造函数，再执行 Nc 的构造函数。这个执行顺序与派生类构造函数中的基类构造顺序是无关的。

6.4.1 多重继承中的二义性问题

在多重继承的情况下，会出现派生类对基类成员访问的二义性。最常见的问题就是继承的成员因为同名而引起的二义性的问题，也就是成员同名时的调用问题。

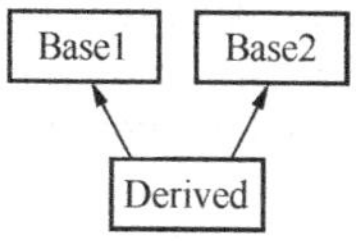

图 6-4 多重继承（第一种情况）

多继承产生二义性主要有两种情况。第一种情况如图 6-4 所示。

例 6-10 多重继承的二义性。

```
#include<iostream>
using namespace std;
class Base1
{public:
    fun(){cout<<"Base1.fun()"<<endl;}
};
class Base2
{public:
    fun(){cout<<"Base2.fun()"<<endl;}
};
class Derived:public Base1,public Base2{}
int main()
{   Derived d;
    //d.fun();  产生二义性
    d.Base1::fun();
    return 0;
}
```

程序运行结果：

```
Base1.fun()
```

程序说明：

（1）派生类 Derived 的对象 d 访问 fun()函数时，无法确定要访问的是 Base1 中的 fun()函数，还是 Base2 中的 fun()函数，因此产生了二义性。

（2）可以用作用域运算符::来明确指出要访问哪个基类中的 fun 函数。例如：d.Base1::fun()或 d.Base2::fun()，例中用了 d.Base1::fun()，所以运行结果是 Base1.fun()。

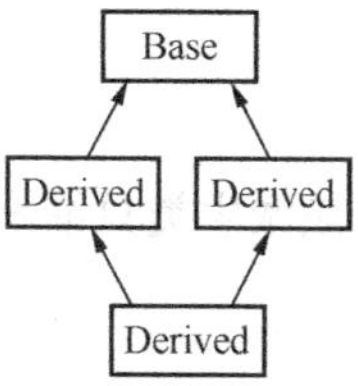

图 6-5 多重继承（第二种情况）

（3）如果派生类 Derived 中也定义了 fun 函数，是不会产生二义性的。因为派生类中的 fun 覆盖了基类的同名函数，所以 d.fun()肯定是调用派生类的 fun 函数。

产生二义性的第二种情况是当一个派生类从多个基类中派生，而这些基类又有一个共同的基类，当对这个共同的基类中的成员进行访问时，会出现二义性。这种情况如图 6-5 所示。

例 6-11 有共同基类的多重继承的二义性。

```
#include<iostream>
using namespace std;
class Base
{public:
    void fun(){ cout<<"Base.fun()"<<endl;}
};
class Derived11:public Base
{ };
class Derived12:public Base
{ };
class Derived2:public Derived11,public Derived12
{  }
int main()
{   Derived2 d;
    //d.fun();  产生二义性
    d.Derived11::fun();
    return 0;
}
```

程序运行结果：

```
Base.fun()
```

程序说明：

（1）这种情况的二义性同样也可以使用作用域运算符::来解决，但要注意的是 d2.Base::fun()是错误的，因为派生类 Derived2 的直接基类 Derived11 和 Derived12 有一个共同的基类 Base。正确的语句是：d2.Derived11::fun()或 d2.Derived12::fun()。

（2）解决这种情况的二义性最有效的办法是使用虚基类。

6.4.2 虚基类

多重继承时，常会有重复的基类产生，造成编译时的错误及内存空间的浪费，如前面所讲的产生二义性情况的第二种，Derived11 与 Derived12 都继承自 Base，则 Derived11 和 Derived12 所产生的对象中各有一份 Base 的成员。而 Derived2 又由 Derived11 和 Derived12 派生，当然也会将它们的成员复制一份给 Derived2 的对象。这时问题产生了，Derived11 和 Derived12 都有 Base 的成员，当它们复制给 Derived2 后，Derived2 的对象中就会有两份 Base 的成员。如果 Derived2 对象要访问 Base 中的成员，编译器就会不知道该访问哪一份 Base 成员，从而造成编译错误。如例 6-2 中访问 d.fun();时会出现以下错误：

```
error C2385: 'Derived2::fun' is ambiguous
```

解决方法是使用虚基类，防止重复复制基类成员的情况发生。

声明虚基类的一般形式如下：

class 派生类名: virtual 继承方式 基类名

经过这样的声明后，当基类通过多条派生路径被一个派生类继承时，该派生类只继承该基类一次，基类成员只保留一份，从而避免了二义性的产生。

例 6-12 解决例 6-11 中产生的二义性问题。

```
#include<iostream>
using namespace std;
```

```
class Base
{public:
    void fun(){cout<<"Base.fun()"<<endl;}
};
class Derived11:virtual public Base{ };
class Derived12:virtual public Base{ };
class Derived2:public Derived11,public Derived12{  }
int main()
{   Derived2 d2;
    d2.fun();  //不产生二义性
    return 0;
}
```

程序运行结果：

```
Base.fun()
```

程序说明：

为了保证虚基类Base在派生类中只继承一次,该基类的两个直接派生类Derived11和Derived12都要声明为虚基类。

如果还有一个派生类Derived13，如图6-6所示，Derived13不声明Base为虚基类，那么仍会产生二义性，所以为了保证虚基类只继承了一次，要在该基类的所有直接派生类中声明。

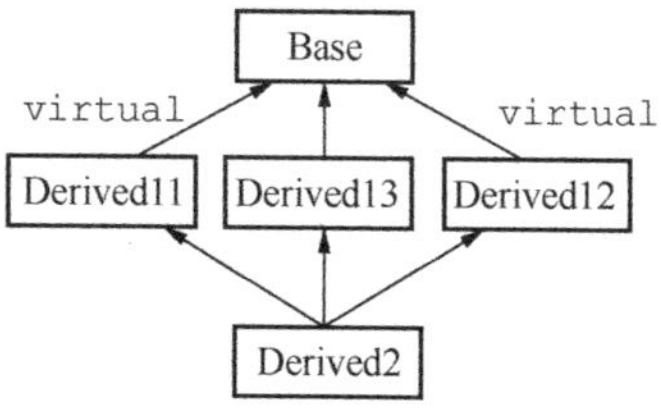

图6-6 部分声明Base为虚基类的情况

6.4.3 虚基类的构造函数

使用虚基类的关键是使其在所有直接派生类中只继承一次，那么虚基类的构造函数要保证使其在所有直接派生类中只构造一次。

前面讲过，派生类的构造函数要负责其直接基类的构造，如果这样的话，虚基类会被构造多次，显然是不行的，所以规定，在最后的派生类中不仅要负责对其直接基类的构造，还要负责对虚基类的构造。编译系统只执行最后的派生类对虚基类的构造函数的调用，而忽略虚基类的其他派生类对虚基类的构造函数的调用，这就保证了虚基类不会被多次构造。

例6-13 虚基类的构造函数。

```
#include<iostream>
#include<string>
using namespace std;
class Base
{public:
    Base(string na){name=na;cout<<name<<endl;}
private:
    string name;
};
class Derived11:virtual public Base
```

```
{public:
    Derived11(string na1,string na2):Base(na1)
    {name=na2;cout<<name<<endl;}
private:
    string name;
};
class Derived12:virtual public Base
{public:
    Derived12(string na1,string na2):Base(na1)
    {name=na2;cout<<name<<endl;}
private:
    string name;
};
class Derived2:public Derived11,public Derived12
{public:
    Derived2(string na1,string na2,string na3,string na4):
        Base(na1),Derived11(na1,na2),Derived12(na1,na3)
    { name=na4;cout<<name<<endl;}
private:
    string name;
}
int main()
{   Derived2 d("Base","Derived11","Derived12","Derived2");
    return 0;
}
```

程序运行结果：

```
Base
Derived11
Derived12
Derived2
```

程序说明：

（1）Derived11 和 Derived12 各自负责直接基类 Base 的构造，由于是虚拟派生，所以，忽略了虚基类的构造函数的调用。

（2）在 Derived2 中除了负责直接基类 Derived11 和 Derived12 的构造，还负责了虚基类 Base 的构造，以保证虚基类被构造一次。

（3）如果不是虚拟派生，因为 Derived11 和 Derived12 各自负责直接基类 Base 的构造，所以 Base 会被构造二次。Derived2 只要负责直接基类 Derived11 和 Derived12 的构造就可以了，其构造函数形式如下：

```
Derived2(string na1,string na2,string na3,string na4):
            Derived11(na1,na2),Derived12(na1,na3)
{name=na4;cout<<name<<endl;}
```

这样程序的运行结果为：

```
Base
Derived11
Base
Derived12
Derived2
```

从这个结果可以知道，基类 Base 被构造了两次。

6.5 多态性与虚函数

6.5.1 多态性

多态性是面向对象程序设计的一个重要特征。利用多态性可以设计和实现一个易于扩展的系统。

多态性指的是同一个函数名具有多种不同的功能。C++支持多态性主要表现在函数重载、运算符重载、虚函数方面。函数重载和运算符重载（运算符重载实质上也是函数重载）形成的多态性函数属于**静态多态**，在程序编译时就知道要调用哪个函数。这种在编译阶段就将函数实现和函数调用关联起来的联编工作称为静态联编。本节着重讲述**动态多态**，在运行过程中才动态地确定调用哪个函数，这种在程序运行时才将函数实现和函数调用关联起来的联编工作称为动态联编。动态多态是通过虚函数体现的。

例 6-14 定义一个点类 Point，再以点为基类派生出一个圆类 Circle。分析程序运行结果。

```
#include<iostream>
using namespace std;
class Point
{public:
    Point(double a=0, double b=0){x=a;y=b;}
    double area(){return 0;}
protected:
    double x, y;
};
class Circle:public Point
{public:
    Circle(double a=0,double b=0, double r=0):Point(a,b),radius(r){ }
    double  area(){ return radius * radius * 3.1415926; }
private:
    double radius;
};
int main()
{   Point p(1,1);
    Circle c(1,1,10);
    cout<<p.area()<<endl;
    cout<<c.area()<<endl;
    return 0;
}
```

程序运行结果：

```
0
314.159
```

程序说明：

虽然基类和派生类中都是 area 函数，但不同类的对象调用时，会明确知道该调用哪个 area 函数。p.area()调用的是 Point::area()，c.area 调用的是 Circle::area()。

但是在实际中，很可能会碰到对象所属类分辨不清的情况，下面来看一下派生类成员作为函数参数传递的例子，程序如下：

例 6-15 将例 6-14 程序中增加一个测试函数 test，分析程序运行结果。

```
#include<iostream>
using namespace std;
class Point
{public:
    Point(double a=0, double b=0){x=a;y=b;}
    double area(){return 0;}
protected:
    double x, y;
};
class Circle:public Point
{public:
    Circle(double a=0,double b=0, double r=0):Point(a,b),radius(r){}
    double area(){ return radius * radius * 3.1415926; }
protected:
    double radius;
};
void test(Point &temp){ cout<<temp.area()<<endl;}
int main()
{   Point p(1,1);
    Circle c(1,1,10);
    test(p);
    test(c);
    return 0;
}
```

程序运行结果：

```
0
0
```

程序说明：

对象 p、c 分别是基类 Point、派生类 Circle 的对象，而函数 test 的形参却只是 Point 类的引用，按照类继承赋值兼容的特点，系统把 Circle 类对象看作是一个 Point 类对象，所以 test 函数的定义并没有错，本例中用 test 函数想要达到的目的是，传递不同类的对象给引用 temp，能够分别调用不同类的 area 成员函数。但从程序的运行结果可以看到，系统分辨不清传递过来的是基类对象还是派生类对象，无论传递的是基类对象还是派生类对象，temp 调用的都是基类的 area 成员函数。

C++提供的虚函数可以解决上述不能正确分辨对象类型的问题。

6.5.2 虚函数

例 6-16 将例 6-15 基类 Point 的成员函数 area 改为虚函数，分析程序运行结果。

```
#include<iostream>
using namespace std;
class Point
{public:
    Point(double a=0, double b=0){x=a;y=b;}
    virtual double area(){return 0;}
protected:
    double x, y;
};
class Circle:public Point
{public:
```

```
    Circle(double a=0,double b=0, double r=0):Point(a,b),radius(r){}
    double  area(){ return radius * radius * 3.1415926; }
private:
    double radius;
};
void test(Point &temp)
{   cout<<temp.area()<<endl;}
int main()
{   Point p(1,1);
    Circle c(1,1,10);
    test(p);
    test(c);
    return 0;
}
```

程序运行结果：

```
0
314.159
```

程序说明：

（1）声明虚函数的方法是在成员函数声明之前加上 virtual。

（2）从运行的结果可以看出，当成员函数 area 声明为虚函数后就成功分辨出了对象的真实类型。

1. 虚函数的作用

虚函数的作用是实现动态联编，也就是在程序的运行阶段动态地选择合适的成员函数。定义了虚函数后，可以在基类的派生类中对虚函数重新定义，在派生类中重新定义的函数应与虚函数同名并且返回类型、参数个数、参数顺序、参数类型都相同，以实现统一的接口，但函数体可以不同。如果在派生类中没有对虚函数重新定义，则它继承其基类的虚函数。

2. 虚函数的使用

使用虚函数时，要注意以下两点:

（1）只能用 virtual 声明类的成员函数，使它成为虚函数，而不能将类外的一般函数声明为虚函数。因为虚函数的作用是允许在派生类中对基类的虚函数重新定义。显然，它只能用于类的继承层次结构中。

（2）一个成员函数被声明为虚函数后，在同一类族中的类就不能再定义一个非 virtual 的但与该虚函数具有相同的参数（包括个数、顺序、类型）和函数返回类型的同名函数。

动态联编规定，只能通过指向基类对象的指针或基类对象的引用来调用虚函数，其格式如下：

指向基类的指针变量名->虚函数名（实参表）

或

基类对象的引用名. 虚函数名（实参表）

3. 什么情况下应当声明虚函数

根据什么考虑是否把一个成员函数声明为虚函数呢？主要考虑以下几点:

（1）首先看成员函数所在的类是否会作为基类，然后看成员函数在类被继承后有无可能被更改功能，如果希望更改其功能的，一般应该将它声明为虚函数。

（2）如果成员函数在类被继承后功能不需修改，或派生类用不到该函数，则不要把它声明为虚函数。不要仅仅考虑到要作为基类而把类中的所有成员函数都声明为虚函数。

（3）应考虑对成员函数的调用是通过对象名还是通过基类指针或引用去访问，如果是通过基类指针或引用去访问的，则应当声明为虚函数。

（4）有时，在定义虚函数时，并不定义其函数体，即函数体是空的。它的作用只是定义了一个虚函数名，具体功能留给派生类去添加。

4. 虚函数的几点说明

一个类中尽可能地将所有的成员函数设置为虚函数，除了系统会增加一定的资源开销以外，没有其他坏处。

设置虚函数需要注意以下几点：

（1）因为虚函数使用的基础是赋值兼容，而赋值兼容成立的条件是派生类由基类公有派生而来，所以要想使用虚函数，派生类必须是公有继承基类。

（2）定义虚函数，不一定要在最高层类中，而是在需要动态多态性的几个层次中的最高层类中声明虚函数。

（3）只有类中的成员函数才能声明为虚函数，这是因为虚函数只适用于有继承关系的类对象，所以普通函数不能声明为虚函数。

（4）静态成员函数不能声明为虚函数，因为静态成员函数不受限于某个对象。

（5）内联函数不能是虚函数，因为内联函数是不能在运行中动态确定其位置的。

（6）构造函数不能是虚函数，因为构造时，对象内存空间的分配还未定型，只有在构造函数完成后，对象才真正地实例化。而析构函数通常声明为虚函数。

例 6-17 一个多态性的程序实例。

```
#include<iostream>
using namespace std;
class Point
{public:
    Point(double a=0, double b=0){x=a,y=b;}
    virtual double area(){return 0;}
protected:
    double x, y;
};
class Circle:public Point
{public:
    Circle(double a=0,double b=0, double r=0):Point(a,b),radius(r){}
    double  area(){ return radius * radius * 3.1415926; }
protected:
    double radius;
};
class Cylinder:public Circle
{public:
    Cylinder(double a=0,double b=0,double r=0,double h=0):
        Circle(a,b,r),height(h){}
    double area() {return 2*Circle::area()+2*3,1415926*radius*height;}
protected:
    float height;
};
int main()
{   Point p(1,1);
    cout<<p.area()<<endl;
    Circle c(1,1,100);
    cout<<c.area()<<endl;
```

```
    Cylinder cy(1,1,10,10);
    cout<<cy.area()<<endl;
    Point *pRef=&c;
    cout<<pRef->area()<<endl; //输出的是圆的信息，不是点的信息
    pRef=&cy;
    cout<<pRef->area()<<endl;//输出的是圆柱体的信息，不是点的信息
    return 0;
}
```

程序运行结果：

```
0
31415.9
1.41593e+008
31415.9
1.41593e+008
```

程序说明：

（1）声明成员函数 area 为虚函数，使其呈现多态性，即都是 pRef->area()调用，但其结果却不同。虚函数完成多态性功能。

（2）多态性要通指向基类对象的指针或基类对象的引用来实现，本例是通过指向基类对象的指针来实现的。

6.5.3 虚析构函数

构造函数不能声明为虚函数，而析构函数可以声明为虚函数，在析构函数的声明前面加上 virtual 即可。

如果基类的析构函数被声明为虚析构函数，那么其派生类中的析构函数也是虚析构函数，不必再在派生类析构函数前加 virtual。

例 6-18 阅读以下程序，分析运行结果。

```
#include <iostream>
using namespace std;
class Point
{public:
    Point(){}
    virtual ~Point(){cout<<"Point 析构函数"<<endl;}
};
class Circle:public Point
{public:
    Circle(){}
    ~Circle(){cout<<"Circle 析构函数"<<endl;}
};
int main()
{   Point *p=new Circle;
    delete p;
    return 0;
}
```

程序运行结果：

```
Circle 析构函数
Point 析构函数
```

程序说明：

（1）从运行结果可以看出，成功地执行了派生类 Circle 的析构函数，再执行了基类 Point 的析构函数。

（2）而如果将析构函数的修饰 virtual 去掉，再观察结果，会发现析构的时候，始终只调用了基类的析构函数，也就是说只释放了基类的内存空间，而派生类的内存空间没有释放，这样就造成了内存泄漏。

因此如果析构函数不是虚函数的话，将按指针类型调用该类型的析构函数代码，当指针类型是基类时，将只调用基类析构函数代码。所以多态性的 virtual 修饰，不单单对基类和派生类的普通成员函数有必要，对于基类和派生类的析构函数同样重要。

（3）虚析构函数的作用在于系统将采用动态联编调用虚析构函数，这样会使析构更彻底。所以最好把基类的析构函数声明为虚函数。这将使所有派生类的析构函数自动成为虚函数。这样，如果程序中显式地用了 delete 运算符准备删除一个对象，而 delete 运算符的操作对象是指向派生类对象的基类指针，则系统会调用相应派生类的析构函数。

6.5.4 纯虚函数与抽象类

1. 纯虚函数

有时在基类中将某一成员函数定为虚函数，并不是基类本身的要求，而是考虑到派生类的需要，在基类中预留一个函数名，没有具体的功能实现，留给派生类根据需要去定义。基类中这种需要由派生类提供具体实现的虚函数称为**纯虚函数**。

纯虚函数被定义在类体内，格式如下：

```
virtual 类型 函数名(参数表)=0;
```

说明

（1）纯虚函数没有函数体，最后面的“=0”并不表示函数返回值为 0，它只起形式上的作用，告诉编译系统“这是纯虚函数”。所以，纯虚函数不能被调用，只有在派生类中被具体定义后才可调用。

（2）这是一个声明语句，最后应有分号。

（3）纯虚函数的作用是在基类中为其派生类保留一个函数的名字，以便派生类根据需要对它进行定义。如果在基类中没有保留函数名字，则无法实现多态性。

（4）如果在一个类中声明了纯虚函数，而在其派生类中没有对该函数进行定义，则该虚函数在派生类中仍然为纯虚函数。

例 6-19 一个关于纯虚函数的例子。

```
#include<iostream>
using namespace std;
class Point
{public:
    Point(int i=0, int j=0) { x0=i; y0=j; }
    virtual void draw() = 0;
protected:
    int x0, y0;
};
class Line : public Point
{public:
    Line(int i=0, int j=0, int m=0, int n=0):Point(i, j)
```

```
    {x1=m; y1=n;}
    void draw() { cout<<"line::draw() called.\n"; }
protected:
    int x1, y1;
};
class Ellipse : public Point
{public:
    Ellipse(int i=0, int j=0, int p=0, int q=0):Point(i, j)
    {x2=p; y2=q;}
    void draw() { cout<<"ellipse::draw() called.\n"; }
protected:
    int x2, y2;
};
void drawobj(Point *p)
{   p->draw();}
int main()
{   Line *linep = new Line;
    Ellipse *elli = new Ellipse;
    drawobj(linep);
    drawobj(elli);
    return 0;
}
```

程序运行结果:

```
line::draw() called.
ellipse::draw() called.
```

程序说明:

（1）基类 Point 中定义了一个纯虚函数 draw，该纯虚函数的实现分别在派生类 line 和 ellipse 中。

（2）在普通函数 drawobj 中，使用基类对象指针调用纯虚函数，满足动态联编的要求，在主函数中执行 drawobj(linep);和 drawobj(elli);，实现动态联编。

2. 抽象类

抽象类是一种特殊的类，凡是包含有一个或多个纯虚函数的类称为抽象类。与抽象类相对应的类称为具体类。

抽象类不是用来生成对象的，即不能定义抽象类对象，定义抽象类的唯一目的是用它作为基类去建立派生类。抽象类可以定义对象指针或对象引用，以便动态联编实现多态性。

抽象类在类的层次结构中，作为顶层或最上面几层，由它作为一个类族的公共接口，反映该类族中各个类的共性。

例 6-20 定义一个 Sort 类和 SelectSort 类。Sort 是一个表示排序算法的抽象类，成员函数 mysort 为各种排序算法定义了统一的接口，成员函数 swap 实现了两个数的交换操作。SelectSort 是 Sort 的派生类，它重新定义了基类中的成员函数 mysort，具体实现了简单的选择排序算法。

```
#include<iostream>
using namespace std;
class Sort
{public:
    Sort(int* a0,int n0):a(a0),n(n0){}
    virtual void  mysort()=0;
    void  swap(int& x,int & y)
    {   int temp=x;    x=y; y=temp;    }
protected:
```

```
    int* a;
    int n;
};
class SelectSort:public Sort
{public:
    SelectSort(int* a0,int n0):Sort(a0,n0){}
    void  mysort()
    {   for(int i=0;i<n-1;i++)
        {   int min=i;
            for(int j=i+1;j<n;j++)
                if(a[min]>a[j]) min=j;
            swap(a[i],a[min]);
        }
    }
};
void fun(Sort& s)
{   s.mysort(); }
void print(int* a,int n)
{   for(int i=0;i<n;i++)
        cout<<a[i]<<" ";
    cout<<endl;
}
int main()
{   int a[]={5,2,7,0,1,6,3,4,9,8};
    cout<<"Before sorting a[]=";
    print(a,sizeof(a)/sizeof(int));
    SelectSort ms(a,sizeof(a)/sizeof(int));
    fun(ms);
    cout<<"After sorting  a[]=";
    print(a,10);
    return 0;
}
```

程序运行结果：

```
Before sorting a[]=5 2 7 0 1 6 3 4 9 8
After sorting  a[]=0 1 2 3 4 5 6 7 8 9
```

程序说明：

抽象类 Sort 是一种公共接口。抽象类要有它的派生类，如果它的派生类中还有纯虚函数，该派生类仍为抽象类。但最终会有具体类来给纯虚函数一个具体实现，这样才有意义。本例 SelectSort 是一个具体类。

例 6-21 某学校的教师每月工资的计算公式如下：

月工资=固定工资+课时补贴

教授固定工资为 5000 元，每课时补贴 50 元。

副教授固定工资为 3000 元,每课时补贴 30 元。

讲师固定工资为 2000 元,每课时补贴 20 元。

定义教师类，派生不同职称的教师类，求教师的月工资。

```
#include<iostream>
using namespace std;
class Teacher
{public:
```

```
    Teacher(int wh=0)
    {   workhours=wh;}
    virtual void cal_salary()=0;
    void print()
    {   cout<<salary<<endl;}
protected:
    double salary;
    int workhours;
};
class Prof:public Teacher
{public:
    Prof(int wh=0):Teacher(wh)
    { }
    void cal_salary()
    {   salary=workhours*50+5000;}
};
class Vice_Prof:public Teacher
{public:
    Vice_Prof(int wh=0):Teacher(wh)
    { }
    void cal_salary()
    {   salary=workhours*30+3000;}
};
class Lecture:public Teacher
{public:
    Lecture(int wh=0):Teacher(wh)
    { }
    void cal_salary()
    {   salary=workhours*20+2000;}
};
int main()
{   Teacher *pt;
    Prof prof(200);
    pt=&prof;
    pt->cal_salary();
    prof.print();
    Vice_Prof vice_prof(250);
    pt=&vice_prof;
    pt->cal_salary();
    vice_prof.print();
    Lecture lecture(100);
    pt=&lecture;
    pt->cal_salary();
    lecture.print ();
    return 0;
}
```

程序运行结果：

```
15000
10500
4000
```

程序说明：

纯虚函数 cal_salary()在类 Teacher 中定义，类 Teacher 为抽象类，不能定义对象，但可以定义基类指针，通过虚函数使得基类指针实现多态性。

6.6 程序实例

例 6-22 定义一个点类，再定义一个圆类。因为一个圆是点的放大，所以用继承来实现。

```
#include<iostream>
#include<cmath>
using namespace std;
class Point
{protected:
    double x, y;
public:
    static double PI;                              //静态数据成员，类共享
public:
    Point(double a=0, double b=0):x(a),y(b){} //构造函数
    double xOffset()const{return x;}           //获得 x 轴的值
    double yOffset()const{return y;}            //获得 y 轴的值
    double angle()const      //弧度表示
    {     return (180/PI)*atan2(y, x);}
    Point operator+(const Point& d)const;                //两点相加+
    Point& operator+=(const Point& d);                    //两点+=
    void moveTo(double a, double b){ x = a, y = b; }    //点的移动
    friend ostream& operator<<(ostream& o, const Point& d);//输出点
};
double Point::PI = 3.14159265;                      //静态数据成员在类外赋值
Point Point::operator+(const Point& d)const
{   return Point(x+d.x, y+d.y);     }
Point& Point::operator+=(const Point& d)
{   x+=d.x; y+=d.y;
    return *this;
}
ostream& operator<<(ostream& o, const Point& d)
{   return o<<'('<<d.x<<','<<d.y<<')'<<'\n';     }
class Circle : public Point
{   double radius;
public:
    Circle(const Point& p=Point(), double r=0):
         Point(p),radius(r){}                            //构造函数
  double getRadius()const{ return radius; }            //获得半径
  Point getPoint()const{return *this;}                 //获得点
  double getArea()const{ return radius*radius*Point::PI;}//计算面积
  double getCircum()const{ return 2*radius*Point::PI;}  //计算周长
  void moveTo(double a, double b){ x = a, y = b; }        //移动点
  void modifyRadius(double r){ radius = r; }              //修改半径
};
int main()
{   Point p(0,0);
    Circle c(p,10);
    cout<<c.getArea()<<endl;
```

```
    c.moveTo(2,2);
    c.modifyRadius(100);
    cout<<c.getArea()<<endl;
    return 0;
}
```

例 6-23 定义一个点类，再定义一个圆类。因为点可以说成是圆的一部分，所以用组合来实现。

```
#include<iostream>
#include<cmath>
using namespace std;
class Point
{protected:
    double x, y;
public:
    static double PI;                          //静态数据成员，类共享
public:
    Point(double a=0, double b=0):x(a),y(b){} //构造函数
    double xOffset()const{return x;}                    //获得 x 轴的值
    double yOffset()const{return y;}                    //获得 y 轴的值
    double angle()const      //弧度表示
    {    return (180/PI)*atan2(y, x);}
    Point operator+(const Point& d)const;                    //两点相加+
    Point& operator+=(const Point& d);                       //两点+=
    void moveTo(double a, double b){ x = a, y = b; }          //点的移动
    friend ostream& operator<<(ostream& o, const Point& d);//输出点
};
double Point::PI = 3.14159265;                        //静态数据成员在类外赋值
Point Point::operator+(const Point& d)const
{    return Point(x+d.x, y+d.y);    }
Point& Point::operator+=(const Point& d)
{    x+=d.x; y+=d.y;
    return *this;
}
ostream& operator<<(ostream& o, const Point& d)
{    return o<<'('<<d.x<<','<<d.y<<')'<<'\n';    }
class Circle
{  Point point;
   double radius;
public:
  Circle(const Point& p=Point(), double r=0):point(p),radius(r){}
  double getRadius()const{ return radius; }                //获得半径
  Point getPoint()const{return point;}                     //获得点
  double getArea()const{ return radius*radius*Point::PI; } //计算面积
  double getCircum()const{ return 2*radius*Point::PI; }   //计算周长
  void moveTo(double a, double b){ point.moveTo(a, b); }       //移动点
  void modifyRadius(double r){ radius = r; }                   //修改半径
};
int main()
{    Point p(0,0);
    Circle c(p,10);
    cout<<c.getArea()<<endl;
    c.moveTo(2,2);
```

```
    c.modifyRadius(100);
    cout<<c.getArea()<<endl; return 0;
}
```

无论是采用哪种方式，都可以得到相同的结果。采用继承还是组合不是绝对的，组合完全可以用继承来实现，继承也可以由组合来实现，无非在继承中可以通过调整成员的访问控制属性，以达到方便编程的目的。而组合则职责分明，虽然麻烦一点，但直截了当。

本章小结

从已有类派生一个新类的机制称为继承。继承机制解决了软件重用的问题，继承是C++与C的最重要的区别之一。

继承方式共有三种，即公有继承（public）、私有继承（private）和保护继承（protected），默认的类继承方式是私有继承（public）。

类中的成员可以是其他类的对象，称之为子对象，这也可称之为组合。

派生类构造函数负责构造直接基类的成员，然后构造派生类自己的成员。派生类构造函数的执行顺序是：先执行基类的构造函数，然后对子对象初始化（如果有子对象），最后执行派生类的构造函数体。

派生类的析构函数的执行顺序与构造函数的执行顺序相反。

多继承可能引起祖父基类成员的重复。通过将共同的祖父基类设为虚基类，可避免祖父基类成员的重复，避免了二义性。

多态性指的是相同对象收到不同消息或不同对象收到相同消息时产生不同的实现动作。C++支持静态多态和动态多态，静态多态是通过重载函数实现的，动态多态是通过虚函数实现的。

在虚函数原型的语句结束符之前加上= 0，即将该虚函数声明为纯虚函数。包含纯虚函数的类称为抽象类。由于抽象类包含了没有定义的纯虚函数，所以不能定义抽象类的对象，但可以定义对象指针或对象引用，以便动态联编实现多态性。

习　题

6-1　类的继承方式有哪三种？试比较这三种继承方式之间的差别。

6-2　派生类构造函数调用基类的构造函数有几种方式？调用顺序是怎样的？

6-3　什么是多继承？如何定义多继承的派生类？

6-4　什么是虚基类？它有什么作用？如何使用虚基类？

6-5　什么是多态性？多态性分为哪两种，两者的区别是什么？

6-6　什么是虚函数？虚函数与成员函数的覆盖有什么异同？

6-7　什么是抽象基类？什么是纯虚函数？

6-8　阅读下列程序，在表格中填上访问属性。

```
class A
{   int i;
public:
```

```
    void f1();
protected:
    void f2();
};
class B:public A
{   int m;
public:
    void f3();
    int k;
};
class C:protected B
{   int n;
public:
    void f4();
protected:
    int m;
};
class D:private C
{   int q;
    public:
    void f5();
protected:
    int p;
};
```

类的成员	i	f1	f2	B::m	f3	k	n	f4	C::m	q	f5	p
A 类												
B 类												
C 类												
D 类												

6-9 写出下列程序的运行后的输出结果。

```
#include<iostream>
using namespace std;
class student
{public:
    student(int n)
    {   num=n;}
    ~student()
    {   cout<<"hello!"<<endl;}
private:
    int num;
};
class student1:public student
{ public:
    student1(int n,int a):student(n)
    {   age=a;}
    ~student1()
    {   cout<<"你好"<<endl;}
private:
    int age;
```

```
};
int main()
{   student1(2,3);
    return 0;
}
```

6-10 写出下列程序的运行后的输出结果。

```
#include<iostream>
using namespace std;
class N
{public:
    void display(){cout<<"N:"<<a<<endl;}
    N(int i){a=i;}
    int a;
};
class A:virtual public N
{public:
    void display(){cout<<"A"<<endl;}
    A(int i):N(i){}
    int a1;
};
class B:virtual public N
{public:
    void display(){cout<<"B"<<endl;}
    B(int i):N(i){}
    int a2;
};
class C:public A,public B
{public:
    void display(){cout<<"C"<<endl;}
    C(int i):N(i),A(i),B(i){}
    int a3;
};
int main()
{   C c1(10);
    c1.a=3;
    c1.display();
    return 0;
}
```

6-11 定义猫科动物类，由其派生出猫类和豹类，都包含虚函数 sound( )。写出该程序的运行结果。

```
#include<iostream>
using namespace std;
class Animal
{public:
    virtual void Speak()=0;
};
class Cat :public Animal
{   void Speak()
    {cout<<"My name is Cat"<<endl;}
};
class Leopard:public Animal
{   void Speak()
    {cout<<"My name is Leopard"<<endl;}
```

```
};
int main()
{   Animal *pa;
    Cat cat;
    pa=&cat;
    pa->Speak();
    Leopard leopard;
    pa=&leopard;
    pa->Speak();
    return 0;
}
```

6-12 定义一哺乳动物类 Mammal，再由此派生出狗类 Dog。声明一个 Dog 类对象，观察基类和派生类的构造函数和析构函数的调用顺序。

6-13 设计父亲类 Father、母亲类 Mother 和子女类 Child，其主要数据成员有姓名、年龄、民族，子女继承了父亲的姓和母亲的民族。声明一个子女对象，并输出子女及其父母的姓名和民族信息。

6-14 设类 X 分别派生出类 Y 和类 Z，类 Y 和类 Z 又共同派生出类 XX，请用虚基类的方式定义这些类。要求为类简单添加一些成员，并编写 main()函数进行验证。

6-15 建立普通的基类 Building，用来存储一座楼房的层数、房间数以及它的总平方米数。建立派生类 House 继承基类 Building，并存储下面的内容：卧室与浴室的数量。另外建立派生类 Offer，继承 Building，并存储灭火器与电话的数目。编写主函数。

6-16 定义一个抽象类 CShape，再利用 CShape 类分别定义两个派生类 CRectangle（矩形）和 CCircle（圆）。三个类都有计算对象面积的成员函数 GetArea（ ）和计算对象周长的成员函数 GetPerimeter（ ），在主函数中声明基类指针和派生类对象。并通过基类指针调用不同对象的计算面积和周长的成员函数。

第 7 章 输入输出流

输入输出是指程序与外部设备和其他计算机进行交流的操作，其中程序对磁盘文件的读写操作，是计算机程序非常重要的功能。C++标准库中提供了输入输出流类可供用户直接使用，用来实现针对不同设备的输入输出操作。本章介绍 C++中最常用的输入输出流类。

7.1 输入输出概述

输入输出（I/O）是程序的一个重要组成部分，程序运行所需要的数据往往要从外部设备（例如：键盘、文件等）得到，而程序的运行结果也通常需要输出到外部设备（例如：显示器、打印机、文件等）中去，这就是程序的输入输出。

如图 7-1 所示，输入输出是相对于程序而言的，从外部设备向程序中流入数据称之为输入，将程序中的数据流出到外部设备则称之为输出。输入的设备有很多种，可以是标准输入设备（如键盘），可以是磁盘文件（如 U 盘、硬盘、光盘等外部设备上的文件），也可以是存储在内存中的某个字符串。同样，输出的设备也有多种，如标准输出设备（如显示器），也可以是磁盘文件或者是字符串。

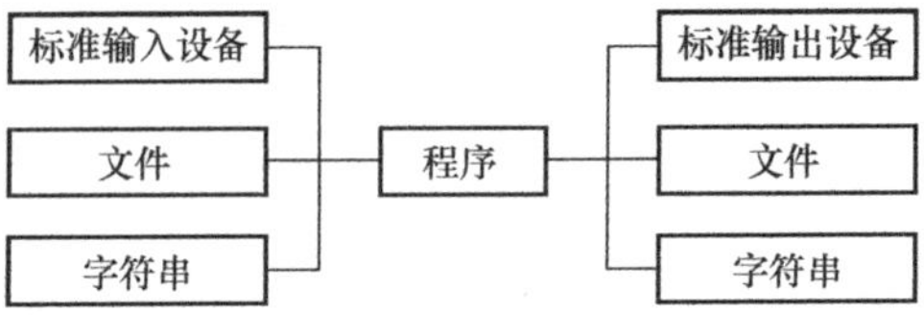

图 7-1　输入输出

C++语言中没有输入输出语句，但 C++编译系统带有一个面向对象的输入输出软件包，即输入输出流类库，C++的输入输出操作主要是通过输入输出流类库中的各种流类对象来实现的。通过这些类库，C++的输入输出系统向用户常用的外部设备提供了一个与内存之间的统一的接口，对数据进行解释和传输，并提供必要的数据缓冲，使得程序的设计尽量与所操作的具体设备无关。

1. 流的概念

在 C++中流是指数据从一个对象流向另一个对象。当程序与外界环境进行信息交换时存在两个对象，一个是程序中的对象，另一个是文件对象。文件对象不仅包括存储在外部介质上的磁盘文件，还包括一些外部设备，如键盘、屏幕、打印机和通信端口等，操作系统把这些外部设备作为扩充文件，通过设备驱动程序对它们进行处理。

当程序与文件进行交互时，程序建立一个流对象，并指定这个流对象与某个文件对象建立连接，程序操作流对象，通过文件系统与所连接的文件对象交换数据，这时在程序对象与文件对象之间建立了一个数据流。程序从流中获取数据的操作称为提取操作即输入，向流中添加数据的操作称为插入操作即输出。

流式输入输出是一种很常见的输入输出方式，它最大的特点是数据的提取和插入是沿数据序列顺序进行，每一个数据都必须等待排在它前面的数据读入或送出之后才能被读写，每次读写操作处理的都是序列中剩余的未读写数据中的第一个，而不能随意选择输入输出的位置。

流序列中的数据既可以是未经加工的原始的二进制数据，也可以是经一定编码处理后符合某种格式规定的特定数据，如字符流序列、数字流序列等。对于流序列中不同性质和格式的数据以及不同的运动方向（输入输出），C++的输入输出流类库中有不同的流类来实现相应的输入输出。

2. C++的基本流类体系

C++通过输入输出流类库向用户提供了一个统一的接口，使得程序的设计尽量与所访问的具体设备无关，根据输入输出设备的不同，C++所支持的输入输出可分为以下三种：

（1）标准输入输出：以标准输入输出设备为具体操作设备的输入输出；

（2）文件输入输出：以外存设备为具体操作设备的输入输出；

（3）字符串输入输出：以内存中的某个字符串为具体操作设备的输入输出。

C++的输入输出流类库中包含了实现以上各种方式的输入输出流类，流类库的体系结构如图 7-2 所示。

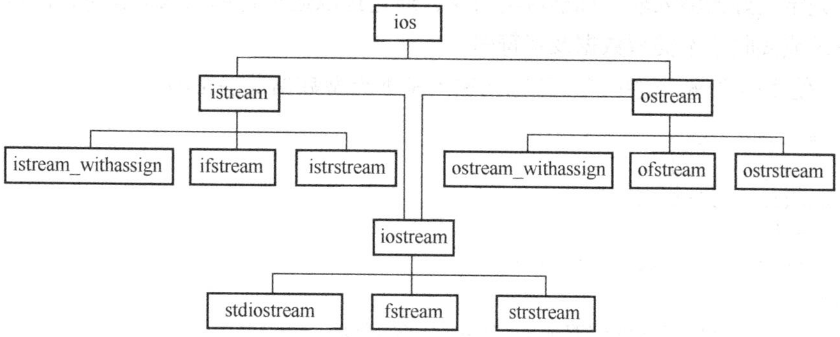

图 7-2　输入输出流类层次图

C++的输入输出流类库中 ios 是流基类，类 istream 和类 ostream 是通过单一继承从基类 ios 派生而来。istream 类用于输入操作，ostream 类用于输出操作。由类 istream 和类 ostream 分别派生出若干子类，其中 ifstream 类用于实现文件的输入操作；istream_withassign 类用于实现对标准输入设备的操作；istrstream 类用于对字符串的输入操作；ofstream 类用于实现文件的输出操作；ostream_withassign 类实现对标准输出设备的操作；ostrstream 类用于对字符串的输出操作；通过多重继承从类 istream 和类 ostream 派生而来的 iostream 类可用于输入和输出操作。由 iostream 派生出的子类 fstream 则实现文件的输入输出，子类 strstream 则实现字符串的输入输出。

当程序需要通过以上输入输出流类进行输入输出操作时，可以先定义一个流对象，并使该流对象与具体设备相连接，然后通过提取运算符“>>”和插入运算符“<<”或输入输出流的输入输出成员函数即可实现对不同设备的输入输出。

3. 头文件

头文件 iostream 包含所有输入/输出流所需的基本信息，含有 cin、cout、cerr、clog 对象，提供无格式和格式化的输入输出。

头文件 iomanip 包含格式化 I/O 操作，用于指定数据输入输出的格式。

头文件 fstream 处理文件信息，包括建立文件，读写文件的各种操作接口。

7.2 标准输入输出

标准输入输出是对标准输入输出设备进行操作，需要用到标准输入输出流类。

7.2.1 标准输入输出流类

C++输入输出流类库中 istream_withassign、ostream_withassign 是标准输入输出流类，由于经常需要对标准输入输出设备进行操作，C++在 iostream 头文件中预定义了四个全局对象 cin、cout、cerr 和 clog，这四个标准流类对象与标准输入输出设备相连接。其中 cin 是 istream_withassign 类的一个对象，它与标准输入设备（通常指键盘）相连接；cout、cerr 和 clog 均为 ostream_withassign 类的对象，cout 与标准输出设备（通常指显示屏幕）相连接，cerr 与标准错误输出设备（通常指显示屏幕）相连接，它没有缓冲，发送给它的内容立即被输出，clog 类似于 cerr，但是有缓冲，缓冲区满时被输出。

利用预先定义好的输入输出标准流类对象，通过提取运算符和插入运算符，即可向标准输入输出设备发送或接收基本类型数据及字符串。

例 7-1 使用标准输入输出流对象输入输出基本类型数据及字符串。

```
#include <iostream>
using namespace std;
void func(int a,int b)
{   if(b==0)
        cerr<<"出错！除数为 0"<<endl;
    else
        cout<<a<<"除"<<b<<"的商为："<<a/b<<endl;
}
int main()
{   int x,y;
    cout<<"输入两个整数：";
    cin>>x>>y;
    func(x,y);
    return 0;
}
```

程序运行结果：

```
输入两个整数：10 0
出错！除数为 0
```

程序说明：

（1）由于要使用标准输入输出流类，所以要嵌入头文件 iostream。

（2）插入和提取运算符可连续使用，使用提取运算符从键盘输入数据时，不同数据之间用空格或换行符隔开。

（3）在主函数中调用 func 函数时，当 b 为 0 时利用标准流对象 cerr 在屏幕上显示出错信息，cerr 一般不能被重定向到其他外部设备。

将提取运算符“>>”和插入运算符“<<”重载，可以实现输入输出自定义类型数据。下面的例子中通过重载插入运算符实现在屏幕上输出人民币类对象。

例 7-2 通过重载插入运算符实现在屏幕上输出人民币类对象。

```
#include <iostream>
using namespace std;
class RMB
{public:
    RMB(double value=0.0)
    {   yuan=value;
        jf=(value-yuan)*100;
    }
    void display(ostream& out)
    {   out<<yuan<<"."<<jf; }
private:
    int yuan,jf;
};
ostream& operator<<(ostream& osout,RMB& r)    //重载插入运算符
{   r.display(osout);
    return osout;
}
int main()
{   RMB r1(2.2),r2(3.5);
    cout<<"r1="<<r1<<"元\nr2="<<r2<<"元\n";
    return 0;
}
```

程序运行结果：

```
r1=2.20元
r2=3.50元
```

程序说明：

上例中定义了一个函数，重载了插入运算符，该函数返回 ostream 类对象的引用，即在主函数中以 cout 作参数调用重载插入运算符函数时，返回 cout 的引用，这样做可以使返回的 cout 标准输出流对象被传递给下一个插入运算符，继续输出其他数据，使插入运算符能够被连续使用。

7.2.2 格式控制

前面介绍了通过输入输出流类对象，利用提取和插入运算符以默认格式进行输入输出。如希望改变默认的输入输出格式，有两种方法供选择：一种方法是在提取和插入操作符中加入格式控制符，另一种方法是调用流类对象的格式控制成员函数。

1. 格式控制符

C++有许多格式控制符，它们在头文件 iomanip 中被定义，利用这些格式控制符可以对输入输出流的输入输出格式进行控制。表 7-1 中列出一些常用的格式控制符。

表 7-1　　输入输出流常用格式控制符

格式控制符	功　能
Dec	以基 10（十进制）格式化数值（默认进制）
hex	以基 16（十六进制）格式化数值
oct	以基 8（八进制）格式化数值
setfill(c)	设置填充字符为 c（默认填充字符为空格）
setprecision(n)	设置输出精度为 n 位
setw(n)	设置输出宽度为 n
setiosflags(ios::fixed)	设置以定点格式显示浮点数值
setiosflags(ios::scientific)	设置以科学格式显示浮点数值
setiosflags(ios::left)	左对齐，用填充字符填充右边
setiosflags(ios::right)	右对齐，用填充字符填充左边（默认对齐方式）
setiosflags(ios::showpoint)	对浮点数显示小数点和尾部的 0
setiosflags(ios::showpos)	对于正数显示正号（+）
setiosflags(ios::skipws)	在输入中跳过空白
setiosflags(ios::uppercase)	对于十六进制数值显示大写字母 A 到 F，对于科学格式显示大写字母 E

（1）控制输出宽度

为了调整输出，可以通过在流中放入 setw 控制符为每个项指定输出宽度。下面的例子设置 10 个字符宽度，按右对齐方式输出数值。

例 7-3　使用 setw 格式控制符控制输出宽度。

```
#include <iostream>
#include <iomanip>
using namespace std;
int main()
{   double d[]={1.2,1.23,12.34,1234.56};
    for(int i=0;i<4;i++)
        cout<<setw(10)<<d[i]<<endl;//设置输出的数据宽度为 10
    for(i=0;i<4;i++)
        cout<<setw(10)<<setfill('*')<<d[i]<<endl;
                        //设置输出的数据宽度为 10，采用'*'填充左边
    return 0;
}
```

程序运行结果：

```
       1.2
      1.23
     12.34
   1234.56
*******1.2
******1.23
*****12.34
***1234.56
```

程序说明：

① 因为要使用格式控制符，所以要嵌入头文件 iomanip。

② 主函数中的第一个 for 循环语句以 10 个字符宽度，右对齐显示数组 d 的每个数据，当输出的数据小于指定宽度时，自动用默认的填充符空格填充左边；当输出的数据宽度大于指定宽度时，则显示全部值，当然还要遵守该流的精度设置。

③ 主函数中的第二个 for 循环语句仍以 10 个字符宽度，右对齐显示数组 d 的每个数据，但采用设置的星号填充符填充左边。

注意 setw 仅影响紧随其后的输出项，该项输出完后，域宽度恢复成它的默认值（必要的宽度）。

（2）设置对齐方式

默认输出流为右对齐方式，如需要实现左对齐输出，可使用带参数的控制符 setiosflags(ios::left) 设置左对齐。

例 7-4 设置对齐方式。

```
#include <iostream>
#include <iomanip>
int main()
{   char *c[]={"Zhang","Wang","Li","zhou"};
    double d[]={1.2,1.23,12.34,1234.56};
    for(int i=0;i<4;i++)
        cout<<setw(6)<<c[i]<<setw(10)<<d[i]<<endl;
    cout<<endl;
    for(i=0;i<4;i++)
        cout<<setiosflags(ios::left)        //设置左对齐方式
            <<setw(6)<<c[i]
            <<resetiosflags(ios::left)      //关闭左对齐方式
            <<setw(10)<<d[i]<<endl;
    return 0;
}
```

程序运行结果：

```
Zhang       1.2
 Wang      1.23
   Li     12.34
 Zhou   1234.56

Zhang       1.2
Wang       1.23
Li        12.34
Zhou    1234.56
```

程序说明：

① 主函数中，第一个 for 循环语句以默认的右对齐方式输出数组 c 和数组 d 的每一个数据，第二个循环语句先以左对齐方式输出数组 c 的数据，再以右对齐方式输出数组 d 的数据。

② 这里需要用 resetiosflags(ios::left)关闭左对齐方式，恢复默认的右对齐方式，而不能采用 setiosflags(ios::right)来关闭左对齐。

注意 setiosflags 不同于 setw，它的影响是持久的，直到用 resetiosflags 重新恢复默认值时为止。

（3）设置精度

浮点数输出精度的默认值是 6，这里的 6 代表输出数据的有效位数，如 12.345678 显示为 12.3457，数 12345678.9 显示为 1.23457e+007；当采用 setiosflags(ios::fixed)设置以定点格式显示浮点数值时，输出精度的默认值仍为 6，这里的 6 代表小数点后的小数位数，如 12.3456789 显示为 12.345678，数 12345678.9 显示为 12345678.900000；当采用 setiosflags(ios::scientific)以科学格式显示浮点数值时，输出精度的默认值为 6，这里的 6 也代表小数点后的小数位数，如 12.345678 显示为 1.234568e+001，数 12345678.9 显示为 1.234568e+007。可以用 setprecision 改变输出精度。

例 7-5　控制输出精度。

```
#include <iostream>
#include <iomanip>
int main()
{   double x=12.345678,y=12345678.9;
    cout<<"输出精度为默认值 6：\n";
    cout<<"x="<<x<<endl<<"y="<<y<<"\n\n";  //默认格式输出 6 位有效数字
    cout<<setiosflags(ios::fixed);          //设置定点格式显示浮点数值
    cout<<"x="<<x<<endl<<"y="<<y<<"\n\n";  //定点格式输出 6 位小数
    cout<<resetiosflags(ios::fixed);        //取消定点格式
    cout<<setiosflags(ios::scientific);     //设置科学格式显示浮点数值
    cout<<"x="<<x<<endl<<"y="<<y<<"\n\n";  //科学格式输出 6 位小数
    cout<<resetiosflags(ios::scientific);   //取消科学格式
    cout<<setprecision(4);                  //设置输出精度为 4 位
    cout<<"输出精度改为 4：\n";
    cout<<"x="<<x<<endl<<"y="<<y<<"\n\n";  //默认格式输出 4 位有效数字
    cout<<setiosflags(ios::fixed);
    cout<<"x="<<x<<endl<<"y="<<y<<"\n\n";  //定点格式输出 4 位小数
    cout<<resetiosflags(ios::fixed);
    cout<<setiosflags(ios::scientific);
    cout<<"x="<<x<<endl<<"y="<<y<<"\n\n";  //科学格式输出 4 位小数
    cout<<resetiosflags(ios::scientific);
    return 0;
}
```

程序运行结果：

```
输出精度为默认值 6：
x=12.3457
y=1.23457e+007

x=12.345678
y=12345678.900000

x=1.234568e+001
y=1.234568e+007

输出精度改为 4：
x=12.35
y=1.235e+007

x=12.3457
y=12345678.9000
```

```
x=1.2346e+001
y=1.2346e+007
```

程序说明：

① 分别以默认浮点数格式、定点格式及科学格式三种格式显示两个双精度数，先以默认的6位输出精度输出，再改变输出精度为4位。

② 当要取消定点格式时，要用resetiosflags(ios::fixed)来实现，恢复成默认浮点数格式；要取消科学格式时，要用resetiosflags(ios::scientific)来实现。

（4）控制输出进制

C++默认以十进制格式输出数据。使用dec、oct和hex控制符可以改变输入输出的进制，这三个控制符在头文件iostream中定义。将dec插入到输出流中，以十进制格式输出数据；将oct插入到输出流中，则以八进制格式输出数据；将hex插入到输出流中，则以十六进制格式输出数据。

例7-6 控制输出进制。

```
#include <iostream>
#include <iomanip>
using namespace std;
int main()
{   int number=2003;
    cout<<"十进制输出："<<dec<<number<<endl
        <<"八进制输出："<<oct<<number<<endl
        <<"十六进制大写输出："
        <<hex<<setiosflags(ios::uppercase)<<number<<endl
        <<"十六进制小写输出："
        <<hex<<resetiosflags(ios::uppercase)<<number<<endl;
    return 0;
}
```

程序运行结果：

```
十进制输出：2003
八进制输出：3723
十六进制大写输出：7D3
十六进制小写输出：7d3
```

程序说明：

① 分别以十进制、八进制和十六进制三种格式输出一个整数，当以十六进制格式输出时，默认以小写字母输出a－f，使用setiosflags(ios::uppercase)控制符可以实现大写字母输出A－F，该控制符在头文件iomanip中定义，所以在程序开头要嵌入头文件iomanip。

② 使用resetiosflags(ios::uppercase)可以取消十六进制数值大写输出，恢复默认的小写输出。

2. 流格式控制成员函数

输入输出流类具有许多流格式控制成员函数，这些函数的功能与格式控制符的功能相同，即可以改变输入输出的格式，但它们的用法不同。当需要改变输入输出格式时，需要通过流对象调用相应的格式控制成员函数来进行。表7-2列出了常用的流格式控制成员函数及相对应的格式控制符。

表 7-2　　常用控制符和流格式控制成员函数

格式控制符	流格式控制成员函数	功　能
dec	flags(ios::dec)	以基 10 格式化数值
hex	flags(ios::oct)	以基 16 格式化数值
oct	flags(ios::hex)	以基 8 格式化数值
setfill(c)	fill(c)	设置填充字符为 c
setprecision(n)	precision(n)	设置输出精度为 n 位
setw(n)	width(n)	设置输出宽度为 n

例 7-7　使用流格式控制成员函数控制输出格式。

```
#include <iostream>
using namespace std;
int main()
{   int number=2003;
    cout.flags(ios::oct);                    //设置以基 8 格式化数值
    cout<<"八进制输出: "<<number<<endl;
    cout.flags(ios::hex);                    //设置以基 16 格式化数值
    cout<<"十六进制输出: "<<number<<endl;
    cout.flags(ios::dec);                    //设置以基 10 格式化数值
    cout<<"十进制输出: "<<number<<endl;
    double d=12.345678;
    cout.precision(4);                       //设置输出精度为 4 位
    cout.fill('*');                          //设置填充字符为*
    cout.width(10);                          //设置输出宽度为 10
    cout<<d<<endl;
    long original=cout.flags();              //保存格式标志的当前设置
    cout.flags(ios::fixed|ios::left);//设置定点格式左对齐显示浮点数
    cout.width(10);
    cout<<d<<endl;
    cout.flags(original);                    //恢复格式标志原先的设置
    cout.width(10);
    cout<<d<<endl;
    return 0;
}
```

程序运行结果：

```
八进制输出: 3723
十六进制输出: 7d3
十进制输出: 2003
*****12.35
12.3457***
*****12.35
```

程序说明：

上例中使用流格式控制成员函数实现对输入输出格式的控制。流格式控制成员函数不仅种类多，而且可以返回以前的设置，便于恢复。

7.2.3 输入输出流成员函数

输入输出流类 ostream 和 istream 除了提供了许多流格式控制成员函数外，还提供了一些其他的成员函数可供输入输出流对象调用。这些成员函数支持从各种设备输入或输出，如标准输入输出、文件输入输出，以及字符串输入输出。本小节将分别介绍这些成员函数如何应用于标准输入输出。

1. 输出流成员函数

以下介绍的函数均为 ostream 类的成员函数，可用于输出操作。cout 作为 ostream 类的派生类对象，可以调用 ostream 类的公用成员函数。

（1）put 函数

当需要把单个字符显示到标准输出设备时，除了可以用标准输出流对象 cout 和流插入运算符<<实现外，ostream 类还提供了一个成员函数 put 可用于输出单个字符。

put 函数的原型为：

```
ostream& put(char c);
```

put 函数是 ostream 类的公用成员函数，因此，通过 cout 调用该成员函数可向标准输出设备上输出单个字符。put 函数的返回值类型为 ostream 类对象的引用，程序执行结束后返回 cout 对象，可继续输出其他数据。函数参数为一个字符型变量，即需要输出的字符。其输出效果与语句 cout<<c; 是一样的。

例 7-8 使用输出流成员函数 put 输出单个字符。

```
#include <iostream>
using namespace std;
int main()
{    char i=65;
     for(;i<=90;i++)
         cout.put(i+32);//cout 调用 put 函数，向显示器输出单个字符
     cout.put('\n');     //cout 调用 put 函数，向显示器输出换行符
     return 0;
}
```

程序运行结果：

```
    abcdefghijklmnopqrstuvwxyz
```

程序说明：

① put 函数将一个整型数值自动转换为字符并输出至屏幕，而不需要进行强制类型的转换。

② 由于 put 函数返回值是标准输出流对象 cout，因此，以下语句的写法正确：

```
cout.put('O')<<'K'<<endl;
```

③ 另外，还可以在一个语句中连续调用多个 put 函数实现拼接输出，如：

```
cout.put('C').put('+').put('+').put('\n');
```

（2）write 函数

ostream 类定义了一个用于输出字符串的成员函数 write，该函数的原型为：

```
ostream& write(const char*,int);
```

write 函数的返回值类型为 ostream 类对象的引用，函数有两个参数，第一个参数为常字符指针类型，用于指向需要输出的字符串的地址，第二个参数为整型，表示需要输出的字符的个数。当用于向标准输出设备输出字符串时，函数返回值为 cout。与 cout<<可以相互转换。

例 7-9 使用输出流成员函数 write 输出字符串。

```
#include <iostream>
#include <string>
using namespace std;
int main()
{   char str[]="I love C++.";
    cout.write(str,strlen(str));
    return 0;
}
```

程序运行结果：

```
I love C++.
```

程序说明：

① 通过调用 write 函数来实现向标准设备输出字符串。

② write 函数输出字符串不是以遇到字符串结束符'\0'作为结束，而是根据第二个参数所指定的输出字符的个数来决定何时结束输出，因此，与 cout<<不同的是，当调用 write 函数输出整个字符串时，需要借助 strlen 函数来判断字符串的长度。

③ 当通过标准输出流对象 cout 调用 write 函数时，函数返回值是 cout，因此，以下语句的写法正确：

```
cout.write("Thank ",6)<<"you."<<endl;
```

④ write 函数的调用也可以实现拼接，即在同一个语句中多次调用 write 函数，如：

```
cout.write(str1,strlen(str1)).write(str2,strlen(str2));
```

2. 输入流成员函数

以下介绍的函数均为输入流类 istream 的成员函数，可用于数据的输入。本小节主要介绍如何将这些成员函数应用于从标准输入设备输入数据。

（1）get 函数

输入流类 istream 提供了公用成员函数 get 用于输入单个字符或字符串，cin 作为类 istream 的派生类对象，也可调用该函数，实现从标准输入设备输入单个字符或字符串。与 cin>>方式的区别在于，用 cin>>输入时，空格、制表符、换行符是作为系统分隔符，而用 get 函数输入时，它们均作为字符被输入。

get 函数具有三个原型：

① istream& get(char);

此原型为带一个参数的 get 函数。函数返回值的类型为 istream 类对象的引用，函数功能为输入单个字符，输入的字符赋值给函数的 char 型参数。当通过标准输入流对象 cin 调用 get 函数时，则从键盘输入单个字符，函数返回值为 cin。

② int get(void);

此原型为无参的 get 函数。函数返回值的类型为 int，函数无参数，函数功能为从输入设备输入单个字符，并返回该字符的 ASCII 码。

③ istream& get(char*,int,char);

此原型为带三个参数的 get 函数。函数返回值的类型为 istream 类对象的引用，该函数功能为从输入设备输入一个字符串。该函数一共有三个参数，其中第一个参数是字符型指针，用来指向输入字符串在内存单元的存放地址；第二个参数为输入字符串的字符个数，由于字符串末尾有结束符，因此该参数的值为输入字符串的字符个数-1；第三个参数为读取字符串的终止字符，即遇到该字符便会提前结束字符串的读取，默认终止字符为'\n'。

例 7-10 调用 get 函数读取单个字符。

```
#include <iostream>
using namespace std;
int main()
{   char ch1,ch2;
    cin.get(ch1);//调用一个参数的 get 函数，从键盘输入单个字符赋值给 ch1
    ch2=cin.get();//调用无参 get 函数，从键盘输入单个字符赋值给 ch2
    cout<<ch1<<","<<ch2<<endl;
    return 0;
}
输入 ab
```

程序运行结果：

```
a,b
```

程序说明：

① 分别使用了 get 函数的两种原型来实现单个字符的输入，空格、制表符、回车符均作为单个字符被输入。

② 在上述两个 get 函数的原型中，带一个参数的函数原型的返回值为标准输入流对象 cin，因此这种原型可以实现一个语句中调用多个 get 函数，并且可以与 cin>>拼接使用；而另外一种无参函数原型的返回值为 int 型，则不具有这样的功能。

③ 以下语句实现了在同一个语句中连续多次调用 get 函数，且与 cin>>的拼接使用：

```
cin.get(ch1).get(ch2)>>ch3;
```

但是，以下的程序语句是不正确的：

```
cin.get().get()>>ch3;
```

原因是无参 get 函数在这种调用方式下，函数的返回值为整型，不可与流提取运算符结合使用，继续输入单个字符。

例 7-11 调用 get 函数读取字符串。

```
#include <iostream>
using namespace std;
int main()
{   char str[20];
    cin.get(str,19,'|');//调用三个参数的 get 函数，从键盘输入字符串
    cout<<str<<endl;
    return 0;
}
输入 I love C++.|I love Java.
```

程序运行结果：

```
I love C++.
```

程序说明：

上例中，通过标准输入流对象 cin 调用 get 函数从键盘输入字符串，函数的第一个参数 str 指定输入的字符串保存在字符数组 str 中，第二个参数指定输入字符串的字符个数为 19 个，第三个参数指定当遇到字符'|'将提前结束字符串的输入。

（2）getline 函数

从标准输入设备输入字符串，除了可以使用 cin>>，以及通过调用 get 函数实现，输入流类 istream 还提供了另外一个公用成员函数 getline 可供使用。

getline 函数原型为：

```
istream& getline(char*,int,char);
```

getline 函数的功能及各参数的含义与带三个参数的 get 函数基本相同。

例 7-12 调用 getline 函数读取字符串。

```
#include <iostream>
using namespace std;
int main()
{   char str[20];
    cin.getline(str,19,'|'); //调用 getline 函数，从键盘输入字符串
    cout<<str<<endl;
    return 0;
}
输入 I love C++.|I Love Java.
```

程序运行结果：

```
I love C++.
```

程序说明：

上例中，标准输入流对象 cin 调用 getline 函数输入字符串，输入的字符串保存在字符数组 str 中，输入字符串的字符个数为 19 个，当遇到字符'|'将提前结束字符串的输入。

看上去，getline 函数和带三个参数的 get 函数基本功能是相同的，那不同之处在哪里呢？两者的区别在于，前者在输入字符串时，若遇到结束字符将终止字符串的输入，并且跳过终止字符，下一次继续从标准输入流读取字符串时将从终止字符的下一个字符开始读入；而后者则在遇到结束字符时终止字符串的输入，但不跳过终止字符，下一次从标准输入流读取字符串时将从终止字符开始。

（3）read 函数

iostream 类提供了 read 函数，可用于从输入设备输入指定字符个数的多个字符，与前文所述的用于输入字符串的 getline 函数和 get 函数的区别在于，read 函数用于输入多个字符，不会自动在最后加上字符串结束符'\0'，而 getline 函数和 get 函数会自动在末尾加上字符串结束符'\0'。

read 函数的原型为：

```
istream& read(char*,int);
```

read 函数的返回值类型为 istream 类对象的引用，该函数有两个参数，第一个参数为常字符指针类型，用于指向输入多个字符的存放地址，第二个参数为整型，表示输入字符的个数。

例 7-13 使用输入流成员函数 read 输入多个字符。

```
#include <iostream>
using namespace std;
int main()
{   char ch1[5];
    cin.read(ch1,5);//通过调用 read 函数来实现从键盘输入 5 个字符
    cout<<ch1<<endl;
    return 0;
}
输入 Good.
```

程序运行结果：

```
Good.
```

程序说明：

上例中，通过标准输入流对象 cin 调用 read 函数，实现从标准输入设备输入指定字符个数的多个字符，但是不能称之为字符串，因为在末尾并没有为其自动添加字符串结束符'\0'。

（4）peek 函数

peek 函数也是 istream 类的公用成员函数之一，函数原型为：

```
int peek(void);
```

函数功能为观察输入流中的下一个字符，函数的返回值为下一个字符的 ASCII 码，该函数为无参函数。

在通过程序实例对 peek 函数展开详细介绍之前，首先介绍文件结束符 EOF，EOF 为 end of file 的缩写，值为-1，以 EOF 作为文件结束符的文件必须是文本文件。

例 7-14 使用输入流成员函数 peek 观察输入流中的下一个字符。

```
#include <iostream>
using namespace std;
int main()
{   char ch;
    int count=0;
    while((ch=cin.get())!=EOF)//输入单个字符并判断是否为文件结束符
    {   if(ch=='i'&&cin.peek()=='s')
        //若当前字符为'i'，判断下一个字符是否为's'
            count++;
    }
    cout<<"The number of \"is\" is "<<count<<"."<<endl;
    return 0;
}
输入 It is a cat. It is a dog.
```

程序运行结果：

```
The number of "is" is 2.
```

程序说明：

上例中，通过 peek 函数来观察标准输入流中字符'i'的下一个字符是否为字符's'，若是，则计数器加一，从而实现统计字符串"is"的个数。

（5）putback 函数

putback 函数也是 istream 类的公用成员函数之一，其函数原型为：

```
istream& putback(char);
```

函数的返回值类型为 istream 类对象的引用，函数有一个参数，参数类型为字符型，该函数的功能为把该字符插入到输入流中，并将输入流对象返回。

例 7-15 使用输入流成员函数 putback 插入一个字符。

```
#include <iostream>
using namespace std;
int main()
{    char ch='0',str[20];
     cin.getline(str,10,'/');
     cin.putback(ch);//向标准输入流对象 cin 中插入单个字符 ch，返回 cin
     cin.getline(str,10,'/');
     cout<<str<<endl;
     return 0;
}
输入 1982/6/10
```

程序运行结果：

```
06
```

程序说明：

① 调用 getline 函数从标准输入流中提取一个长度为 10 的字符串，遇到第一个结束字符'/'则提前结束，即将字符串“1982”读入字符数组 str。

② 调用 putback 函数，在标准输入流对象 cin 中插入字符'0'。

③ 由于调用 getline 函数从输入流读取字符串时，若碰到了结束字符，则将跳过该结束字符，接下来将从结束字符的下一个字符开始从输入流读取字符串，因此，字符'0'被插入在第一个结束字符'/'之后，即字符'6'之前。

④ 当再次调用 getline 函数从标准输入流中提取字符串时，则得到字符串“06”并写入字符数组 str。

思考一下，如果将例 7-15 程序中的 getline 函数都改为 get 函数，程序的运行结果又会发生什么样的变化？

（6）eof 函数

eof 函数为输入流 istream 的公用成员函数之一，函数功能为判断从输入流提取数据时，是否遇到了文件结束符 EOF。如前文所述，以 EOF 作为文件结束符的文件必须是文本文件，因此，一般情况下，用来判断文本文件的读取是否已经到文件末尾。但是，该函数也可以被标准输入流 cin 来调用，此时可用 Ctrl+z 来模拟文件结束符 EOF，用来判断从标准输入流的提取是否已经结束。

eof 函数的原型为：

```
int eof();
```

函数的返回值类型为 int，若遇到文件结束符 EOF，则函数返回值为 0，否则为非 0 的返回值。

例 7-16 使用流成员函数 eof 判断是否遇到文件结束符 EOF。

```
#include <iostream>
using namespace std;
```

```
int main()
{   char c;
    while(!cin.eof())
    {   cin.get(c);
        cout.put(c);
    }
    cout<<"The END."<<endl;
    return 0;
}
```

运行程序，输入 China，程序运行结果：

```
China
```

再输入 India，程序运行结果：

```
India
```

再输入 Ctrl+z，程序运行结果：

```

The END.
```

程序说明：

上例中，通过一个 while 循环不停地输入字符串并将其原样输出，若遇到文件结束符 EOF，则结束程序的运行。

（7）ignore 函数

ignore 函数是 istream 类的公用成员函数，其函数原型为：

```
istream& ignore(int n=1,char c=EOF);
```

函数的返回值为 istream 类对象的引用，函数有两个参数，分别为 int 型和 char 型，第一个参数表示从输入流提取的字符个数，第二个参数表示结束字符。该函数的功能是从输入流提取 n 个字符，若遇到字符 c，则提前结束。ignore 函数的两个参数都有默认值，因此在调用函数时两个参数均可省略，如 cin.ignore();这个语句表示的是从 cin 输入流中提取 1 个字符，遇到文件结束符 EOF 则终止。

例 7-17 使用流成员函数 ignore 来跳过若干个字符。

```
#include <iostream>
using namespace std;
int main()
{   char str[20],c;
    cin.get(str,19,'|');
    cin.ignore(8,'i');//从标准输入流提取 8 个字符，遇字符'i'提前结束
    cin.get(c);
    cout.put(c);
    return 0;
}
```

输入 I love C++.|I like Java.

程序运行结果：

```
k
```

程序说明：

① 调用 get 函数在标准输入流中提取 19 个字符放入字符数组 str 中，遇到字符'|'则提前结束。

② 通过语句 cin.ignore(8,'i');来跳过标准输入流中的 8 个字符，若遇到字符'i'则提前结束，因此接下来通过语句 cin.get(c);读取到的标准输入流中的下一个字符为'k'。

（8）gcount 函数

gcount 函数为 istream 类的成员函数，用来统计并返回最近一次从输入流提取的字符个数，值得特别指出的一点是，这里所说的提取不包括通过 cin>>的方式从输入流提取的字符个数，仅可统计通过调用 istream 类的成员函数 get、getline、read 从输入流提取的字符个数。

例 7-18 使用流成员函数 gcount 统计从输入流读取的字符个数。

```
#include <iostream>
using namespace std;
int main()
{    char str[20];
     int count=0;
     cin.getline(str,10,'/');
     count=cin.gcount();//统计最后一次从 cin 中提取的字符个数
     cout<<"The number of characters is:"<<count<<endl;
     cin.get(str,10,'/');
     count=cin.gcount();
     cout<<"The number of characters is:"<<count<<endl;
     return 0;
}
输入 1982/06/10
```

程序运行结果：

```
The number of character is:5
The number of character is:2
```

程序说明：

① 调用 gcount 函数来统计最近一次从输入流提取的字符个数。

② 第一次调用 gcount 函数之前，调用了 getline 函数，从标准输入流提取字符串“1982”，需要特别指出的是，虽然 getline 函数遇到终止符'/'便停止提取，但是终止符'/'也被统计在提取的字符个数中，因此统计出从标准输入流提取的字符个数为 5。

③ 第二次调用 gcount 函数之前，调用了带三个参数的 get 函数，从标准输入流提取了字符串“06”，get 函数遇到终止符'/'也停止了提取，但是终止符'/'却不被统计在提取的字符个数中，因此，统计得出的从输入流读取的字符个数为 2。原因在于前文所述的 getline 函数与带三个参数的 get 函数在从输入流读取字符串时的区别，此处不再赘述。

7.3 文件输入输出

文件输入输出是程序与文件之间的交互，在对文件进行操作时需要用到文件输入输出流类。接下来分别介绍文件的基本概念，文件输入输出流类，以及输入输出流成员函数的使用。

7.3.1 文件的概念

文件的种类有很多，如：文本文件、图形文件、音频文件、视频文件等等。文件的分类方式也有很多，如：按文件的组织形式分，可分为顺序存取文件和随机存取文件；按文件的内容分，可分为程序文件和数据文件，程序文件又可分为源文件、目标文件和可执行文件。在 C++程序中，我们最关心的是文件的存储方式，因此，本文的文件分为两类——文本文件和二进制文件。文本文件是指由字符的 ASCII 码组成的文件，因此又称为 ASCII 码文件，文件中的每一个字符存储一个字节，而二进制文件是把内存中的数据原样保存至磁盘文件中。针对文本文件和二进制文件，文件输入输出流所对应的操作有相同之处，也有些许的不同之处。

7.3.2 文件输入输出流类

ofstream、ifstream 和 fstream 是文件流类，在 fstream 头文件中定义，主要用于对磁盘文件的输入输出。因为不存在像标准输入输出流那样预先定义的文件流类对象，所以在对磁盘文件进行操作之前，应先定义一个文件流对象，并使该流对象与磁盘文件建立连接，然后利用提取或插入运算符实现对磁盘文件的读写操作。

定义文件流对象时，会自动调用相应的构造函数。每一种文件流都有若干个构造函数，其中比较常用的构造函数有如下三种：

```
ofstream::ofstream(char* pFileName,int mode=ios::out);
ifstream::ifstream(char* pFileName,int mode=ios::in);
fstream::fstream(char* pFileName,int mode);
```

这三个构造函数具有两个参数，第一个参数说明文件流对象所连接的文件的路径和文件名，第二个参数说明文件的打开方式，文件打开方式如表 7-3 所示。

表 7-3　文件打开方式选项

标　志	功　能
ios::app	打开一个输出文件，在文件末尾添加数据
ios::ate	打开一个文件并将文件指针指向文件末尾
ios::in	打开一个文件用于输入操作（ifstream 流类默认打开方式）
ios::out	打开一个文件用于输出操作（ofstream 流类默认打开方式）
ios::nocreate	如文件存在则打开，否则操作失败
ios::noreplace	如文件不存在则作为新文件打开它；如文件存在则操作失败
ios::trunc	打开一个文件，如该文件已存在则删除原有内容。如指定 ios::out，但没有指定 ios::app 和 ios::in，则默认此方式
ios::binary	以二进制方式打开一个文件（默认是文本方式）

说明　新版的 I/O 类库不再支持 ios::nocreate 和 ios::noreplace.

几种打开方式可以用位或运算符“|”进行组合。ofstream 流类默认的打开方式为 ios::out，ifstream 流类默认的打开方式为 ios::in，fstream 流类没有默认的打开方式。

例 7-19　使用文件输出流对象对磁盘文件进行写操作。

```
#include <iostream>
#include <fstream>
using namespace std;
int main()
{   ofstream myofs("d:\\C++\\myfile1");  //路径中的反斜杠要双写
    if(!myofs)                                    //判断文件是否成功打开
    {   cerr<<"error opening file myfile1\n";
```

```
        exit(1);
    }
    myofs<<"这是一个文本文件输出测试程序\n"<<32<<endl<<45.6<<endl;
                                    //通过文件输出流对象和流插入运算符写文件
    return 0;
}
```

运行程序后，可以在 d:\ C++这个目录下多了一个文件，文件名为 myfile1，文件内容如下：

```
这是一个文本文件输出测试程序
32
45.6
```

程序说明：

（1）因为要使用文件流类，所以要包含头文件 fstream。

（2）在 main()函数中，定义一个 ofstream 流类对象 myofs，用于对文件进行写操作，它与磁盘文件 myfile1 相连接，采用默认打开方式 ios::out，并用 if 语句判断文件打开操作是否成功。当文件没有被打开时，myofs 的值为 0，否则 myofs 的值为非 0。

（3）通过该文件流对象，利用插入运算符向 myfile1 文件输出一个字符串、一个整数和一个双精度数。当 main()函数结束时，流类对象 myofs 被析构，myfile1 文件被关闭。

例 7-20　使用文件输入流对象对磁盘文件进行读操作。

```
#include <iostream>
#include <fstream>
using namespace std;
int main()
{   ifstream myifs("d:\\C++\\myfile1",ios::nocreate);
                                //如文件存在则打开，否则操作失败
    char c[40];   int x;    double y;
    if(!myifs)
    {   cerr<<"error opening file myfile1\n";
        exit(1);
    }
    myifs>>c>>x>>y; //通过文件输入流对象和流提取运算符读文件
    cout<<c<<endl<<x<<endl<<y<<endl;
    return 0;
}
```

程序运行结果：

```
这是一个文本文件输入测试程序
32
45.6
```

程序说明：

（1）例 7-19 的程序运行成功后，在 d:\ C++这个目录下多了一个文件，文件名为 myfile1，文件中已经写入了一个字符串、一个整数和一个双精度数。

（2）本例中，在 main()函数中定义一个 ifstream 流类对象 myifs，用于磁盘文件的读操作，它与磁盘文件 myfile1 相连接，并用 if 语句判断文件打开操作是否成功。

（3）通过 myifs 对象，利用提取运算符从 myfile1 文件读取文件中的字符串、整数和双精度数，并在屏幕上输出。

（4）当 main()函数结束时，流类对象 myifs 被释放，myfile1 文件被关闭。

也可将提取操作符“>>”和插入操作符“<<”重载对文件实现输入输出自定义类型数据。下面的例子中重载插入运算符实现向文件输出人民币类对象。

例 7-21 使用文件流对象对磁盘文件进行读写操作。

```
#include <iostream>
#include <fstream>
using namespace std;
int main()
{    fstream myfs("d:\\C++\\myfile1",ios::in|ios::out);
                              //fstream 流类的打开方式不允许默认
     char c[40];     int x;     double y;
     myfs>>c>>x>>y;
     cout<<c<<endl<<x<<endl<<y<<endl;
     myfs<<"\n 这是一个文本文件输入输出测试程序\n"
         <<67<<endl<<25.97<<endl;
     return 0;
}
```

程序运行结果：

```
这是一个文本文件输入测试程序
32
45.6
```

程序说明：

（1）定义了一个输入输出流类 fstream 的对象 myfs，该对象既可用于文件的读操作，也可用于文件的写操作，myfs 与文件 myfile1 建立了连接，并且以既可读又可写的方式打开了该文件。

（2）在例 7-19 运行结束后，文件 myfile1 中已经写入了一个字符串、一个整型数和一个双精度型数。通过 myfs 读取出文件中的内容并输出到屏幕。

（3）接下来又通过同一个文件流对象 myfs 对文件 myfile 执行写操作，将另一个字符串、一个整型数和一个双精度型数写入了文件，追加在了原文件内容的末尾。myfilel 文件中在原来文本的基础上增加了以下内容：

```
这是一个文本文件输入输出测试程序。
67
25.97
```

例 7-22 重载插入运算符，实现向文件输出人民币类对象。

```
#include <fstream>
using namespace std;
class RMB
{public:
    RMB(double value=0.0)
    {   yuan=value;
        jf=(value-yuan)*100;
     }
     void display(ostream& out)
     {   out<<yuan<<"."<<jf; }
  private:
     int yuan,jf;
```

```
};
ostream& operator<<(ostream& osout,RMB& r)
{   r.display(osout);
    return osout;
}
int main()
{   ofstream myofs("d:\\C++\\mydata");
    RMB r1(2.2),r2(3.5);
    myofs<<"r1="<<r1<<"元\nr2="<<r2<<"元\n";
    return 0;
}
```

运行程序后，可以在 d:\ C++这个目录下多了一个文件，文件名为 mydata，文件内容如下：

```
r1=2.20 元
r2=3.50 元
```

程序说明：

上例中通过重载的插入运算符向 mydata 文件输出了用户自定义的类 RMB 对象。

7.3.3 输入输出流成员函数

C++的输入输出流类有许多成员函数，上一节介绍的控制输入输出格式的成员函数和执行非格式化读写等操作的成员函数都可应用于文件的输入输出操作，接下来将介绍更多的可应用于文件输入输出操作的成员函数。

1. open 和 close 函数

当对文件进行输入输出操作时，应先建立流类对象与该文件的连接。可以在定义输入输出流类对象时通过构造函数建立与待操作文件的连接，也可以在定义输入输出流类对象之后，通过流类对象调用 open 函数建立与待操作文件的连接。当完成对文件的输入输出操作之后，应关闭该文件。可以在释放流类对象时通过析构函数自动关闭文件，也可以在释放流类对象之前，通过流类对象调用 close 函数，解除与文件的连接，则文件被关闭。

例 7-23 使用 open 和 close 成员函数。

```
#include <iostream>
#include <fstream>
using namespace std;
int main()
{   ofstream myofs;
    myofs.open("d:\\C++\\myfile1");   //调用 open 函数建立与文件的连接
    myofs<<"这是一个 open 和 close 函数测试程序\n"
         <<32<<endl<<45.6<<endl;
    myofs.close();                    //调用 close 函数解除与文件的连接
    ifstream myifs;
    myifs.open("d:\\C++\\myfile1",ios::nocreate);
    char c[40]; int x; double y;
    myifs>>c>>x>>y;
    cout<<c<<endl<<x<<endl<<y<<endl;
    myifs.close();
    return 0;
}
```

程序运行结果：

```
这是一个 open 和 close 函数测试程序
32
45.6
```

程序说明：

（1）使用 open 和 close 成员函数打开与关闭文件。

（2）通过以下两行代码分别建立流类对象和打开指定文件并与文件连接：

```
ofstream myofs;
myofs.open("d:\\C++\\mydata");
```

以上两行代码的功能与例 7-22 中的一行代码功能是一致的：

```
ofstream myofs("d:\\C++\\myfile1");
```

换句话说，上面的这行代码里包含两个功能：建立文件输出流类对象 myofs；将 myofs 与文件 myfile1 建立连接并将其打开。

2. read 和 write 函数

在 7.2.3 小节中介绍了输入输出流类的成员函数 read 和 write，可分别应用于程序中针对标准设备的输入输出，这两个函数也可应用于以二进制方式对文件进行输入输出操作。其中 read 函数从一个文件中读取一定数量的字节，放到指定的存储区域，write 函数则把一块内存中一定数量的字节写入到一个文件中。

例 7-24 使用 read 和 write 函数读写文件。

```
#include <iostream>
#include <fstream>
using namespace std;
struct Student
{   int num;
    char name[20];
    int score;
};
int main()
{   Student st1[3]={1,"Tom",80,2,"Helen",85,3,"Jack",75},st2[3];
    ofstream ofs;
    ofs.open("d:\\C++\\myfile4",ios::out|ios::binary);
    for(int i=0;i<3;i++)
        ofs.write((char*)&st1[i],sizeof(Student));//向文件写数据
    ofs.close();
    ifstream ifs;
    ifs.open("d:\\C++\\myfile4",ios::in|ios::binary);
    for(i=0;i<3;i++)
        ifs.read((char*)&st2[i],sizeof(Student));//从文件读数据
    ifs.close();
    for(i=0;i<3;i++)
    cout<<st2[i].num<<"\t"<<st2[i].name<<"\t"
        <<st2[i].score<<endl;
    return 0;
}
```

程序运行结果：

```
1       Tom     80
2       Helen   85
3       Jack    75
```

程序说明：

（1）先使用 write 函数向文件 myfile4 中写入 Student 结构数组 st1 每个元素的值，write 函数带两个参数：一个参数是 char 指针，指向内存数据的起始地址；另一个是所写的字节数。

（2）在结构数组元素的地址之前需要 char*做强制类型转换，再使用 read 函数从文件 myfile4 中读出数据，放入 Student 结构数组 st2 中，最后显示 st2 每个元素的值。

3. 文件位置指针相关成员函数

C++中提到的文件都指流文件，针对文件的操作一般也是顺序操作，如前文所述，系统会自动为正在进行操作的文件定义一个文件位置指针，用来标识文件当前的读写位置。文件位置指针不需要用户自己定义，也不需要人为去移动指针的位置，系统会根据文件的读写操作自动移动该指针。例如，当调用 open 函数打开一个文件的同时，系统就自定义了一个文件位置指针指向了该文件的开始位置，随着对文件的读或写的操作，文件读写指针的位置也会随之往后移动。那么，当用户需要对文件进行随机读写，需要得到当前文件位置指针或者希望人为改变文件位置指针的位置时，是否可以实现呢？针对这一需求，输入输出流提供了一系列成员函数，从而可以实现随机访问数据文件。

（1）读文件时，文件位置指针相关成员函数

在读文件时，istream 类一共定义了三个成员函数可以对文件位置指针进行操作，接下来分别介绍这三个函数的函数原型。

```
long tellg();
```

这个函数是一个无参函数，函数的返回类型为长整型。该函数的功能为返回当前读写指针在文件输出流中的位置，以字节为单位。

例如：ifs 是 istream 类的对象，则 ifs.tellg();表示返回文件位置指针的当前位置值，该位置值是指当前位置距离文件开始处的字节数，为一长整型值。

接下来介绍的两个文件位置指针相关成员函数的函数名都为 seekg，是两个重载的函数，函数的功能均为当进行读文件操作时，移动文件位置指针。两个函数的返回值都是 istream 类对象的引用，即返回文件输入流对象。两个函数所带的参数不同，因此在使用时也有所区别。

① istream& seekg(long streampos);

以上函数只有一个参数，参数类型为长整型，用来指示文件位置指针所指向的新的位置值，文件流以字节为单位。

② istream& seekg(long offset, ios::seek_dir dir);

这个函数有两个参数，第一个参数的类型为 long 型，第二个参数的类型为 ios::seek_dir，此函数的功能为，文件读写位置指针相对于 dir 这个位置移动 offset 个字节。ios::seek_dir 为枚举类型，在 C++标准中，预先定义了 ios::seek_dir 的取值范围：

```
ios::cur 文件位置指针当前所在位置，值为 1
ios::beg 文件开始处，值为 0
ios::end 文件结束处，值为 2
```

例如：ifs 是 istream 类的对象，则 ifs.seekg(20);是指当前文件位置指针移动到 20 字节位置；ifs.seekg(20,ios::beg);是指当前文件位置指针相对于文件开始位置向前移动 20 个字节；ifs.seekg(-20,ios::end);是指当前文件位置指针相对于文件结束位置向后移动 20 个字节。

（2）写文件时，文件位置指针相关成员函数

在写文件时，ostream 类一共定义了三个成员函数可以对文件位置指针进行操作，这三个函数的函数原型如下：

```
long tellp();
ostream& seekp(long streampos);
ostream& seekp(long offset, ios::seek_dir dir);
```

以上三个成员函数的功能及其参数的含义与读文件时三个与文件位置指针相关成员函数类似，区别在于，前者应用于写文件时的文件位置指针的操作，而后者是应用于读文件时的文件位置指针的操作。

例如：若 ofs 表示的是 ofstream 类对象，则可通过 ofs.tellp();来返回当前文件位置指针所在的位置，也可通过 ofs.seekp(20);和 ofs.seekp(-20,ios::end);来重定位文件位置指针。

例 7-25　读写文件时，使用文件位置指针相关成员函数重定位文件位置指针。

```
#include <iostream>
#include <fstream>
using namespace std;
int main()
{   fstream myfs;
    myfs.open("d:\\C++\\myfile",ios::out|ios::in|ios::binary);
    char str1[]="I love C++.";
    myfs.write(str1,strlen(str1));//将字符串 str1 写入文件 myfile
    long cur_pos=myfs.tellp();//得到文件位置指针的当前位置
    cout<<"The current position is:"<<cur_pos<<endl;
    myfs.seekp(-4,ios::end);//重置文件位置指针至文件结尾往后 4 字节处
    char str2[]="Java.";
    myfs.write(str2,strlen(str2));//将字符串 str2 写入文件 myfile
    cur_pos=myfs.tellg();//得到文件位置指针的当前位置
    cout<<"The current position is:"<<cur_pos<<endl;
    char str[50];
    myfs.seekg(0,ios::beg);//重置文件位置指针至文件开始处
    myfs.read(str,12);//读文件，将读取的内容存放在字符数组 str 中
    cout<<str<<endl;
    return 0;
}
```

程序运行结果：

```
The current position is:11
The current position is:12
I love Java.
```

程序说明：

① 首先定义了输入输出文件流对象 myfs，与文件 myfile 建立了连接，并且以既可读、又可写、二进制方式打开该文件。通过 write 函数向文件 myfile 中写入了字符串 “I love C++.”。

② 通过 myfs 调用 tellp 函数来获得文件位置指针的当前位置，为一个长整型值 11，表明当前文件位置指针位于距离文件开始处往前 11 个字节处。

③ 通过语句 myfs.seekp(-4,ios::end);将文件读写位置指针移至距离文件结尾往后 4 个字节处。

④ 通过语句 myfs.write(str2,strlen(str2));向文件写入字符串 “Java.”，即用字符串 “Java.” 覆盖了原文件中的字符串 “C++.”，文件 myfile 中的内容变成 “I love Java.”，此时，文件位置指针位于文件末尾。若想要读取文件中的内容，则需要通过语句 myfs.seekg(0,ios::beg);把文件读写位置指针置于文件开始处，读取文件中的内容并输出至屏幕。

7.4 字符串输入输出

ostrstream、istrstream 和 strstream 是字符串流类，在 strstream 头文件中定义，主要用于对内存中用户定义的字符数组进行输入输出。因为没有预先定义好的字符串流类对象，所以在对字符串进行输入输出操作之前，应先定义一个字符串流类对象与相应的字符数组相连接，再利用提取和插入操作符实现对字符串的输入输出操作。

定义串流类对象时，会自动调用字符串流类的构造函数，常用的字符串流类的构造函数如下：

```
istrstream::istrstream(const char* str,int size,int mode=ios::in);
ostrstream::ostrstream(const char* str,int size,int mode=ios::out);
strstream: : strstream(const char* str,int size,int mode=ios::in| ios::out);
```

这三个构造函数均有三个参数，第一个参数说明字符串流类对象所连接的字符数组，第二个参数说明数组大小，第三个参数指出打开方式。当 size 为 0 时，表示把字符串流类对象连接到由 str 指向的以空字符结束的字符串。

接下来通过举例说明如何调用字符串流类的构造函数来创建字符串输入输入流对象。

首先，定义一个字符串输出流对象：

```
ostrstream myostr(str,128);
```

以上语句定义了一个字符串输出流对象 myostr，并且 myostr 与字符数组 str 建立连接，该字符数组的长度为 128。此语句中，第三个参数省略，则使用其默认值 ios::out。

接下来，分别定义两个字符串输入流对象：

```
istrstream myistr1(str1,128);
istrstream myistr2(str2);
```

以上两个语句分别定义了两个字符串输入流对象 myistr1 和 myistr2，并且分别与字符串 str1 和 str2 建立连接，前一个语句的第二个参数值为 128，表示流缓冲区大小为 128，只能将字符串 str1 中的前 128 个字符作为字符串输入流对象的内容；而第二个语句省略了第二个参数，表示将字符串 str2 中的所有内容都作为字符串输入流对象的内容。这两个语句都省略了第三个参数，则使用其默认值 ios::in。

最后，再定义一个字符串输入输出流对象：

```
strstream myiostr(str,128,ios::in| ios::out);
```

以上语句定义了一个输入输出字符流对象 myiostr，并与字符数组 str 建立连接，str 既作为字符串输入流缓冲区，又作为字符串输出流缓冲区，缓冲区的大小为字符串 str 的长度 128。

```
        if(st.num==0)              //如该条记录为空，添加内容
        {   st.num=number;
            cout<<"请输入学生姓名和分数\n?";
            cin>>st.name>>st.score;
            fs.seekp((st.num-1)*sizeof(Student));
                                    //查找要写入学生记录的位置
            fs.write((char*)&st,sizeof(Student));
                                    //写入该条记录内容
        }
        else                       //如该条记录内容不为空则不添加
            cout<<"学号为"<<number<<"的学生记录已存在\n";
    }
}
void deleteRecord(fstream& fs)
{   int number;
    Student blankSt={0,"",0},st;
    while(number=getNumber("请输入要删除的学生学号"))
    {   fs.seekg((number-1)*sizeof(Student));
        fs.read((char*)&st,sizeof(Student));
        if(st.num!=0)              //如要删除的学生记录存在则删除
        {   fs.seekp((number-1)*sizeof(Student));
            fs.write((char*)&blankSt,sizeof(Student));
            cout<<"学号为"<<number<<"的学生记录被删除了。\n";
        }
        else                       //如要删除的学生记录不存在则不删除
            cerr<<"学号为"<<number<<"的学生记录不存在。\n";
    }
}
void updateRecord(fstream& fs)
{   int number;
    Student st;
    while(number=getNumber("请输入要修改的学生学号"))
    {   fs.seekg((number-1)*sizeof(Student));
        fs.read((char*)&st,sizeof(Student));
        if(st.num!=0)              //如要修改的学生记录存在则修改
        {   outputLine(cout,st);
            cout<<"请重新输入学生姓名和分数\n?";
            cin>>st.name>>st.score;
            fs.seekp((number-1)*sizeof(Student));
            fs.write((char*)&st,sizeof(Student));
        }
        else                       //如要修改的学生记录存在则不修改
            cerr<<"学号为"<<number<<"的学生记录不存在。\n";
    }
}
void saveRecord(fstream& fs)
{   ofstream outFile("d:\\C++\\print.txt",ios::out);
    Student st;
    if(!outFile)
```

```
    {   cerr<<"File could not be opened.\n";
        exit(1);
    }
    outFile<<setiosflags(ios::left)<<setw(5)<<"学号"
           <<setw(10)<<"姓名"<<resetiosflags(ios::left)
           <<setw(5)<<"分数"<<endl;
    fs.seekg(0);                   //使文件位置指针指向文件开头
    fs.read((char*)&st,sizeof(Student));
    while(!fs.eof())
    {  if(st.num!=0)
            outputLine(outFile,st);  //格式化输出一条记录
       fs.read((char*)&st,sizeof(Student));
    }
}
void outputLine(ostream& out,Student& s)
{   out<<setiosflags(ios::left)<<setw(5)<<s.num
       <<setw(10)<<s.name<<resetiosflags(ios::left)
       <<setw(5)<<s.score<<endl;
}
int getNumber(char *prompt)
{   int nu;
    do{ cout<<prompt<<"1-50(0-退出)\n?";
        cin>>nu;
    }while(nu<0||nu>50);
    return nu;
}
```

程序说明：

上例主函数中以 ios::nocreate 方式打开 student.dat 文件，如该文件不存在，则创建新文件，并在文件中加入 50 个空记录，之后可以在文件中增加、删除或修改记录，也可以将文件中的非空记录以文本方式格式化写入 print.txt 文件中。

本 章 小 结

C++通过输入输出流类库向用户提供了一个统一的接口，即输入输出流类，可供用户直接使用，实现针对不同的输入输出设备的操作。主要的输入输出流类有：标准输入输出流类，文件输入输出流类，以及字符串输入输出流类。

标准输入流类 istream_withassign 和标准输出流类 ostream_withassign 用于对标准输入输出设备的操作。包括四个预定义的输入输出流对象 cin、cout、cerr 和 clog，通过使用格式控制符、流格式控制成员函数，以及输入输出流成员函数，实现不同格式的输入输出。

文件输出流类 ofstream、文件输入流类 ifstream 和文件输入输出流类 iofstream 用于文件输入输出。通过文件流类的构造函数及其他成员函数可以实现对磁盘文件的读写操作。

字符串输入流类 istrstream、字符串输出流类 ostrstream 和字符串输入输出流类 strstream 用于字符串输入输出。通过字符串流类构造函数及其他成员函数可以实现对字符数组的读写操作。

习　　题

7-1　什么是流？流的提取和插入是什么？输入输出流的作用是什么？

7-2　写出下面程序的运行结果。

```
#include <iostream>
#include <iomanip>
int main()
{    cout<<setfill('*')<<setw(10)<<hex<<160<<endl;
     cout<<setw(8)<<160<<endl;
     cout<<setw(4)<<160<<endl;
     cout.fill('*');
     cout.width(10);
     cout<<setiosflags(ios::left)<<123.45<<endl;
     cout.width(8);
     cout<<123.45<<endl;
     cout.width(4);
     cout<<123.45<<endl;
     return 0;
}
```

7-3　编写程序，输出如下一个倒三角形。

```
mmmmmmm
 mmmmm
  mmm
   m
```

7-4　改写例 7-2，要求重载插入运算符以输出 RMB 类，输出格式为：输出宽度为 10，有两位小数，币值前有符号¥。

7-5　使用输入输出流以文本方式建立一个文件 test.txt，写入字符“已成功写入文件!”，再使用输入输出流打开该文件，读出其中的内容并显示出来。

7-6　使用输入输出流以文本方式打开上题建立的文件 test.txt，在文件后面添加字符“已成功添加字符!”，然后读出整个文件的内容并显示出来。

7-7　编写程序，使用输入输出串流类逐个读取字符串"1 2 3 4 5 6 7 8 9"中的每个字符，并在屏幕上显示出来。

7-8　声明一个 Dog 类，包含体重和年龄两个成员变量及相应的成员函数。定义一个 Dog 类对象 dog1，体重为 3，年龄为 5，使用输入输出流把 dog1 的数据写入磁盘文件。再定义 Dog 类对象 dog2，从文件读出 dog1 的数据，赋给 dog2，分别使用文本和二进制方式读写文件。

第8章 异常处理

异常处理是指针对程序在运行过程中出现的错误或者与人们期望的结果所出现的偏差进行处理。异常处理机制是C++的重要特征之一，尤其对于大型软件系统的开发起着重要的作用，能够在独立开发的子系统之间协同处理错误。本章介绍C++的异常处理机制。

8.1 异常的概念

在大型软件系统的开发过程中，最大的开销往往不是编码，而是测试，即查找错误和修改错误的过程。程序的错误一般分为编译错误和运行错误两种。编译错误，也就是通常所说的语法错误，例如关键词拼写错误、变量名未定义便使用、字符串常量用单引号括起来，等等，这类错误通常会在程序的编译过程中被编译器发现并指出，包含此类错误的程序无法被生成可执行文件（.exe），直至所有的错误被改正。运行错误，在调试时无法被发现，只有在运行时才出现，此类错误通常又可分为两种，一种为不可预料的逻辑错误，另一种为可以预料的运行异常。

逻辑错误的形成往往是由于程序员设计不当所引起的，例如，排序算法选用不合适，使得在某种特定的边界条件下，算法无法正常运行得到预期的结果，又例如，程序设计的缺陷使得程序在运行过程中数组元素的下标溢出，这样的逻辑错误往往无法预料，因而像地雷一样潜伏在程序中，程序的执行在大部分情况下是正常的，而在特定条件满足的情况下，程序就会出错。

运行异常是指一些可以预料但是却无法避免的错误，这类错误往往是系统运行环境造成的，例如，除数为 0；动态申请分配内存空间却因内存空间不足而得不到满足；用户输入一个数据的类型错误；网络连接的中断；打开文件时，文件已被删除或挪移，或者文件存放的U盘已被拔出，从而导致文件打开失败，等等。这类错误的存在往往使得程序无法运行得出正确的结果，或者导致程序无法正常结束，甚至导致死机或系统崩溃。

本章所指的异常，为一种程序定义的错误，包括逻辑错误和运行异常，由于逻辑错误通常是无法预料的，而运行异常往往却是可预料的，因此对于逻辑错误，采取的措施是总结常见的逻辑错误，通过一些特定的机制对其进行预防，而针对运行异常，需要对其加以控制，这就是本章所要介绍的C++的异常处理机制。

C++不仅提供了异常处理的机制，还在C++标准中提供了标准异常类，可供用户直接调用，用户还可以根据自己的需求自定义异常类。

8.2 异常处理的方法

异常处理的方法通常分为三种，第一种是在出现异常时，直接调用 abort 或者 exit 函数退出程序的运行；第二种异常处理的方法是通过函数的返回值来判断异常的发生，这种做法的弊端在于，如果一个函数有多个返回值的时候会比较麻烦，也会浪费不必要的判断返回值的时间开销，并且也未从根本上处理异常和解决问题。

第三种方法就是本章所要介绍的 C++的异常处理机制，通过 try-throw-catch 的结构化方式来实现异常的捕获和处理，将消极地等待异常的发生变成积极地预防异常的发生，甚至还把可预防处理的异常归纳整理，分门别类地整理成类，即在函数处理中设下陷阱，提供一个统一的异常处理的接口，一旦触发异常，便会被异常处理机制所处理。

1. try-throw-catch 基本语法结构

异常处理的基本语法如下所示：

```
try{    …
        throw 表达式;
        …
}
catch(类型)
{     异常处理语句;
}
```

说明

（1）try 语句块：检查异常，将有可能发生异常、需要检查的语句放在 try 块中；不管 try 语句块中包含几条语句，大括号都不能省略。

（2）throw 语句：抛出异常；一个 throw 语句只能抛出一个异常，若要同时抛出多个异常，则需要用多个 throw 语句分别抛出。

（3）catch 语句块：捕获并处理异常；同 try 语句块一样，不管 catch 语句块中包含几条语句，大括号都不能省略。

例 8-1 使用 try-throw-catch 结构来捕获并处理异常。

```
#include <fstream>
#include <iostream>
using namespace std;
int main()
{   try                                     //需要检查的语句放在 try 块中
    {   ofstream out("file.txt", ios::out|ios::nocreate);
        if(!out)
            throw "Error.";                 //抛出异常
    }
    catch(char*)                            //捕获异常，并对捕获的异常进行处理
    {   cout<<"出错，文件打不开！"<<endl; }
    return 0;
}
```

程序运行结果：

出错，文件打不开！

程序说明：

（1）包含在 try 语句块中的语句即为可能发生异常的语句，将对其进行异常检查。

（2）try 语句块中定义了一个输出文件流对象 out，并将其与文件 file.txt 建立连接，打开文件，若文件 file.txt 打不开，则用 throw 语句抛出异常，上例中抛出的异常为一个字符串常量“Error.”。

（3）在 try 语句块后紧跟着一个 catch 语句块，catch 后紧跟的小括号里为此 catch 语句块可以捕获的异常类型，上例中 catch 语句块可捕获的异常类型为字符指针类型，与 try 语句块中 throw 语句抛出的异常类型相匹配，则可捕获该异常，在 catch 语句块中一对大括号里所包含的语句为捕获异常后进行异常处理的语句。

2. 其他灵活多变的语法结构

（1）catch (类型名 变量名)

catch 后的小括号中的形参可以只写类型名，如 catch(int)，表示捕获 int 型的异常，也可以同时写上类型名和参数名，如 catch(int a)，表示捕获 int 型的异常，并且把捕获的整型异常的值赋给参数 a。

例 8-2 catch (类型名 变量名)。

```
#include <fstream>
#include <iostream>
using namespace std;
int main()
{   try
    {   ofstream out("file.txt", ios::out|ios::nocreate);
        if(!out)
            throw "出错，文件打不开！";                //抛出字符串常量异常
    }
    catch(char* s)                          //将捕获的异常赋值给字符指针变量 s
    {   cout<<s<<endl; }
    return 0;
}
```

程序运行结果：

出错，文件打不开！

程序说明：

上例中，try 语句块中抛出了一个字符串常量“出错，文件打不开!”，该字符串常量表示抛出的异常，被之后的 catch 语句块所捕获，由于 catch 后的括号中，不仅有类型名 char*，还带有参数名 s，则捕获的异常（字符串常量）被赋值给 s，并且在 catch 语句块中被输出。

（2）throw 语句和 catch 语句块不在同一个函数中

throw 语句和 catch 语句块可以在同一个函数中，也可以分别处于不同的函数中。

例 8-3 throw 语句和 catch 语句块不在同一个函数中。

```
#include<iostream>
using namespace std;
int Div(int x,int y)
{   if(y==0) throw y;
        return x/y;
}
```

```
int main()
{   try
    {   cout<<"19/5="<<Div(19,5)<<endl;
        cout<<"18/0="<<Div(18,0)<<endl;
        cout<<"17/4="<<Div(17,4)<<endl;
    }
    catch(int)
    {   cout<<"除数为 0，抛出异常。"<<endl; }
    cout<<"程序运行结束。"<<endl;
    return 0;
}
```

程序运行结果：

```
19/5=3
除数为 0，抛出异常。
程序运行结束。
```

程序说明：

① throw 语句与 catch 语句块分别属于不同的函数。

② 当 main 函数执行到 try 语句块中的语句 cout<<"18/0="<<Div(18,0)<<endl;时，程序将跳转至 Div 函数内执行，由于除数 y 的值为 0，因此抛出异常，结束 Div 函数的执行，回到 main 函数中，try 语句块中剩余的语句被跳过，不再执行。

③ 异常被 main 函数中的 catch 语句块所捕获，并执行相应的异常处理语句。由于 try 语句块中发生异常，语句 cout<<"17/4="<<Div(17,4)<<endl;将被跳过而不被执行，异常处理语句执行结束后，将继续执行异常处理之后的语句 cout<<"程序运行结束。"<<endl;。

（3）一个 try 语句块后，可以跟多个 catch 语句块

一个 try 语句块后至少跟一个 catch 语句块，也可以同时跟多个 catch 语句块。

例 8-4 一个 try 语句块后，跟多个 catch 语句块。

```
#include<iostream>
using namespace std;
class Birthday
{public:
    Birthday(int y=0,int m=0,int d=0)
    {   year=y; month=m; day=d; }
    int year, month, day;
};
int main()
{   try{int j;cin>>j;
        if(j==1) throw 10;
        if(j==2) throw 'a';
        if(j==3) throw 12.8;
        if(j==4) throw "xyz";
        if(j==5) throw Birthday(1982,9,10);
    }
    catch(int i)
    {   cout<<"捕获整型异常："<<i<<endl; }
    catch(char c)
    {   cout<<"捕获字符型异常："<<c<<endl; }
    catch(double d)
    {   cout<<"捕获双精度型异常："<<d<<endl; }
```

```
    catch(char* str)
    {   cout<<"捕获字符串异常: "<<str<<endl; }
    catch(Birthday birth)
    {   cout<<"捕获 Birthday 类类型异常: "<<birth.year<<"年"<<birth.month
            <<"月"<<birth.day<<"日"<<endl;
    }
    return 0;
}
```

运行程序，输入 1，程序运行结果：

```
捕获整型异常: 10
```

运行程序，输入 2，程序运行结果：

```
捕获字符型异常: a
```

运行程序，输入 3，程序运行结果：

```
捕获双精度型异常: 12.8
```

运行程序，输入 4，程序运行结果：

```
捕获字符串异常: xyz
```

运行程序，输入 5，程序运行结果：

```
捕获 Birthday 类类型异常: 1982 年 9 月 10 日
```

程序说明：

从以上程序示例中可以看出，一个 try 块后可以跟多个 catch 块，不同的 catch 块可以捕获不同类型的异常，并分别对其采取不同的处理措施。捕获的异常类型既可以是标准数据类型，也可以是用户自定义的类型，如类或结构类型等。

（4）catch(…)

catch 后的小括号中的类型也可以省略，而只用…来表示，表示可捕获任何类型的异常。

例 8-5　用 catch(…)捕获任何类型的异常。

```
#include<iostream>
using namespace std;
void fun()
{   int i=0; double d=1.1; char c='a';
    char str[20]="Chinese";
    try{ int j;
         cin>>j;
         if(j==1) throw i;                  //抛出整型异常
         if(j==2) throw d;                  //抛出双精度型异常
         if(j==3) throw c;                  //抛出字符型异常
         else throw str;                    //抛出字符串类型异常
    }
    catch(...)                                  //可捕获任何类型的异常
    {    cout<<"Catch all kinds of exceptions."<<endl; }
}
int main()
{   try{ fun(); }
    catch(int)
    {   cout<<"Catch an int exception."<<endl; }
```

```
    catch(double)
    {   cout<<"Catch a double exception."<<endl; }
    catch(char)
    {   cout<<"Catch a char exception."<<endl; }
    catch(char*)
    {   cout<<"Catch a string exception."<<endl; }
    return 0;
}
```

不管输入任何值，程序运行结果：

```
Catch all kinds of exceptions.
```

程序说明：

main 函数调用了 fun 函数，fun 函数中根据输入的 j 的值不同而抛出不同类型的异常，而 catch(…)则可捕获所有类型的异常，因此 fun 函数中不管抛出什么异常都会被 catch(…)捕获并进行相应的处理，即输出“Catch all kinds of exceptions.”。返回主函数后，主函数中将捕获不到任何异常。

既然存在 catch(…)，是不是写程序时所有的异常都直接使用这个语句来捕获呢？建议不这样做！不同的异常应该有不同的处理方法，而不应该笼统地用同一种处理方式来对待所有类型的异常。那么，一个成熟的程序员应该怎么来设计程序中的异常处理机制呢？首先应该尽可能多地设想程序中可能发生的各种不同类型的异常，分别进行捕获并采取相应的不同的处理措施，最后加上 catch(…)，为程序中可能潜在的、但又事先无法预料的异常隐患提供一种有效的补救措施。

（5）语句 throw;

throw 语句后面可以跟参数名或表达式，也可以什么都不跟，表示将捕获到的异常不做任何处理，按照原样抛出，请求上级进行处理。

例 8-6 语句 throw;

```
#include <iostream>
using namespace std;
void fun2();
void fun1()
{   try{ fun2(); }
    catch(int)
    {   cout<<"Exception."<<endl;
        throw;                                   //将捕获到的整型异常再抛出
    }
}
void fun2()
{   int i=0;
    throw i;
}
int main()
{   try{ fun1(); }
    catch(int)
    {   cout<<"Exception Again."<<endl; }
    return 0;
}
```

程序运行结果：

```
Exception.
Exception Again.
```

程序说明：

上例中，main 函数调用了 fun1 函数，fun1 函数又调用了 fun2 函数，fun2 函数中抛出了一个整型异常，这个整型异常被 fun2 函数捕获后，fun2 函数并未进行相应的处理，而是直接抛出，请求上级函数进行处理。fun1 函数的上级函数即为调用它的 main 函数，main 函数中设置了相应的异常捕获机制，main 函数成功捕获该整型异常后对其进行相应的处理。

在函数声明中抛出异常

为了增强程序的可读性，C++标准支持在函数声明中罗列出该函数可能抛出的所有的异常类型，也可称为异常的接口声明，例如：

```
void fun() throw(int, double, char);
```

以上函数声明表示，fun 函数中有可能会抛出三种类型的异常，分别为整型、双精度型和字符型异常。

```
void fun();
```

以上函数声明表示，fun 函数有可能会抛出任何类型的异常。

```
void fun() throw();
```

以上函数声明则表示，fun 函数不抛出任何类型的异常。

例 8-7 在函数声明中抛出异常。

```
#include<iostream>
using namespace std;
void fun() throw (double, char, char*);       //fun 函数可能抛出三种类型的异常
int main()
{   try{ fun(); }
    catch(double)
    {   cout<<"Catch a double exception."<<endl; }
    catch(char)
    {   cout<<"Catch a char exception."<<endl; }
    catch(char*)
    {   cout<<"Catch a string exception."<<endl; }
    return 0;
}
void fun() throw (double, char, char*)
{   int i; double d=1.1; char c='a';
    char str[] = "Chinese";
    cin>>i;
    if(i>0) throw d;
    else if(i<0)throw c;
    else throw str;
}
```

运行程序，输入 1，程序运行结果：

```
Catch a double exception.
```

运行程序，输入-1，程序运行结果：

```
Catch a char exception.
```

运行程序，输入 0，程序运行结果：

```
Catch a string exception.
```

程序说明：

上例中，在程序开始的时候对 fun 函数进行了函数声明，在函数声明中定义了 fun 函数有可能抛出的三种异常类型（双精度型，字符型，字符指针型），而在之后的 fun 函数的函数定义中，也只能抛出这三种类型的异常。

8.3　异常处理的规则

程序中使用异常处理机制除了应遵守异常处理语句的基本语法规则外，也应该尽量遵守一些基本的使用原则，从而使得异常处理机制能更好地服务于程序，而不会引入更多的错误。

（1）在 try 语句块后必须要紧跟一个或者多个 catch 语句块，对发生的异常进行捕获和处理，每一个 catch 语句块称为一个 catch 子句。

（2）catch 语句块必须出现在 try 语句块之后。

（3）try 语句块和 catch 语句块是一个整体，catch 语句不能单独使用，try 语句块和 catch 语句块之间也不能加入任何其他语句。

（4）若 throw 语句抛出的异常没有找到任何与其相匹配的 catch 语句块，系统则自动调用 terminate 函数，终止程序的运行。

（5）若 try 语句块中被检查的语句出现了异常并通过 throw 语句抛出了异常，则 try 语句块中 throw 语句之后的语句都不会被执行。

（6）当某个异常被相应的 catch 语句块捕获并进行了相应的处理后，将继续执行 catch 语句块之后的语句。

（7）若被检查的语句块中未出现任何异常，那么在 try 块后的 catch 子句将都不被执行。程序从 try 块后跟随的最后一个 catch 子句之后的语句继续执行下去。

（8）catch 子句按其在 try 块后出现的顺序被检查，匹配的 catch 子句将捕获并处理异常或继续抛出该异常。

（9）try-throw-catch 语句可以并列使用，也可以嵌套使用。

8.4　类和对象相关异常处理

类和对象是 C++作为面向对象程序设计语言的最重要的特征之一，因此，接下来将介绍异常处理机制在类和对象中的应用，包括：发生异常时构造函数与析构函数的执行顺序，构造函数中发生异常时的处理机制，析构函数中发生异常时的处理机制，以及一般成员函数中发生异常时的处理机制。

1．发生异常时构造函数与析构函数的执行顺序

通过一个简单的例子来说明当存在类和对象，程序发生异常时构造函数和析构函数的执行顺序。

例 8-8　发生异常时构造函数与析构函数的执行顺序。

```
#include <iostream>
using namespace std;
class Example
{public:
```

```
    Example()
    {   cout<<"Construct Example."<<endl; }
    ~Example()
    {   cout<<"Destruct Example."<<endl; }
};
void fun()
{   double d=5.5;
    Example E;
    cout<<"Throw an exception."<<endl;
    throw d;
}
int main()
{   cout<<"Main begins."<<endl;
    try{cout<<"Call fun()."<<endl;
        fun();
    }
    catch(double d)
    {   cout<<"Catch begins."<<endl;
        cout<<"An Exception is caught:"<<d<<endl;
    }
    return 0;
}
```

程序运行结果：

```
Main begins.
Call fun().
Construct Example.
Throw an exception.
Destruct Example.
Catch begins.
An Exception is caught:5.5
```

程序说明：

（1）main 函数的 try 语句块中只有一条语句，即调用 fun 函数，程序转到 fun 函数执行，fun 函数中创建了一个 Exception 类对象 E，系统自动调用 Exception 类的构造函数，之后，fun 函数抛出一个双精度型异常 d，fun 函数执行结束。

（2）类对象 E 的作用域仅限于 fun 函数内部，因此在结束 fun 函数之前，系统将自动调用析构函数析构类对象 E。

（3）返回 main 函数，fun 函数抛出的异常被 main 函数中的 catch 语句块捕获并进行相应的处理。

2. 构造函数中的异常处理

C++中通过调用构造函数来创建一个新对象，并为新对象分配所需内存空间，任何创建过程中的错误（如：内存空间不足，对象数据成员的值类型不匹配等）势必会导致对象创建失败，而 C++标准规定类的构造函数均没有返回值，因而也无法通过函数返回值来判断对象创建成功与否，所以，只能通过 C++的异常处理机制来解决构造函数无法正常执行的情况。

例 8-9 调用构造函数创建类对象。

```
#include <iostream>
using namespace std;
class Birthday
{public:
    Birthday(int y,int m, int d):year(y),month(m),day(d){}
    void display()
```

```
    {   cout<<"Birthday:"<<year<<"/"<<month<<"/"<<day<<endl; }
private:
    int year, month, day;
};
int main()
{   Birthday birth(1996,13,32);
    birth.display();
    return 0;
}
```

程序运行结果：

```
Birthday:1996/13/32
```

程序说明：

（1）类 Birthday 中定义了一个构造函数，分别给 Birthday 类对象的三个数据成员赋值。

（2）主函数中定义了一个 Birthday 类对象 birth，系统则自动调用类的构造函数创建该对象，birth 的三个数据成员分别赋值为 1996、13、32，显然，月份为 13、日期为 32 是不合理的，应该对数据合理性进行检查，引入相应的异常处理机制。

例 8-10 构造函数中的异常处理。

```
#include<iostream>
using namespace std;
class Birthday
{public:
    void init(int y,int m,int d)
    {   if(y<1||m<1||m>12||d<1||d>31)
            throw y;
    }
    Birthday(int y,int m, int d):year(y),month(m),day(d)
    {   init(y,m,d); }
    void display()
    {   cout<<"Birthday:"<<year<<"/"<<month<<"/"<<day<<endl; }
private:
    int year, month, day;
};
int main()
{   try{ Birthday birth(1996,13,0);
         birth.display();
    }
    catch(int)
    {   cout<<"Object Creation Failed!"<<endl; }
    return 0;
}
```

程序运行结果：

```
Object Creation Failed!
```

程序说明：

例 8-9 在例 8-10 程序的基础上引入了异常处理机制，当调用类的构造函数创建类对象时，检查对象的数据成员值的合理性，若不合理，则抛出异常并进行相应的处理。

例 8-11 包含父类对象和子对象的构造函数中的异常处理。

```
#include <iostream>
using namespace std;
class Father
```

```
{public:
    Father(int i):age(i)
    {   cout<<"Construct Father."<<endl; }
    ~Father()
    {   cout<<"Destruct Father."<<endl; }
protected:
    int age;
};
class Birthday
{public:
    Birthday(int y=2000,int m=01,int day=01)
    {   cout<<"Construct Birthday."<<endl; }
    ~Birthday()
    {   cout<<"Destruct Birthday."<<endl; }
private:
    int year, month, day;
};
class Son: public Father
{public:
    Son(int age):Father(age)              //包含父类对象和子对象的构造函数
    {   cout<<"Construct Son."<<endl;
        throw age;
     }
    ~Son()
    {   cout<<"Destruct Son."<<endl; }
private:
    Birthday bir;                          //子对象
};
int main()
{   try{ Son(19); }
    catch(int)
    {   cout<<"Exception."<<endl; }
    return 0;
}
```

程序运行结果：

```
Construct Father.
Construct Birthday.
Construct Son.
Destruct Birthday.
Destruct Father.
Exception.
```

程序说明：

（1）Son 类继承 Father 类，同时又有一个子对象，为 Birthday 类对象 birth，因此，在调用 Son 类的构造函数构造 Son 类对象时，首先分别调用了 Father 类的构造函数和 Birthday 类的构造函数，完成了 Son 类对象的部分构造，而紧接着发生了异常，也就是说，在构造 Son 类对象的过程中发生了异常，Son 类对象并未构造成功，这种情况下，Son 类对象的析构函数也将不会被执行，而已经构造完成的父类对象和子对象将按照其构造顺序的逆序依次被析构。

（2）可以得知，当类对象无法被成功创建时，可通过在类的构造函数中抛出异常来提出警告；对象创建的过程中调用构造函数时若发生了异常，则对象的析构函数将不被执行；在存在类的继承和子对象的情况下，若发生了对象的部分构造，则已经构造完成的父类对象和子对象将会按照构造顺序的逆序依次被析构。

> **注意** 构造函数中引入异常处理机制会导致析构函数无法被调用，虽然对象本身已经申请到的内存资源会被释放，但是因为析构函数未被正常调用，因而可能导致内存泄漏或者系统资源未被释放。所以，构造函数可以抛出异常，但必须保证在构造函数抛出异常之前，系统资源被释放，以防止内存泄漏。

3. 析构函数中的异常处理

构造函数中有可能会发生异常，即在构造对象的过程中有可能会抛出异常，同样地，在析构对象的过程中也有可能会发生异常，C++允许在析构函数中抛出异常。

例 8-12 析构函数中抛出异常。

```
#include <iostream>
using namespace std;
class Demo
{public:
    Demo(int i):member(i)
    {   cout<<"Construct Demo."<<endl; }
    void display()
    {   cout<<"Display:"<<member<<endl; }
    ~Demo()
    {   int i=0;
        cout<<"Destruct Demo."<<endl;
        throw i;
    }
private:
    int member;
};
int main()
{   try{ Demo d(1999);
         d.display();
    }
    catch(int)
    {   cout<<"Exception."<<endl; }
    return 0;
}
```

程序运行结果：

```
Construct Demo.
Display:1999
Destruct Demo.
Exception.
```

程序说明：

（1）类 Demo 中分别定义了构造函数和析构函数，而析构函数中抛出一个整型异常。在主函数中，try 语句块中定义了一个 Demo 类对象 d，系统将自动调用类 Demo 的构造函数来完成对象 d 的构造工作，随后又通过对象名调用其成员函数 display。

（2）当离开 try 语句块时，Demo 类对象 d 的生命周期结束，系统又将自动调用类 Demo 的析构函数对 d 进行析构，析构函数抛出异常，被 try 语句块后的 catch 语句块所捕获，并进行相应的异常处理。

C++虽然允许析构函数抛出异常，但是不鼓励这样做，因为在析构函数中抛出异常将可能导致产生过早结束程序或者程序发生不明确行为的风险。因此，尽量不要在析构函数中抛出异常。

然而，一个大型程序的开发不能保证析构函数一定不出现异常，那么建议的做法是，如果一个析构函数中可能抛出异常，则将该异常封锁在析构函数内，如：在析构函数内捕获并且处理异常，或者结束程序。

4. 一般成员函数中的异常处理

这里所说的一般成员函数是指除了构造函数和析构函数以外的成员函数。当一般成员函数中出现异常时，处理方式和非成员函数的普通函数的区别在哪里？接下来将通过举例说明。

例 8-13 一般成员函数中的异常处理。

```
#include <iostream>
using namespace std;
class Demo
{public:
    Demo(int i):member(i)
    {   cout<<"Construct Demo."<<endl; }
    void display()
    {   cout<<"Display:"<<member<<endl;
        throw member;                               //一般成员函数中抛出异常
    }
    ~Demo()
    {   cout<<"Destruct Demo."<<endl; }
private:
    int member;
};
int main()
{   try{ Demo d(1999);
         d.display();
    }
    catch(int)
    {   cout<<"Exception."<<endl; }
    return 0;
}
```

程序运行结果：

```
Construct Demo.
Display:1999
Destruct Demo.
Exception.
```

程序说明：

（1）主函数中的 try 语句块中定义了一个 Demo 类对象 d，系统将自动调用构造函数创建该对象，接下来通过对象名调用成员函数 display，display 中抛出整型异常。

（2）程序回到 main 函数继续执行，该整型异常被 try 语句块之后的 catch 语句块捕获并进行相应的异常处理，但是，需要注意的是，在 try 语句块结束之前，类对象 d 的生命周期即将结束，系统将首先调用析构函数将其进行析构，然后再进入 catch 语句块对捕获的异常进行处理。

8.5 标准异常

C++标准库定义了一组类，用于处理常见的异常，称之为标准异常类。C++的标准异常类的层次结构如图 8-1 所示。可以看出，C++所有的标准异常类都是从 exception 类派生的，也就是说，exception 类是所有 C++标准异常类的基类，其中 logic_error 类和 runtime_error 类是 exception 类的最主要的两个派生类，这两个类的定义包含在头文件<stdexcept>中。

logic_error 类从 exception 类派生，发现并抛出程序的逻辑错误。从 logic_error 派生出来的类有：

（1）domain_error 类：检查并抛出逻辑错误——参数对应的值不存在；

（2）invalid_argument 类：检查并抛出逻辑错误——无效参数，例如 bitset 用 char 而不是用 0 或 1 进行初始化；

（3）length_error 类：检查并抛出逻辑错误——试图创建一个超出该类型最大长度的对象，例如 char str[10]= "I am a student."，给字符数组 str 赋值的字符串长度超过了字符数组的长度；

（4）out_of_range 类：检查并抛出逻辑错误——参数的值超出了其有效范围，例如 char str[10]= "I am OK."，str[10]= ' '。

runtime_error 类从 exception 类派生，发现并抛出程序运行时的错误。从 runtime_error 派生出来的类有：

（1）range_error 类：检查并发现运行时错误——运算生成的结果超出了正常的有意义的值的范围；

（2）overflow_error 类：检查并发现运行时错误——运算时发生上溢；

（3）underflow_error 类：检查并发现运行时错误——运算时发生下溢。

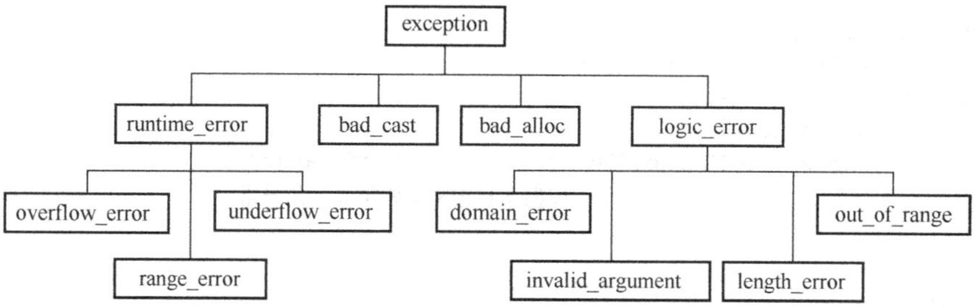

图 8-1 C++标准异常类结构

例 8-14 使用标准异常类。

```
#include<iostream>
using namespace std;
int main()
{   int* p;
    try{ p=new int[100]; }
    catch(bad_alloc)                        //捕获标准异常类型 bad_alloc 的异常
    {   cout<<"Memory allocation failed."<<endl;
        delete p;
    }
    cout<<"Memory allocation succeeded."<<endl;
    return 0;
}
```

程序运行结果：

```
Memory allocation succeeded.
```

程序说明：

上例中，使用了标准异常类 bad_alloc，若在使用 new 运算符动态申请内存空间失败的情况下，将由 catch 语句块捕获相应的 bad_alloc 类型的异常并进行处理。

用户可以直接使用标准异常类，当标准异常类不能满足需求的情况下，还可以自己定义异常类，或者从标准异常类派生出新的类，用于处理自己在程序设计中可能出现的异常。

例 8-15　自定义异常类。

```
#include <iostream>
using namespace std;
class OutOfRange                                          //自定义异常类
{public:
    OutOfRange(char* s,int val)
    {   strcpy(str,s);
        value=val;
     }
    void display()
    {    cout<<str<<":"<<value; }
private:
    char str[100];
    int value;
};
class Demo
{public:
    Demo()
    {   score=0; }
    void display()
    {   cout<<"score is:"<<score<<endl; }
    void setScore(int s)
    {   if(s<0||s>100)
            throw OutOfRange("The score is out of range",s);
                                          //抛出自定义异常类类型的异常
        score=s;
     }
private:
    int score;
};
int main()
{   Demo d;
    try{ d.setScore(-8);
         d.display();
    }
    catch(OutOfRange& o)                               //捕获出自定义异常类类型的异常
    {   o.display(); }
    return 0;
}
```

程序运行结果：

```
The score is out of range:-8
```

程序说明：

（1）自定义了一个异常类 OutOfRange，在 Demo 类中，定义了一个成员函数 setScore 为私有数据成员 score 设置值，当设置的值的范围不在 0 到 100 之间，则认为设置的值超出范围，即会抛出一个 OutOfRange 类型的异常。

（2）在 main 函数中，首先定义了一个 Demo 类对象 d，接下来调用成员函数 setScore 来设置 d 的数据成员 score 的值，将这个函数调用语句 d.setScore();放在了 try 语句块中检查有无异常发生，由于设置的值为-8，超出了 0~100 的取值范围，这时抛出 OutOfRange 类型的异常，返回 main 函数，该异常被 catch 语句块捕获，并显示该异常。

（3）语句 catch(OutOfRange& o)中使用了 OutOfRange 类对象的引用，若不使用引用而使用 OutOfRange 类对象，则会再次调用 OutOfRange 类的构造函数构造对象 o，造成额外的开销。

8.6 程序实例

前面介绍了异常处理机制相关的一些知识，包括异常处理的概念，异常处理语句的基本语法和灵活多变的语法结构，类和对象相关的异常处理机制，C++的标准异常类的使用以及用户如何定义自己的异常类，接下来将通过一个综合实例加深读者对以上知识点的理解。

例 8-16　异常处理的程序实例。

```
#include <iostream>
#include <cmath>
using namespace std;
class ValueErrorException                                    //自定义异常类
{public:
    ValueErrorException(char* message)
    {   cout<<message<<endl; }
};
class Triangle
{public:
    Triangle(double a,double b,double c):x(a),y(b),z(c)
    {   if(a<0||b<0||c<0)
            throw ValueErrorException("Value cannot be minus.");
                                        //构造函数中抛出自定义异常类类型的异常
        cout<<"Construct a rectangle:"<<x<<","<<y<<","<<z<<"."<<endl;
        }
    ~Triangle()
    {    cout<<"Destruct a rectangle:"<<x<<","<<y<<","<<z<<"."<<endl; }
    int area() throw(double);
private:
    double x, y, z;
};
int Triangle::area() throw(double)                          //函数声明中抛出异常
{   double area=(x+y+z)/2;
    if(x+y<=z||x+z<=y||y+z<=x)
        throw x;                                   //一般成员函数中抛出双精度型异常
    area=sqrt(area*(area-x)*(area-y)*(area-z));
    return area;
}
int main()
{   try{ Triangle tri1(8,9,10);
         cout<<"The area is:"<<tri1.area()<<"."<<endl;
         Triangle tri2(1,2,3);
         cout<<"The area is:"<<tri2.area()<<"."<<endl;
         Triangle tri3(2,4,-3);
```

```
        cout<<"The area is:"<<tri3.area()<<"."<<endl;
    }
    catch(ValueErrorException)                  //捕获自定义异常类类型的异常
    {   cout<<"Value error exception happened."<<endl; }
    catch(double s)                             //捕获双精度型异常
    {   cout<<s<<" is not a legal triangle."<<endl; }
    catch(...)                                  //捕获所有类型的异常
    {   cout<<"Unexpected exception happened."<<endl; }
    return 0;
}
```

程序运行结果：

```
Construct a rectangle:8,9,10.
The area is:34.
Construct a rectangle:1,2,3.
Destruct a rectangle:1,2,3.
Destruct a rectangle:8,9,10.
1 is not a legal triangle.
```

程序说明：

（1）首先自定义了一个异常类 ValueErrorException，该异常类用来输出值错误异常信息。接下来定义了一个用来表示三角形的类 Triangle，该类的三个私有数据成员 x，y，z 分别用来表示三角形的三条边，Triangle 类的构造函数中将分别对三角形的三条边赋值，若三条边的值出现了负数，则抛出 ValueErrorException 类型的异常。Triangle 类中还定义了一个一般成员函数 area，用来计算三角形的面积，在这个成员函数中，会对三条边的关系进行一个检查，若两条边之和小于或等于第三条边，则这三条边无法构成三角形，将抛出一个 double 型的异常。

（2）在 main 函数中，try 语句块中首先定义了一个 Triangle 类的对象 tri1，并分别给 tri1 的三条边赋值为 8,9,10，此时系统会自动调用构造函数，构造函数会检查 tri1 对象三条边的值的合法性，都合法，则不抛出任何异常，对象构建成功，返回主函数。接下来通过 tri1 调用 area 函数来计算 tri1 的面积，在 area 函数中会对三条边的关系进行一个判断，并未出现两边之和小于第三边的情况，因此，未抛出任何异常，计算三角形面积并将其返回，返回后 main 函数输出该面积值。

（3）接下来定义第二个 Triangle 类的对象 tri2，并分别给 tri2 的三条边赋值为 1,2,3，此时系统会再一次自动调用构造函数，构造函数会检查 tri2 对象三条边的值的合法性，都合法，则不抛出任何异常，对象构建成功，返回主函数。接下来又通过 tri2 调用 area 函数来计算 tri2 的面积，发现两边之和小于第三边，则抛出一个双精度型的异常，area 函数将终止执行，返回主函数。主函数中 try 语句块中之后的语句也将被跳过，即第三个 Triangle 类对象 tri3 将不会被创建。但是，值得注意的一点是，之前已经构建的两个对象 tri1 和 tri2 的作用域仅限于 try 语句块内，因此，在 try 语句块结束前，系统将按照构造顺序的逆序来分别调用析构函数析构这个两个对象，先析构 tri2 对象，再析构 tri1 对象，然后便结束 try 语句块的执行。之前抛出的 double 型的异常被第二个 catch 语句块所捕获并进行相应的处理，程序运行结束。

如果将例 8-16 程序中的主函数 try 语句块中各 Triangle 对象的构造顺序稍作修改，请思考程序的运行结果又会如何。

```
try{ Triangle tri1(8,9,10);
     cout<<"The area is:"<<tri1.area()<<"."<<endl;
```

```
    Triangle tri3(2,4,-3);
    cout<<"The area is:"<<tri3.area()<<"."<<endl;
    Triangle tri2(1,2,3);
    cout<<"The area is:"<<tri2.area()<<"."<<endl;
}
```

程序运行结果：

```
Construct a rectangle:8,9,10.
The area is:34.
Value cannot be minus.
Destruct a rectangle:8,9,10.
Value error exception happened.
```

程序说明：

（1）当系统调用构造函数创建第二个 Triangle 类对象时，由于三条边的值中有一个是负数，因此抛出了自定义异常类 ValueErrorException 类型的异常，终止了构造函数的执行，并返回了主函数，主函数中 try 语句块内之后的语句都将不被执行。

（2）同样地，在 try 语句块结束前，系统将自动调用析构函数对已经构建的 Triangle 类对象进行析构，问题是，在这之前一共创建了几个 Triangle 类对象呢？答案是一个，即 tri1 对象，而 tri2 对象的创建过程中出现了异常，因此 tri2 对象并未创建成功，在类对象的析构中也只会析构 tri1 对象。在创建 tri2 对象中抛出的异常被 try 语句块之后的第一个 catch（ValueErrorException）捕获并进行相应的处理，程序结束运行。

本章小结

C++的异常处理机制，是针对程序在运行过程中可能出现的错误或者与人们所期望的结果可能出现的偏差进行处理。

C++的异常处理是通过 try-throw-catch 的结构化方式来实现对异常的捕获和处理，除可以采用 try-throw-catch 的基本语法结构外，还可以采用一些灵活多变的语法结构。

程序中使用异常处理机制除了需要遵守异常处理语句的基本语法规则外，还需要遵守其他一些基本的使用原则。

C++的异常处理机制可以在类和对象中的应用，可以对构造函数、析构函数及其他成员函数中发生的异常进行处理。

C++标准库本身也提供了一些常用的标准异常类供用户直接使用，用户既可以直接调用 C++提供的标准异常类，也可以根据自己的实际需求从标准异常类派生出新的异常类，更甚至于可以自己定义新的异常类。

习　题

8-1　编写程序，实现分别输入三角形的三条边的边长后求三角形的面积，在输入的三角形的三条边的边长不能构成三角形的情况下，能检测出异常并进行相应的异常处理。

8-2 读程序写结果。

```
#include <iostream>
#include <cmath>
using namespace std;
double fun(double x)
{   if(x<0)throw x;
       cout<<"In fun\n";
    return sqrt(x);
}
int main()
{     try{ cout<<fun(9)<<endl;
        cout<<fun(-9)<<endl;
        cout<<"In main\n";
    }
    catch(double){   cout<<"error!\n";   }
    cout<<"end\n";        return 0;
}
```

8-3 下面程序求双精度数的开方，当所求之数小于0时，输出警告信息，完成该程序。

```
#include <iostream>
#include <cmath>
using namespace std;
double Sqr(double);
int main()
{   __________{
        cout<<"Sqr(5.2)="<<Sqr(5.2)<<endl;
        cout<<"Sqr(-9)="<<Sqr(-9)<<endl;
    }
    catch(__________){      cout<<"x<0!\n";     }
    return 0;
}
double Sqr(double x)
{   if(x<0)________ x;
    return sqrt(x);
}
```

8-4 下面程序以添加文本方式将数组data中元素值输出到myfile.txt文件中，当打开文件失败时输出警告信息，完成该程序。

```
#include <iostream>
#include <fstream>
using namespace std;
int main()
{   int data[8]={1,2,3,4,5,6,7,8};
    ofstream fout;
    fout.__________("myfile.txt",ios::out|__________);
    if(!fout)
    {   cerr<<"open file error!\n";exit(1);      }
    for(int i=0;i<8;i++)
    _________<<data[i]<<" ";
    fout.close();      return 0;
  }
```

8-5 下面程序求 $1\times2\times\cdots\times n$，当n小于0时，输出警告信息，完善该程序。

```
#include <iostream>
using namespace std;
int fact(int n)
{   if(n<0) throw n;
    long f=1;
    for(int i=1;i<=n;i++) f=f*i;
    return f;
}
int main()
{   int n;
    cin>>n;
    try{
       cout<<"fact("<<n<<")="<<fact(n)<<endl;
   }
    return 0;
}
```

8-6 编写一个简单的学生信息管理系统，系统中保存了学生的数据，包括学号、姓名、年龄、成绩，学生的信息，由用户通过键盘录入，在录入的学生信息不合理的情况下（录入的学号为0或者小于0，录入的年龄为0或者小于0，录入的成绩小于0或者大于100），采用异常处理机制对其进行处理。

第9章 综合实例

在进行面向对象程序设计时，首先要对实际问题进行分析，根据功能要求，找出待处理的数据以及需要对数据完成的操作，以此进行类的设计。由待处理的数据确定类的数据成员，对数据所做的操作决定了类的成员函数。本章介绍学生信息管理与家庭财务管理两个综合实例，通过这两个实例，介绍应用C++面向对象程序设计方法解决实际问题的过程。

9.1 学生信息管理系统

学生信息管理系统可以实现对学生信息增加、修改、删除、显示、保存等操作，系统的功能模块如图9-1所示。

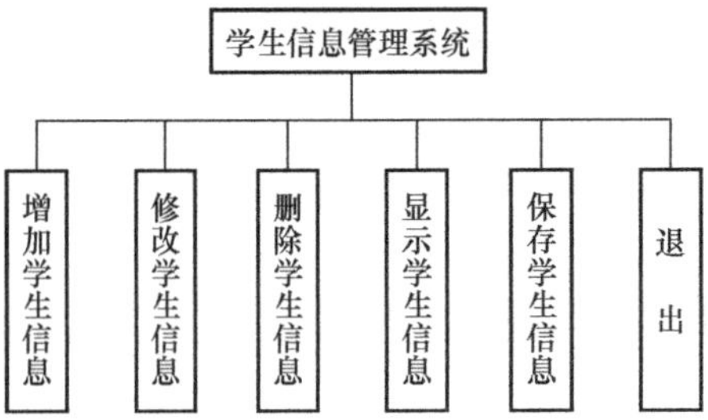

图9-1　学生信息管理系统功能模块图

9.1.1　功能介绍

学生信息是指学生学号、姓名、性别、出生年、电话号码等数据。

学生信息管理系统需要实现的主要功能如下。

（1）增加学生信息

增加学生信息时，先输入学号，将输入的学号与已输入的学生信息进行比对，若该学号的学生信息已存在，则提示“该学号已存在”，要重新输入学号；若没有该学号的学生信息，则依次输入学生姓名、性别、出生年、电话号码等信息。

（2）修改学生信息

修改学生信息时，先输入待修改学生的学号，将输入的学号与已输入的学生信息进行比对，若该学号的信息不存在，则提示“该学生不存在”，返回主菜单；若该学号的信息存在，则显示该学生原来的信息，并允许对学号以外的其他信息进行修改。

（3）删除学生信息

删除学生信息时，先输入待删除学生的学号，将输入的学号与已输入的学生信息进行比对，若该学号的信息不存在，则提示“该学生不存在”，返回主菜单；若该学号的信息存在，则显示该学生原来的信息，并提示“确认删除”，按 y 键，确认删除，否则不删除。

（4）显示学生信息

显示学生信息时，可以选择按照不同顺序进行显示，即“学号由小到大”或“学号由大到小”。选择某种顺序后，先将学生信息按学号进行排序，再依次显示出来。

（5）保存学生信息

保存学生信息时，可以将学生信息以文本方式保存到指定的磁盘文件中。

9.1.2 设计思路

1. 主界面设计

程序开始运行时，将显示用户操作主界面，为用户提供操作选择菜单，菜单样式如图 9-2 所示。

在主界面中，用户选择 1 ~ 5，则执行对学生信息的各种操作，选择 0，退出应用程序。

```
学生信息管理
——————————————————
1. 增加学生信息
2. 修改学生信息
3. 删除学生信息
4. 显示学生信息
5. 保存学生信息
0. 退出
——————————————————
请选择 (0 ～ 5)：
```

图 9-2 学生信息管理主界面

2. 类的设计

（1）信息类 Info

根据学生信息管理的功能要求，分析其中待处理的学生数据及对学生数据所做的操作，设计一个信息类 Info，类中的数据成员用于存放学生的学号、姓名、性别、出生年及电话等数据，类中的成员函数实现对学生数据的操作，成员函数中包括为数据成员赋初值的构造函数，以及对数据成员进行设置、显示及获取等操作的其他成员函数。

Info 类的声明如下：

```
//Info.h 头文件
class Info
{public:
    Info(long nu,string na,string se,int y,string ph)//有参构造函数
        :num(nu),name(na),sex(se),birthyear(y),phone(ph)
    { }
    Info()                        //无参构造函数
    { }
    void setdata(long nu,string na,string se,int y,string ph)
    {   num=nu;                   //设置数据
        name=na;
        sex=se;
        birthyear=y;
        phone=ph;
    }
    void showdata()                                       //显示数据
    {   cout<<num<<" "<<name<<" "<<sex<<" "<<birthyear<<""
            <<phone<<endl;}
    long getnum()                   //获取学号
    {   return num;   }
    string getname()                     //获取姓名
```

```
    {   return name;  }
    string getsex()                 //获取性别
    {   return sex;     }
    int getbirthyear()              //获取出生年
    {   return birthyear;}
    string getphone()                //获取电话
    {   return phone;}
private:
    long num;             //学号
    string name;          //姓名
    string sex;           //性别
    int birthyear;        //出生年
    string phone;         //电话
};
```

(2)信息管理类 InfoManager

在设计的学生信息 Info 类基础上，进一步分析学生信息管理的功能要求。由于需要管理的学生人数不只一个，所以可以定义一个 Info 类的数组，存放所有学生的数据，同时还要有相应的函数，实现对数组中的学生数据的增加、修改、删除、查找等各种操作。

为此设计一个信息管理类 InfoManager，类中包含存放所有学生信息的 Info 类数组、学生人数等数据成员，类中还包含对数据成员赋初值的构造函数，以及对学生信息数组进行增加、修改、删除、显示和保存等操作的其他成员函数。

InfoManager 类的声明如下：

```
//InfoManager.h 头文件
#include "Info.h"                   //包含 Info 类声明的头文件
#define MAX_COUNT 100               //最大学生人数
class InfoManager
{public:
    InfoManager()                   //构造函数
    {   count=0;
        saveflag=false;
    }
    void showMenu();
    void addInfo();                  //增加学生信息
    int seekInfo(long nu);           //查找学号为 nu 的学生，返回下标或-1
    void inputInfo(long num,int index);
    void editInfo();                 //修改学生信息
    void delInfo();                  //删除学生信息
    void showInfo();                 //显示学生信息
    void saveInfo();                 //保存学生信息
    void readInfo();
    void init();                     //初始化函数
    void exit();                     //退出函数
private:
    Info stInfo[MAX_COUNT];          //存放学生信息的 Info 类数组
    int count;                       //学生人数
    bool saveflag;                   //保存标记
};
```

9.1.3 实现代码

1. 主函数

在完成类设计的基础上，进一步编写主函数代码。根据学生信息管理的功能要求，运行应用程序时，先显示应用程序主界面，等待用户输入操作选项。当用户输入选择后，执行相应的操作，执行完将再次返回主菜单。要实现这些功能，要在主函数中定义 InfoManager 类对象，通过对象调用 InfoManager 类的成员函数实现各种功能。主函数代码如下：

```
//ex9_1.cpp 源文件
#include <iostream>
#include <string>
using namespace std;
#include "InfoManager.h"   //包含 InfoManager 类声明头文件 InfoManager.h
int main()
{   InfoManager infomanager;                 //定义 InfoManager 类对象
    infomanager.init();                      //初始化
    int choice;
    while(1)
    {   system("cls");                        //清屏
        system("color 1e");                   //设置背景色与前景色
        infomanager.showMenu();               //显示操作菜单
        cin>>choice;                          //输入操作选择
        switch(choice)
        {   case 1:infomanager.addInfo();break;     //增加信息
            case 2:infomanager.editInfo();break;    //修改信息
            case 3:infomanager.delInfo();break;     //删除信息
            case 4:infomanager.showInfo();break;    //显示信息
            case 5:infomanager.saveInfo();break;    //保存信息
        }
        if(choice==0)
        {   infomanager.exit();     //退出
            break;
        }
    }
    return 0;
}
```

2. InfoManager 类成员函数

学生信息管理的主要功能实现代码被封装在 InfoManager 类中，调用这些成员函数可实现对存放学生信息的 stInfo 数组的各种操作。

InfoManager 类的成员函数代码放在 InfoManager.cpp 源文件中，在文件开始处加上如下编译预处理内容：

```
#include <iostream>
#include <string>
#include <fstream>
using namespace std;
#include "InfoManager.h"         //包含 InfoManager 类声明头文件
```

（1）显示主界面函数

```
void InfoManager::showMenu()
{   cout<<"          学生信息管理\n";
    cout<<" --------------------\n";
    cout<<"    1. 增加学生信息\n";
    cout<<"    2. 修改学生信息\n";
    cout<<"    3. 删除学生信息\n";
    cout<<"    4. 显示学生信息\n";
    cout<<"    5. 保存学生信息\n";
    cout<<"    0. 退出\n";
    cout<<" --------------------\n";
    cout<<"  请选择(0-5):";
}
```

（2）增加学生信息函数

```
void InfoManager::addInfo()
{   long num;
    if(count==MAX_COUNT)
    {   cout<<"学生人数已达到最大值,不能再增加学生!";
        return;
    }
    while(1)
    {   cout<<"请输入学号: ";
        cin>>num;
        if(num<=0)
        {   cout<<"学号不能为 0 或负数\n";
            getchar();
        }
        else
            if(seekInfo(num)!=-1)          //检查输入的学号是否已存在
            {   cout<<"该学号已存在!按任意键返回主菜单…";
                getchar();getchar();
                return;
            }
            else
                break;
    }
    inputInfo(num,count);                     //调用函数输入数据
    count++;                         //学生人数加 1
    saveflag=true;                   //设置保存标记为真
    cout<<"学生信息已增加!按任意键返回主菜单…";
    getchar();getchar();
}
```

增加学生信息时，要判断学号是否已存在，该函数代码如下：

```
int InfoManager::seekInfo(long nu)
{   for(int i=0;i<count;i++)
        if(stInfo[i].getnum()==nu)
            return i;
    return -1;                            //学号不存在返回-1
}
```

若判断出学号不存在，则继续输入数据，输入数据函数代码如下：

```
void InfoManager::inputInfo(long num,int index)
{   string name,sex,phone;
    int birthyear,se;
    cout<<"请输入姓名:";
    cin>>name;
    cout<<"请输入性别(1-男,2-女):";
    cin>>se;
    if(se==1)
        sex="男";
    else
        sex="女";
    cout<<"请输入出生年: ";
    cin>>birthyear;
    cout<<"请输入电话: ";
    cin>>phone;
    stInfo[index].setdata(num,name,sex,birthyear,phone);//设置数据
}
```

（3）修改学生信息函数

```
void InfoManager::editInfo()
{   long num,index;
    while(1)
    {   cout<<"请输入待修改学生学号:";
        cin>>num;
        if(num<=0)
        {   cout<<"学号不能为 0 或负数\n";
            getchar();getchar();
        }
        else
            if((index=seekInfo(num))==-1)   //检查输入的学号是否存在
            {   cout<<"该学生不存在!按任意键返回主菜单…";
                getchar();getchar();
                return;
            }
            else
                break;
    }
    cout<<"学号为"<<num<<"的学生原信息如下:\n";
    stInfo[index].showdata();
    inputInfo(num,index);                     //调用函数输入数据
    saveflag=true;                            //设置保存标记为真
    cout<<"学生信息已修改!按任意键返回主菜单…";
    getchar();getchar();
}
```

（4）删除学生信息函数

```
void InfoManager::delInfo()
{   long num,index;
    while(1)
    {   cout<<"请输入待删除学生学号:";
```

```
        cin>>num;
        if(num<=0)
        {   cout<<"学号不能为 0 或负数\n";
            getchar();getchar();
        }
        else
            if((index=seekInfo(num))==-1) //检查输入的学号是否存在
            {   cout<<"该学生不存在!按任意键返回主菜单…";
                getchar();getchar();
                return;
            }
            else
                break;
    }
    cout<<"学号为"<<num<<"的学生信息如下:\n";
    stInfo[index].showdata();
    cout<<"确认删除(y/n)?";
    getchar();
    if(getchar()!='y')
        return;
    else
    {   for(int i=index;i<count-1;i++)    //删除信息后将后面的信息前移
        {   stInfo[i]=stInfo[i+1];    }
    }
    count--;                    //学生人数减 1
    saveflag=true;              //设置保存标记为真
    cout<<"学生信息已删除!按任意键返回主菜单…";
    getchar();getchar();
}
```

（5）显示学生信息函数

```
void InfoManager::showInfo()
{   int choice;
    cout<<"请选择: 1-学号由小到大  2-学号由大到小 ";
    cin>>choice;
    Info temp;
    for(int pass=1;pass<count;pass++)        //排序
    {   for(int j=0;j<count-pass;j++)
        {   if((stInfo[j].getnum()>stInfo[j+1].getnum()&&choice==1)
            ||(stInfo[j].getnum()<stInfo[j+1].getnum()&&choice!=1))
            {   temp=stInfo[j];
               stInfo[j]=stInfo[j+1];
               stInfo[j+1]=temp;
               saveflag=true;                 //设置保存标记为真
            }
        }
    }
    for(int i=0;i<count;i++)
        stInfo[i].showdata();
    cout<<"按任意键返回主菜单…";
    getchar();getchar();
}
```

(6) 保存学生信息函数

```
void InfoManager::saveInfo()
{   char filename[20];
    cout<<"请输入文件名:";
    cin>>filename;
    ofstream fout(filename,ios::out);
    if(!fout)
    {   cout<<"打开文件失败,按任意键返回主菜单…";
        getchar();getchar();
        return;
    }
    for(int i=0;i<count;i++)
        fout<<stInfo[i].getnum()<<" "<<stInfo[i].getname()<<" "
            <<stInfo[i].getsex()<<" "<<stInfo[i].getbirthyear()
            <<" "<<stInfo[i].getphone()<<endl;
    fout.close();
    saveflag=false;          //设置保存标记为假
    cout<<"学生信息已保存!按任意键继续…";getchar();getchar();
}
```

(7) 初始化函数

程序开始运行时，若已保存过学生信息，可以通过调用 readInfo 函数将保存的信息读取进来。初始化函数如下：

```
void InfoManager::init()
{   readInfo();}
```

读取学生信息函数如下：

```
void InfoManager::readInfo()
{   char filename[20];
    long num;
    string name,sex,phone;
    int birthyear;
    cout<<"请输入文件名:";
    cin>>filename;
    ifstream fin(filename,ios::in);
    if(!fin)
    {   cout<<"打开文件失败,按任意键返回主菜单…";
        getchar();getchar();
        return;
    }
    while(!fin.eof())                    //从文件中读取学生信息
    {   fin>>num>>name>>sex>>birthyear>>phone;
        if(!fin.fail())     //或 if(fin.good())
        {   stInfo[count].setdata(num,name,sex,birthyear,phone);
            count++;
        }
    }
    fin.close();
    cout<<"学生信息已读取!按任意键显示主菜单…";
    getchar();getchar();
}
```

（8）退出函数

退出程序时，如果学生信息被修改过，将提示是否需要保存，若输入 y 则调用保存学生信息函数保存信息。

```
void InfoManager::exit()
{   if(saveflag)                          //判断学生信息是否被修改
    {   cout<<"学生信息已改变,是否保存(y/n)?";
        getchar();
        if(getchar()=='y')
           saveInfo();
    }
}
```

9.2 家庭财务管理系统

家庭财务管理系统能够对家庭日常收支和定期储蓄信息进行管理，实现对信息的增加、删除、查询、保存等操作，系统的功能模块如图 9-3 所示。

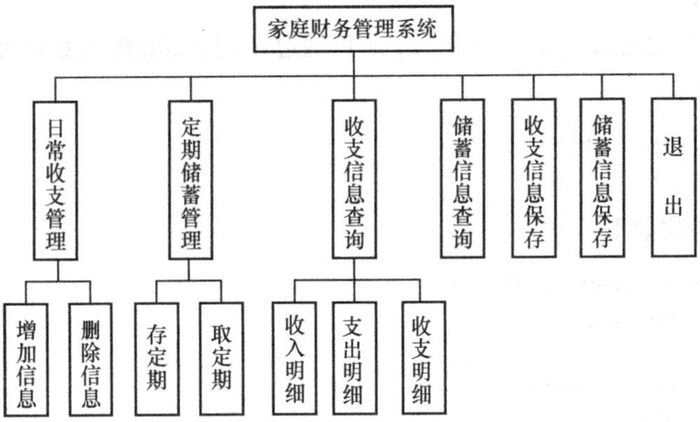

图 9-3 家庭财务管理系统功能模块图

9.2.1 功能介绍

家庭财务管理系统主要功能如下。

（1）日常收支管理

日常收支管理包括增加收支信息和删除收支信息。

增加收支信息时，要输入经办人姓名、发生金额、收支详情，序号、经办日期和余额自动生成，经办日期取当前日期。

删除收支信息时，输入要删除的收支信息序号，若该序号信息存在，显示该信息并提示“确认删除”，按 y 键，确认删除，否则不删除。

（2）定期储蓄管理

定期储蓄管理可以进行存定期或取定期操作。

存定期时，要输入经办人姓名、存款金额、存期、存款利率等，序号、经办日期和存款总金额自动生成，经办日期取当前日期，同时要在收支信息余额中扣除存款金额，若余额不足，则不能存这笔钱。

取定期时，输入要支取的存款序号，若该序号信息存在，显示该信息并提示“确认支取”，按 y 键，确认支取，计算本金加利息，并在收支信息余额中增加该笔金额。

（3）收支信息查询

收支信息查询可以选择查询收入明细、支出明细或收支明细。

（4）储蓄信息查询

储蓄信息查询可以查询每一笔定期存款和取款的详细情况及存款总金额。

（5）收支信息保存

收支信息保存，可以将收支信息以文本方式保存到指定的磁盘文件中。

（6）储蓄信息保存

储蓄信息保存，可以将储蓄信息以文本方式保存到指定的磁盘文件中。

9.2.2 设计思路

1. 主界面设计

程序开始运行时，将显示用户操作主界面，为用户提供操作选择菜单，菜单样式如图 9-4 所示。

在主界面中，用户选择 1～6，则执行对家庭财务信息的各种操作，选择 0，退出应用程序。

2. 类的设计

由于收支信息与储蓄信息中都存在序号、经办人姓名、经办日期、发生金额等数据，为了减少代码的重复，设计了一个账户类 Account 类作为基类，类中的数据成员用于存放这些数据，类中的成员函数实现对数据的操作。

由账户类 Account 派生出收支类 Checking 及储蓄类 Saving 两个子类，三个类之间的关系如图 9-5 所示。

```
家庭财务管理
——————————————————
1. 日常收支管理
2. 定期储蓄管理
3. 收支信息查询
4. 储蓄信息查询
5. 收支信息保存
6. 储蓄信息保存
0. 退出
——————————————————
请选择(0～6)：
```

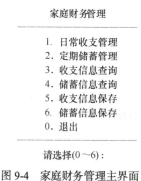

图 9-4　家庭财务管理主界面

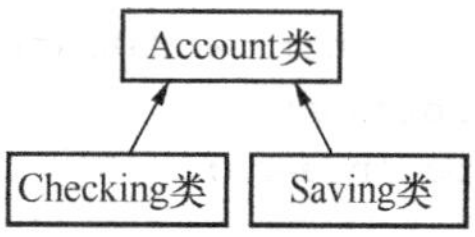

图 9-5　账户类及其子类的关系图

（1）账户类 Account

根据家庭财务管理的内容，设计的账户类 Account 类包含了序号、姓名、经办日期及发生金额 5 个数据成员，还包含对数据成员进行设置、显示及获取等操作的成员函数。

Account 类的声明如下：

```
//Account.h 头文件
class Account
{public:
    void setdata(int nu,string na,long d,float a)     //设置数据
    {   num=nu;
```

```
        name=na;
        date=d;
        amount=a;
    }
    void showdata()                       //显示数据
    {   cout<<setw(8)<<num<<" "<<setw(8)<<name<<" "<<date<<" "
            <<setw(8)<<amount;
    }
    void setnum(int nu)          //设置序号
    {   num=nu;    }
    int getnum()                     //获取序号
    {   return num;    }
    string getname()             //获取经办人姓名
    {   return name;     }
    long getdate()               //获取经办日期
    {   return date;     }
    float getamount()            //获取发生金额
    {   return amount;     }
private:
    int num;                //序号
    string name;            //经办人姓名
    long date;              //经办日期
    float amount;           //发生金额
};
```

(2) 收支类 Checking

收支类 Checking 类是由账户类 Account 类派生的，除了继承父类的成员外，还增加了收支详情和余额两个数据成员，以及设置、获取新增数据成员的成员函数，同时改写了父类的设置与显示数据的成员函数。

Checking 类的声明如下：

```
//Checking.h 头文件
class Checking:public Account
{public:
    void setdata(int nu,string na,long d,float a,string no,float ba)
    {   Account::setdata(nu,na,d,a);                  //设置数据
        notes=no;
        balance=ba;
    }
    void showdata()                                   //显示数据
    {   Account::showdata();
        cout<<" "<<setw(10)<<notes<<" "<<setw(8)<<balance<<endl;
    }
    void setbalance(float ba)           //设置余额
    {   balance=ba;    }
    string getnotes()                   //获取收支详情
    {   return notes;     }
    float getbalance()                   //获取余额
    {   return balance;     }
private:
    string notes;          //收支详情
```

```
    float balance;        //余额
};
```

（3）储蓄类 Saving

储蓄类 Saving 类是由账户类 Account 类派生的，除了继承父类的成员外，还增加了存期、利率、定期存款总金额三个数据成员，其中定期存款总金额是静态数据成员，增加了设置、获取新增数据成员的成员函数，并改写了父类的设置和显示数据的成员函数。

Saving 类声明如下：

```
//Saving.h 头文件
class Saving:public Account
{public:
    void setdata(int nu,string na,long d,float a,int te,float ra)
    {   Account::setdata(nu,na,d,a);       //设置数据
        term=te;
        rate=ra;
    }
    void showdata()                                   //显示数据
    {   Account::showdata();
        cout<<" "<<setw(4)<<term<<" "<<setw(8)<<rate<<"%"<<endl;
    }
    float getterm()                  //获取存期
    {   return term; }
    float getrate()                  //获取利率
    {   return rate; }
    static void addtotal(float amount)      //增加存款总金额
    {   total+=amount; }
    static float gettotal()    //获取存款总金额
    {   return total; }
private:
    int term;              //存期
    float rate;            //利率
    static float total;    //存款总金额
};
```

（4）信息管理类 InfoManager

在设计的收支信息 Checking 类与储蓄信息 Saving 类基础上，进一步分析家庭财务管理的功能要求。由于需要对多条收支信息与储蓄信息进行管理，所以需要定义一个 Checking 类数组和一个 Saving 类数组，存放所有收支数据和储蓄数据，同时还要有相应的函数，实现对数组中数据的增加、删除、查询和保存等各种操作。

为此设计一个信息管理类 InfoManager，类中包含存放收支信息的 Checking 类数组、存放储蓄信息的 Saving 类数组、收支信息条数、储蓄信息条数等数据成员，类中还包含为数据成员赋初值的构造函数，以及对收支和储蓄信息进行增加、删除、查询和保存等操作的其他成员函数。

InfoManager 类的声明如下：

```
//InfoManager.h 头文件
#include "Account.h"                 //包含 Account 类声明的头文件
#include "Checking.h"                //包含 Checking 类声明的头文件
#include "Saving.h"                  //包含 Saving 类声明的头文件
```

```
#define CMAX_COUNT 1000              //收支信息最大记录数
#define SMAX_COUNT 200               //储蓄信息最大记录数
class InfoManager
{public:
    InfoManager()                                    //构造函数
    {   checkcount=0;         //收支信息条数置 0
        savecount=0;          //储蓄信息条数置 0
        checkflag=false;      //收支信息保存标志置假
        saveflag=false;       //储蓄信息保存标志置假
    }
    void showMenu();
    void check();                            //收支信息管理
    long getnowDate();
    void checkInput();                       //收支信息输入
    void checkDel();                         //收支信息删除
    void checkSeek();                        //收支信息查询
    void save();                             //储蓄信息管理
    void saveInput();                        //储蓄信息输入
    void saveDel();                          //储蓄信息删除
    void saveSeek();                         //储蓄信息查询
    void checkStore();                       //收支信息保存
    void saveStore();                        //储蓄信息保存
    void checkRead();
    void saveRead();
    void init();                            //初始化函数
    void exit();                            //退出函数
private:
    Checking checkInfo[CMAX_COUNT];    //存放收支信息的 Checking 类数组
    Saving saveInfo[SMAX_COUNT];       //存放储蓄信息的 Saving 类数组
    int checkcount;                    //收支信息条数
    int savecount;                     //储蓄信息条数
    bool checkflag,saveflag;           //收支信息与储蓄信息保存标记
};
```

9.2.3 实现代码

1. 主函数

在完成类设计的基础上，进一步编写主函数代码。根据家庭财务管理的功能要求，运行应用程序时，先显示应用程序主界面，等待用户输入操作选项。当用户输入选择后，执行相应的操作，执行完将再次返回主菜单。要实现这些功能，要在主函数中定义 InfoManager 类对象，通过对象调用 InfoManager 类的成员函数实现各种功能。主函数代码如下：

```
//ex9_2.cpp 源文件
#include <iostream>
#include <iomanip>
#include <string>
using namespace std;
#include "InfoManager.h"   //包含 InfoManager 类声明头文件 InfoManager.h
```

```
float Saving::total=0;     //为静态数据成员赋初值
int main()
{   InfoManager infomanager;       //定义 InfoManager 类对象
    infomanager.init();            //初始化
    int choice;
    while(1)
    {   system("cls");                             //清屏
        system("color 1e");                        //设置背景色与前景色
        infomanager.showMenu();                    //显示操作菜单
        cin>>choice;                               //输入操作选择
        switch(choice)
        {   case 1:infomanager.check();break;        //收支管理
            case 2:infomanager.save();break;         //储蓄管理
            case 3:infomanager.checkSeek();break;    //收支信息查询
            case 4:infomanager.saveSeek();break;     //储蓄信息查询
            case 5:infomanager.checkStore();break;   //收支信息保存
            case 6:infomanager.saveStore();break;    //储蓄信息保存
        }
        if(choice==0)
        {   infomanager.exit();         //退出
            break;
        }
    }
    return 0;
}
```

2. InfoManager 类成员函数

家庭财务管理的主要功能实现代码被封装在 InfoManager 类中，调用这些成员函数可实现对家庭财务信息的各种操作。

InfoManager 类成员函数代码写在 InfoManager.cpp 源文件中，在文件开始处加上如下编译预处理内容：

```
#include <iostream>
#include <iomanip>
#include <string>
#include <fstream>
#include <ctime >
using namespace std;
#include "InfoManager.h"            //包含 InfoManager 类声明头文件
```

（1）显示主界面函数

```
void InfoManager::showMenu()
{   cout<<"        家庭财务管理\n";
    cout<<" --------------------\n";
    cout<<"    1. 日常收支管理\n";
    cout<<"    2. 定期储蓄管理\n";
    cout<<"    3. 收支信息查询\n";
    cout<<"    4. 储蓄信息查询\n";
    cout<<"    5. 收支信息保存\n";
```

```
        cout<<"    6. 储蓄信息保存\n";
        cout<<"    0. 退出\n";
        cout<<" --------------------\n";
        cout<<"  请选择(0-6):";
}
```

（2）日常收支管理函数

```
void InfoManager::check()
{   int choice;
    cout<<"请选择: 1-增加信息  2-删除信息 ";
    cin>>choice;
    if(choice==1)
        checkInput();
    else
        checkDel();
}
```

当选择增加信息时，执行输入收支信息函数，该函数代码如下：

```
void InfoManager::checkInput()
{   string name,notes;
    long date;
    float amount,balance;
    if(checkcount==CMAX_COUNT)
    {cout<<"收支信息已达到最大记录数,不能再增加!按任意键返回主菜单…";
        getchar();getchar();
        return;
    }
    cout<<"请输入第"<<checkcount+1<<"笔收支信息\n";
    cout<<"请输入姓名:";
    cin>>name;
    date=getnowDate();                    //获取当前日期
    while(1)
    {   cout<<"请输入收支金额(单位-元):";
        cin>>amount;
        if(amount!=0)       //金额不能为0
            break;
    }
    cout<<"请输入收支详情:";
    cin>>notes;
    if(checkcount==0)                         //设置余额
        balance=amount;
    else
        balance=checkInfo[checkcount-1].getbalance()+amount;
    checkInfo[checkcount].setdata(checkcount+1,name,date,amount,
            notes,balance);                //设置数据
    checkcount++;          //收支信息条数加1
    checkflag=true;        //设置收支保存标记
    cout<<"收支信息已增加!按任意键返回主菜单…";
    getchar();getchar();
}
```

在输入信息函数中，由于经办日期是当前日期，通过调用 getnowDate 函数获取当前日期，该函数代码如下：

```
long InfoManager::getnowDate()
{   long nowtime;
    struct tm* timeinfo;
    nowtime=time(NULL);     //获取当前日期时间距 1970 年 0:0:0 的秒数
    timeinfo=localtime(&nowtime);//将秒数转换为当前日期时间信息
    return (timeinfo->tm_year+1900)*10000+(timeinfo->tm_mon+1)*100
            +timeinfo->tm_mday;    //将当前日期的年月日转换为 8 位整数
}
```

程序说明：

① 调用 time()函数将返回当前日期时间距 1970 年 0:0:0 的秒数。

② 调用 local(&nowtime)函数，将 nowtime 变量中的秒数值转换为当前日期时间信息，返回 tm 结构指针。tm 结构的 tm_year 成员表示实际年份-1900，tm_mon 成员代表当前月份-1，取值区间[0,11],tm_mday 成员代表一月中的第几天，取值区间[1,31]。

当选择删除信息时，执行删除收支信息函数。该函数代码如下：

```
void InfoManager::checkDel()
{   long num;
    float amount,balance;
    while(1)
    {   cout<<"请输入要删除的收支信息序号:";
        cin>>num;
        if(num<=0)
        {   cout<<"序号不能为 0 或负数\n";
            getchar();getchar();
        }
        else
            if(num>checkcount)
            {   cout<<"该序号信息不存在!按任意键返回主菜单…";
                getchar();getchar();
                return;
            }
            else
                break;
    }
    cout<<"序号为"<<num<<"的收支信息如下:\n";
    checkInfo[num-1].showdata();
    getchar();
    cout<<"确认删除(y/n)?";
    if(getchar()!='y')
        return;
    else
    {   amount=checkInfo[num-1].getamount();
        for(int i=num-1;i<checkcount-1;i++)         //收支信息前移
        {   checkInfo[i]=checkInfo[i+1];
            checkInfo[i].setnum(i+1);               //修改收支信息序号
            balance=checkInfo[i].getbalance()-amount;
            checkInfo[i].setbalance(balance);       //修改收支余额
        }
```

```
        }
        checkcount--;             //收支信息条数减 1
        checkflag=true;           //设置收支保存标记
        cout<<"收支信息已删除!按任意键返回主菜单…";getchar();getchar();
}
```

（3）收支信息查询函数

```
void InfoManager::checkSeek()
{   int choice;
    cout<<"请选择: 1-收入明细   2-支出明细   3-收支明细 ";
    cin>>choice;
    for(int i=0;i<checkcount;i++)
    {   if((checkInfo[i].getamount()>0&&choice==1)
        ||(checkInfo[i].getamount()<0&&choice==2)||(choice!=1&&choice!=2))
        {   checkInfo[i].showdata();    }
    }
    cout<<"按任意键返回主菜单…";
    getchar();getchar();
}
```

（4）定期储蓄管理函数

```
void InfoManager::save()
{   int choice;
    cout<<"请选择: 1-存定期   2-取定期 ";
    cin>>choice;
    if(choice==1)
       saveInput();
    else
       saveDel();
}
```

当选择存定期时，执行输入存款信息函数，该函数代码如下：

```
void InfoManager::saveInput()
{   string name;
    long date;
    float amount,rate,balance;
    int term;
    if(savecount==CMAX_COUNT)
    {   cout<<"存定期信息已达到最大记录数,不能再增加!按任意键返回主菜单…";
        getchar();getchar();
        return;
    }
    balance=checkInfo[checkcount-1].getbalance();//获取收支余额
    if(balance==0)
    {   cout<<"余额为 0,不能储蓄!按任意键返回主菜单…";
        getchar();getchar();
        return;
    }
    cout<<"请输入第"<<savecount+1<<"笔储蓄信息\n";
    cout<<"请输入姓名:";
    cin>>name;
    date=getnowDate();                        //获取当前日期
    while(1)
```

```
    {   cout<<"请输入存款金额(单位-元):";
        cin>>amount;
        if(amount>balance)
        {   cout<<"余额不足,不能储蓄!按任意键返回主菜单…";
            getchar();getchar();
            return;
        }
        else
            break;
    }
    while(1)
    {   cout<<"请输入存期(只能是 1,2,3 或 5 年):";
        cin>>term;
        if(term==1||term==2||term==3||term==5)
            break;
    }
    while(1)
    {   cout<<"请输入"<<term<<"年定期存款利率(%):";
        cin>>rate;
        if(rate>0)
            break;
    }
    saveInfo[savecount].setdata(savecount+1,name,date,amount,term,
                rate);                       //设置存款信息
    Saving::addtotal(amount);                //增加存款总金额
    savecount++;                             //储蓄信息条数加 1
    saveflag=true;                           //设置储蓄信息保存标记
    if(checkcount==CMAX_COUNT)               //存定期需要增加支出信息
    {   cout<<"收支信息已达到最大记录数,不能再增加!按任意键返回主菜单…";
        getchar();getchar();
        return;
    }
    balance=checkInfo[checkcount-1].getbalance()-amount;
    checkInfo[checkcount].setdata(checkcount+1,name,date,-amount,
      "存定期",balance);                     //设置支出信息，减少余额
    checkcount++;                            //收支信息条数加 1
    checkflag=true;                          //设置收支信息保存标记
    cout<<"存定期信息已增加!按任意键返回主菜单…";
    getchar();getchar();
}
```

当选择取定期时，执行删除存款信息函数，该函数代码如下：

```
void InfoManager::saveDel()
{   long num,date;
    string name;
    float amount,rate,balance;
    int term;
    while(1)
    {   cout<<"请输入要支取的定期存款序号:";
        cin>>num;
        if(num<=0)
        {   cout<<"序号不能为 0 或负数\n";
```

```
            getchar();getchar();
        }
        else
            if(num>savecount)
            {   cout<<"该序号信息不存在!按任意键返回主菜单…";
                getchar();getchar();
                return;
            }
            else
                break;
    }
    cout<<"序号为"<<num<<"的定期存款信息如下:\n";
    saveInfo[num-1].showdata();
    getchar();
    cout<<"确认支取(y/n)?";
    if(getchar()!='y')
        return;
    else
    {   amount=saveInfo[num-1].getamount();
        Saving::addtotal(-amount);                  //减少存款总金额
            term=saveInfo[num-1].getterm();
        rate=saveInfo[num-1].getrate();
        amount+=rate/100*amount*term;               //计算本金加利息
        name=saveInfo[num-1].getname();
        for(int i=num-1;i<savecount-1;i++)          //存定期信息前移
        {   saveInfo[i]=saveInfo[i+1];
            saveInfo[i].setnum(i+1);
        }
    }
    savecount--;                            //储蓄信息条数减 1
    saveflag=true;                          //设置储蓄信息保存标记
    if(checkcount==CMAX_COUNT)              //取定期时要增加收入信息
    {   cout<<"收支信息已达到最大记录数,不能再增加!按任意键返回主菜单…";
        getchar();getchar();
        return;
    }
    date=getnowDate();                      //获取当前日期
    balance=checkInfo[checkcount-1].getbalance()+amount;
    checkInfo[checkcount].setdata(checkcount+1,name,date,amount,
        "取定期",balance);                  //设置收入信息
    checkcount++;                           //收支信息条数加 1
    checkflag=true;                         //设置收支信息保存标记
    cout<<"已支取的定期存款信息已删除!按任意键返回主菜单…";
    getchar();getchar();
}
```

(5)储蓄信息查询函数

```
void InfoManager::saveSeek()
{   for(int i=0;i<savecount;i++)
        saveInfo[i].showdata();
    cout<<"总存款金额:"<<Saving::gettotal()<<"元\n";//显示总存款金额
    cout<<"按任意键返回主菜单…";
```

```
    getchar();getchar();
}
```

（6）收支信息保存函数

```
void InfoManager::checkStore()
{   char filename[20];
    cout<<"请输入收支信息文件名:";
    cin>>filename;
    ofstream fout(filename,ios::out);
    if(!fout)
    {   cout<<"打开收支信息文件失败,按任意键返回主菜单…";
        getchar();getchar();
        return;
    }
    for(int i=0;i<checkcount;i++)
        fout<<checkInfo[i].getnum()<<" "<<checkInfo[i].getname()<<" "
            <<checkInfo[i].getdate()<<" "<<checkInfo[i].getamount()
            <<" "<<checkInfo[i].getnotes()<<" "
            <<checkInfo[i].getbalance()<<endl;
    fout.close();
    checkflag=false;                    //收支信息保存标记为假
    cout<<"收支信息已保存!按任意键继续…";
    getchar();getchar();
}
```

（7）储蓄信息保存函数

```
void InfoManager::saveStore()
{   char filename[20];
    cout<<"请输入储蓄信息文件名:";
    cin>>filename;
    ofstream fout(filename,ios::out);
    if(!fout)
    {   cout<<"打开储蓄信息文件失败,按任意键返回主菜单…";
        getchar();getchar();
        return;
    }
    for(int i=0;i<savecount;i++)
        fout<<saveInfo[i].getnum()<<" "<<saveInfo[i].getname()<<" "
           <<saveInfo[i].getdate()<<" "<<saveInfo[i].getamount()<<" "
           <<saveInfo[i].getterm()<<" "<<saveInfo[i].getrate()<<endl;
    fout.close();
    saveflag=false;     //收支信息保存标记为假
    cout<<"储蓄信息已保存!按任意键继续…";
    getchar();getchar();
}
```

（8）初始化函数

程序开始运行时，若已保存过收支信息和储蓄信息，可以通过调用checkRead 函数和saveRead函数将保存的信息读取进来。

初始化函数如下：

```
void InfoManager::init()
{   checkRead();
```

```
    saveRead();
}
```

读取收支信息函数如下：

```
void InfoManager::checkRead()
{   char filename[20];
    int num;
    string name,notes;
    long date;
    float amount,balance;
    cout<<"请输入收支信息文件名:";
    cin>>filename;
    ifstream fin(filename,ios::in);
    if(!fin)
    {   cout<<"打开收支信息文件失败,按任意键返回主菜单…";
        getchar();getchar();
        return;
    }
    while(!fin.eof())
    {   fin>>num>>name>>date>>amount>>notes>>balance;
        if(!fin.fail())
        {   checkInfo[checkcount].setdata(num,name,date,amount,
            notes,balance);checkcount++;//收支信息条数加 1
        }
    }
    fin.close();
    cout<<"收支信息已读取!按任意键继续…";
    getchar();getchar();
}
```

读取储蓄信息函数如下：

```
void InfoManager::saveRead()
{   char filename[20];
    int num,term;
    string name;
    long date;
    float amount,rate,total=0;
    cout<<"请输入储蓄信息文件名:";
    cin>>filename;
    ifstream fin(filename,ios::in);
    if(!fin)
    {   cout<<"打开储蓄信息文件失败,按任意键返回主菜单…";
        getchar();getchar();
        return;
    }
    while(!fin.eof())
    {   fin>>num>>name>>date>>amount>>term>>rate;
        if(!fin.fail())
        {   saveInfo[savecount].setdata(num,name,date,amount,
                term,rate);
                total+=amount;
                savecount++;//储蓄信息条数加 1
        }
    }
```

```
    Saving::addtotal(total);
    fin.close();
    cout<<"储蓄信息已读取!按任意键显示主菜单…";
    getchar();getchar();
}
```

（9）退出函数

退出程序时，如果收支信息或储蓄信息被修改过，将提示是否需要保存，若输入 y 则调用收支信息或储蓄信息保存函数保存数据。

```
void InfoManager::exit()
{   if(checkflag)
    {   cout<<"收支信息已改变,是否保存(y/n)?";
        getchar();
        if(getchar()=='y')
           checkStore();
    }
    if(saveflag)
    {   cout<<"储蓄信息已改变,是否保存(y/n)?";
        if(getchar()=='y')
            saveStore();
    }
}
```

本章小结

在进行面向对象程序设计时，非常重要的一项工作是进行类的设计，设计类的数据成员及成员函数。

通过对实际问题进行分析，找出待处理的数据，从而确定类的数据成员；再根据功能要求，分析需要对数据完成的操作，以此确定类的成员函数。

当两个或多个类中有相同的数据成员，并且需要完成相同的操作时，为了减少代码的重复，可以将这些类中相同的成员抽象出来组成一个基类，再由基类派生子类。在子类中通过新增数据成员和成员函数，实现功能的扩展，也可以改写父类的成员，实现与父类不同的功能。

习题

9-1 学生信息管理系统中，如改为以链表形式存放学生信息，则程序如何修改？

9-2 家庭财务管理系统中，当收支信息或储蓄信息条数超过最大记录数，该如何处理？

附录 1 ASCII 码表

ASCII 码是由美国国家标准学会（ANSI）制定的美国标准信息交换码（American Standard Code for Information Interchange），它已被国际标准化组织（ISO）定为国际标准。

ASCII 码用 7 位二进制表示一个字符，7 位二进制可表示 2^7，共 128 个字符，一般仍以一个字节（8 位）存放 ASCII 字符，其最高位一般置 0。

在 ASCII 码中，编码值为 0～31 及 127 的为控制字符或通信专用字符，共有 33 个，其余均为可显示字符。

ASCII 码表

编码	字符	说明	编码	字符	说明	编码	字符	说明	编码	字符	说明
0	NUT	空字符	18	DC2	设备控制 2	36	$	—	54	6	—
1	SOH	标题开始	19	DC3	设备控制 3	37	%	—	55	7	—
2	STX	正文开始	20	DC4	设备控制 4	38	&	—	56	8	—
3	ETX	正文结束	21	NAK	否定接受	39	'	—	57	9	—
4	EOT	传输结束	22	SYN	同步闲置符	40	(	—	58	:	—
5	ENQ	询问	23	TB	传输块结束	41	)	—	59	;	—
6	ACK	确认	24	CAN	取消	42	*	—	60	<	—
7	BEL	响铃	25	EM	媒体结束	43	+	—	61	=	—
8	BS	退格	26	SUB	替换	44	,	—	62	>	—
9	HT	水平制表栏	27	ESC	换码符	45	-	—	63	?	—
10	LF	换行	28	FS	文件分隔符	46	.	—	64	@	—
11	VT	垂直制表栏	29	GS	组分隔符	47	/	—	65	A	—
12	FF	换页	30	RS	记录分隔符	48	0	—	66	B	—
13	CR	回车	31	US	单位分隔符	49	1	—	67	C	—
14	SO	移出	32	(space)	—	50	2	—	68	D	—
15	SI	移入	33	!	—	51	3	—	69	E	—
16	DLE	数据链接丢失	34	"	—	52	4	—	70	F	—
17	DCI	设备控制 1	35	#	—	53	5	—	71	G	—

续表

编码	字符	说明	编码	字符	说明	编码	字符	说明	编码	字符	说明
72	H	—	86	V	—	100	d	—	114	r	—
73	I	—	87	W	—	101	e	—	115	s	—
74	J	—	88	X	—	102	f	—	116	t	—
75	K	—	89	Y	—	103	g	—	117	u	—
76	L	—	90	Z	—	104	h	—	118	v	—
77	M	—	91	[	—	105	i	—	119	w	—
78	N	—	92	\	—	106	j	—	120	x	—
79	O	—	93	]	—	107	k	—	121	y	—
80	P	—	94	^	—	108	l	—	122	z	—
81	Q	—	95	_	—	109	m	—	123	{	—
82	R	—	96	`	—	110	n	—	124	|	—
83	S	—	97	a	—	111	o	—	125	}	—
84	T	—	98	b	—	112	p	—	126	~	—
85	U	—	99	c	—	113	q	—	127	DEL	—

附录2 C++运算符优先级与结合性

C++运算符的优先级分为17个等级，优先级数字越小，优先级则越高。另外，大部分运算符的结合性是左结合的，只有单目运算符、赋值运算符和复合运算符是右结合的。

C++运算符优先级与结合性

优先级	运算符	说　明	结合性
1	::	域运算符	左结合
2	( )	括号，函数调用	左结合
	[ ]	数组下标运算符	
	.	通过对象选择成员运算符	
	->	通过指针选择成员运算符	
	++	后增量运算符	右结合
	--	后减量运算符	
3	++	前增量运算符	右结合
	--	前减量运算符	
	~	按位取反运算符	
	!	逻辑非运算符	
	−	取负号运算符	
	+	取正号运算符	
	*	取内容运算符	
	&	取地址运算符	
	sizeof	长度运算符	
	new	动态内存分配运算符	
	delete	动态内存释放运算符	
	(type)	强制类型转换运算符	
4	.*	通过对象的成员指针选择运算符	左结合
	->*	通过指针的成员指针选择运算符	

续表

<table>
<tr><th>优先级</th><th>运算符</th><th>说　明</th><th>结合性</th></tr>
<tr><td rowspan="3">5</td><td>*</td><td>乘法运算符</td><td rowspan="3">左结合</td></tr>
<tr><td>/</td><td>除法运算符</td></tr>
<tr><td>%</td><td>取余运算符</td></tr>
<tr><td rowspan="2">6</td><td>+</td><td>加法运算符</td><td rowspan="2">左结合</td></tr>
<tr><td>−</td><td>减法运算符</td></tr>
<tr><td rowspan="2">7</td><td><<</td><td>按位左移运算符</td><td rowspan="2">左结合</td></tr>
<tr><td>>></td><td>按位右移运算符</td></tr>
<tr><td rowspan="4">8</td><td><</td><td>小于运算符</td><td rowspan="4">左结合</td></tr>
<tr><td><=</td><td>小于等于运算符</td></tr>
<tr><td>></td><td>大于运算符</td></tr>
<tr><td>>=</td><td>大于等于运算符</td></tr>
<tr><td rowspan="2">9</td><td>==</td><td>等于运算符</td><td rowspan="2">左结合</td></tr>
<tr><td>!=</td><td>不等于运算符</td></tr>
<tr><td>10</td><td>&</td><td>按位与运算符</td><td>左结合</td></tr>
<tr><td>11</td><td>^</td><td>按位异或运算符</td><td>左结合</td></tr>
<tr><td>12</td><td>|</td><td>按位或运算符</td><td>左结合</td></tr>
<tr><td>13</td><td>&&</td><td>逻辑与运算符</td><td>左结合</td></tr>
<tr><td>14</td><td>||</td><td>逻辑或运算符</td><td>左结合</td></tr>
<tr><td>15</td><td>?:</td><td>条件运算符</td><td>右结合</td></tr>
<tr><td rowspan="11">16</td><td>=</td><td>赋值运算符</td><td rowspan="11">右结合</td></tr>
<tr><td>*=</td><td>乘法赋值运算符</td></tr>
<tr><td>/=</td><td>除法赋值运算符</td></tr>
<tr><td>%=</td><td>取余赋值运算符</td></tr>
<tr><td>+=</td><td>加法赋值运算符</td></tr>
<tr><td>-=</td><td>减法赋值运算符</td></tr>
<tr><td><<=</td><td>位左移赋值运算符</td></tr>
<tr><td>>>=</td><td>位右移赋值运算符</td></tr>
<tr><td>&=</td><td>位与赋值运算符</td></tr>
<tr><td>|=</td><td>位或赋值运算符</td></tr>
<tr><td>^=</td><td>位异或赋值运算符</td></tr>
<tr><td>17</td><td>,</td><td>逗号运算符</td><td>左结合</td></tr>
</table>

附录 3 C++集成开发环境

C++面向对象应用程序的开发，需要经过编辑、编译、连接、运行等步骤，能够为 C++应用程序提供开发支持的软件平台，称为 C++集成开发环境。C++集成开发环境有多种，这里介绍微软公司推出的 Visual C++6.0 和 VC++2015 集成开发平台。

附录 3.1 Visual C++6.0

Visual C++6.0 是微软公司 1998 年推出的 Visual Studio 开发工具包中的一个重要产品，它包括了编辑器、编译器、连接器和库等组件，为 C++应用程序的开发提供了可视化集成开发平台。

Visual C++6.0 集成开发环境的主界面如附录图 3-1 所示。

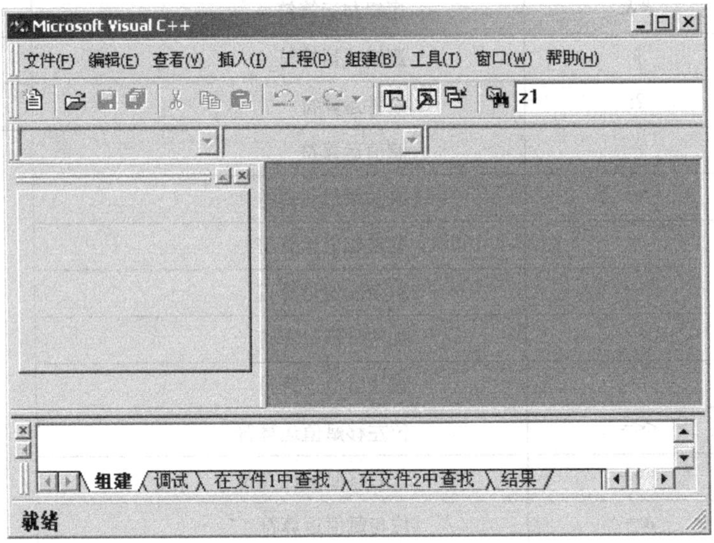

附录图 3-1 Visual C++6.0 主界面

1. 创建工程

在 Visual C++6.0 平台上开发 C++应用程序，首先要创建工程。

选择“文件”→“新建”菜单命令，打开“新建”工程对话框，该对话框如附录图 3-2 所示。

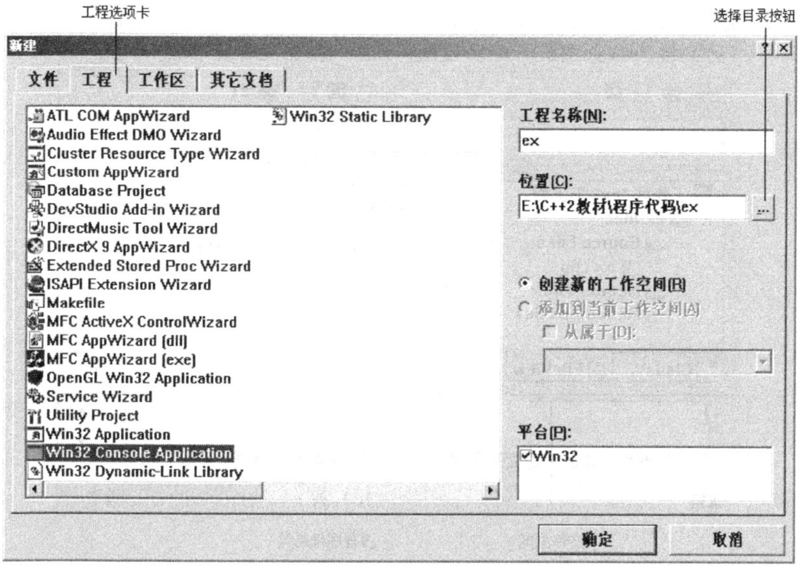

附录图 3-2 “新建”工程对话框

在对话框的“工程”选项卡下列出的应用程序选项中，选择“Win32 Console Application”，输入工程名称，并按下选择目录按钮，设置工程存放的目录，单击“确定”按钮，在下一步出现的对话框中，单击“完成”按钮，则创建一个空工程。

2. 编辑

创建了空工程之后，选择“文件”→“新建”菜单命令，打开“新建”文件对话框，该对话框如附录图 3-3 所示。

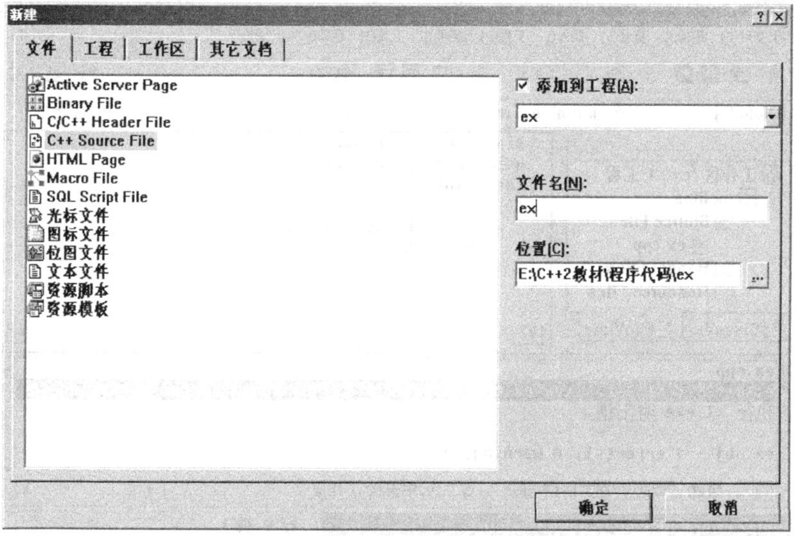

附录图 3-3 “新建”文件对话框

在对话框“文件”选项卡下列出的文件类型选项中，选择“C++ Source File”，输入文件名，注意使“添加到工程”复选框选中，之后按下“确定”按钮，则建立了一个空的 C++源文件 ex.cpp。在源程序编辑区输入源代码，如附录图 3-4 所示。

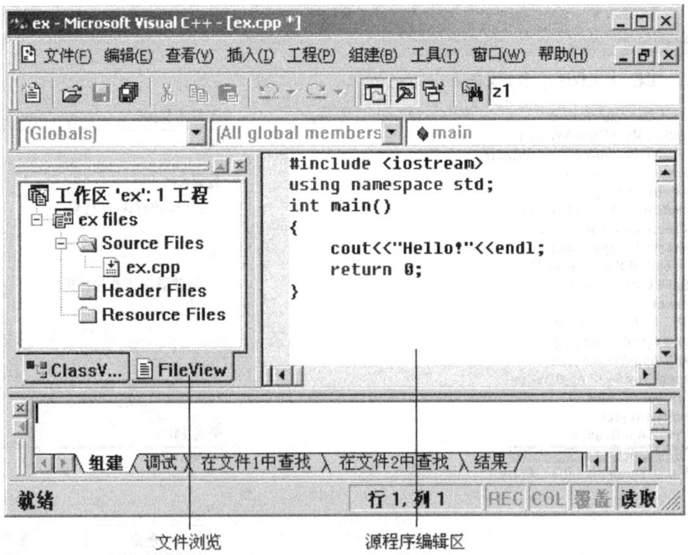

附录图 3-4　源程序的编辑

在左侧的工作区窗口中，选择“File View”选项卡，可以查看新建工程中的源文件、头文件和资源文件等文件，在右侧的源程序编辑区，可以编辑源程序代码。

3. 编译

源程序编辑完成后，选择“组建”→“编译[ex.cpp]”菜单命令，则对 ex.cpp 源文件进行编译。若编译正确，生成 ex.obj 目标文件；若有错误，则在输出窗口中显示错误提示，双击错误提示信息，编辑区中的光标将指向可能出错的代码处，如附录图 3-5 所示。

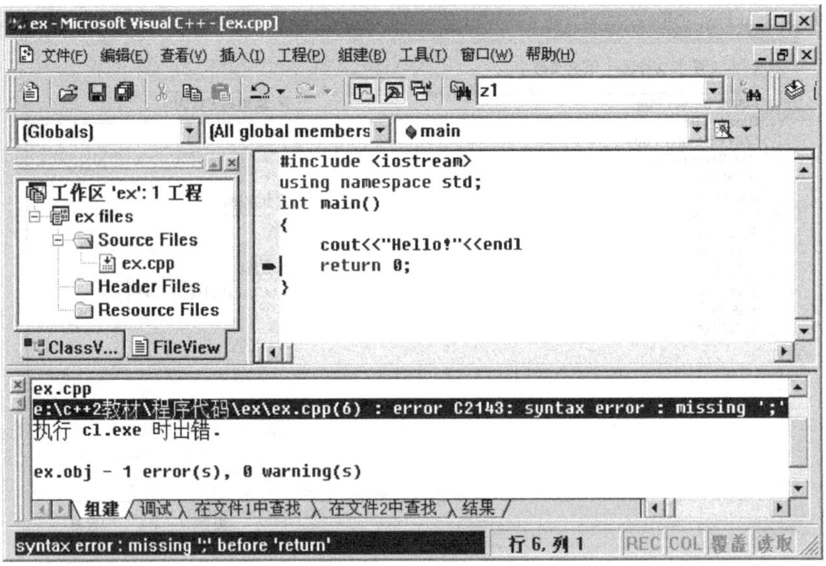

附录图 3-5　编译出错

4. 连接

编译成功后，选择“组建”→“组建[ex.exe]”菜单命令，则对目标文件进行连接，若连接正确，生成 ex.exe 可执行文件；若有错误，则在输出窗口显示错误提示。

5. 运行

连接成功后，选择“组建”→“执行[ex.exe]”菜单命令，则运行程序 ex.exe，出现控制台应用程序窗口，显示运行结果如附录图 3-6 所示。

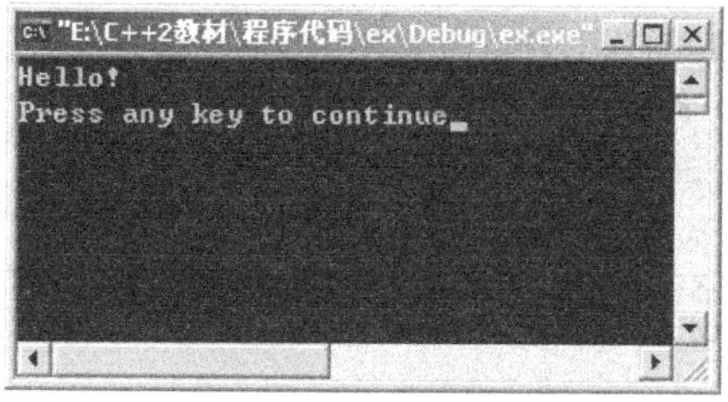

附录图 3-6 运行结果

若运行结果正确，则完成应用程序开发，若错误，返回编辑窗口进行修改。

也可以单击工具栏上的 ! 按钮，实现编译、连接及运行操作。

> 注意 当结束一个应用程序的运行，准备开发新的应用程序时，需要先选择“文件”→“关闭工作空间”菜单命令，关闭当前应用程序，之后再新建下一个工程。

6. 调试

当应用程序能够运行，但运行结果不正确，出现异常或逻辑错误时，可以借助 Visual C++6.0 的调试工具找出相应的错误。

Visual C++6.0 的调试工具提供了设置断点、单步执行、观察变量等功能。

（1）设置断点

调试时，先将鼠标移动到要设置断点的代码行处，单击鼠标右键，在出现的快捷菜单上选择“Insert/Remove Breakpoint”，则在该行代码左侧出现红色圆点，表示该行代码处设置了断点。对于已设置断点的行，当选择“Insert/Remove Breakpoint”时，将取消断点，该行代码左侧的红色圆点消失。

也可以通过单击工具栏上的按钮，设置或取消断点。

（2）执行到断点

选择“组建”→“开始调试”→“GO”操作菜单，程序运行到第一个断点处停下，此时“组建”菜单变成“调试”菜单，再次执行“GO”操作菜单，将运行到下一个断点处停下，如无断点，则执行完程序并退出调试。

也可以单击工具栏上的按钮，实现执行到断点操作。

（3）单步执行

选择“组建”→“开始调试”→“Step Into”操作菜单，可以实现单步执行。

开始调试后，选择“调试”→“Step Into”或“Step Over”操作菜单，都可以实现单步执行。若选择“Step Into”菜单项，当执行函数调用语句时，将转到函数体内部执行，而选择“Step Over”菜单项，将不转到函数体内部执行。“调试”菜单下的部分菜单项如附录图 3-7 所示。

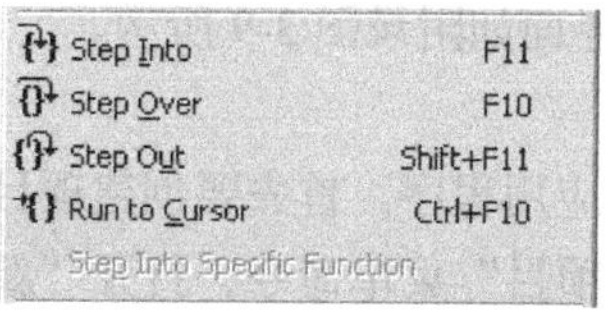

附录图 3-7 “调试”菜单的部分菜单项

其中"Run to Cursor"菜单项可以实现执行到光标操作。

（4）观察变量

调试程序时，在编辑窗口的下面将出现变量窗口和监视窗口，如附录图 3-8 所示。

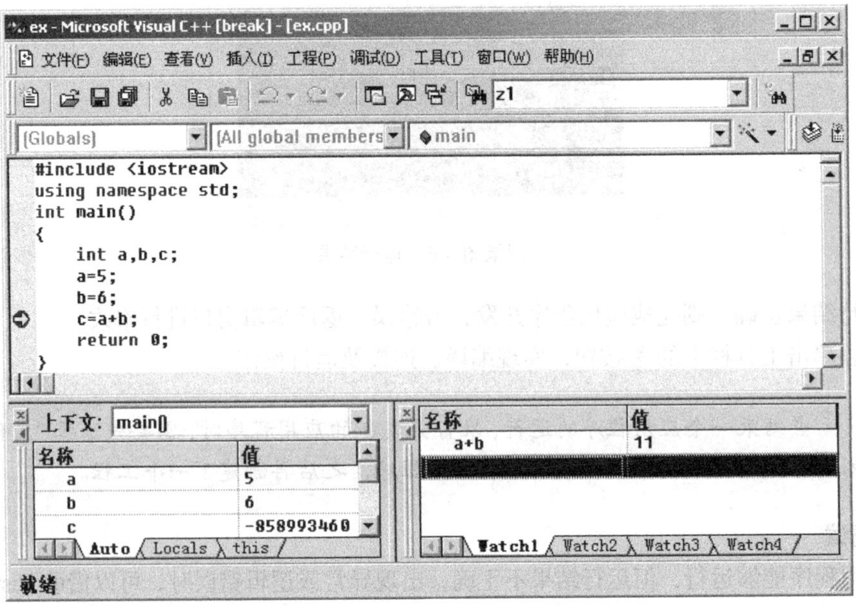

附录图 3-8 "调试"时的变量窗口和监视窗口

其中左侧变量窗口的"Auto"选项卡，可以显示正在执行的语句的变量值，"Locals"选项卡显示当前函数中局部变量的值，"this"选项卡显示 C++类中数据成员的值。

右侧的监视窗口有"Watch1""Watch2""Watch3""Watch4"四个选项卡，可以在每个选项卡中输入表达式，观察表达式的值。

7. 打开工程

当要打开已创建的一个工程时，选择"文件"→"打开工作空间"菜单命令，则出现"打开工作区"对话框，选择要打开的工作区文件(后缀为.dsw)，单击"打开"按钮，则将选中的工程打开。

附录 3.2　VC++2015

微软公司最新推出了功能强大的开发工具 Visual Studio2015，其中社区版 Community 2015 是免费的版本，VC++2015 是该版本中的一个重要组件，为 C++应用程序的开发提供了可视化集成开发平台。

VC++2015 集成开发环境的主界面如附录图 3-9 所示。

1. 创建项目

在 VC++2015 平台上开发 C++应用程序，首先要创建项目。

选择"文件"→"新建"→"项目"菜单命令，打开"新建项目"对话框，该对话框如附录图 3-10 所示。

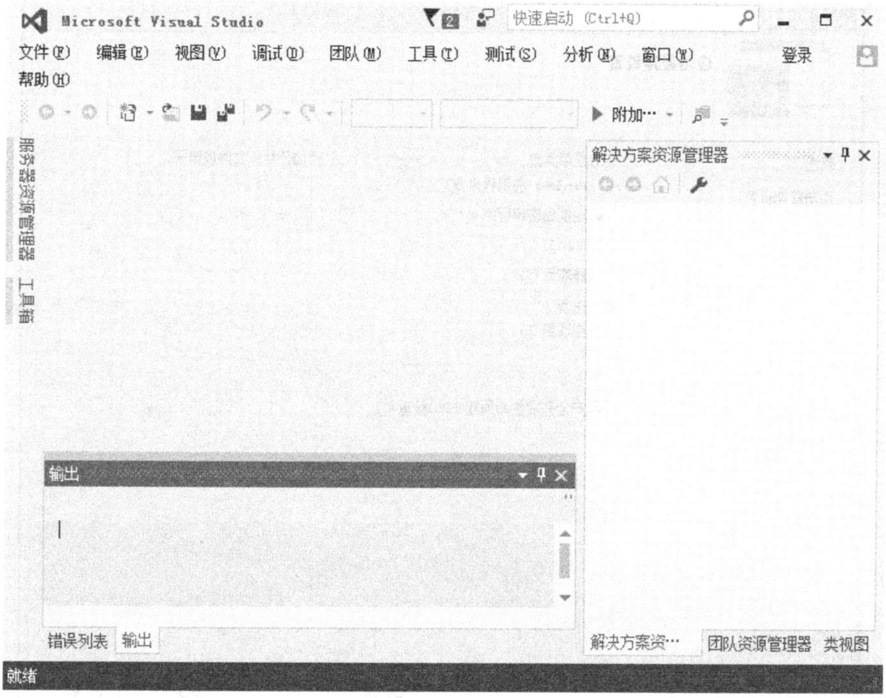

附录图 3-9　VC++2015 主界面

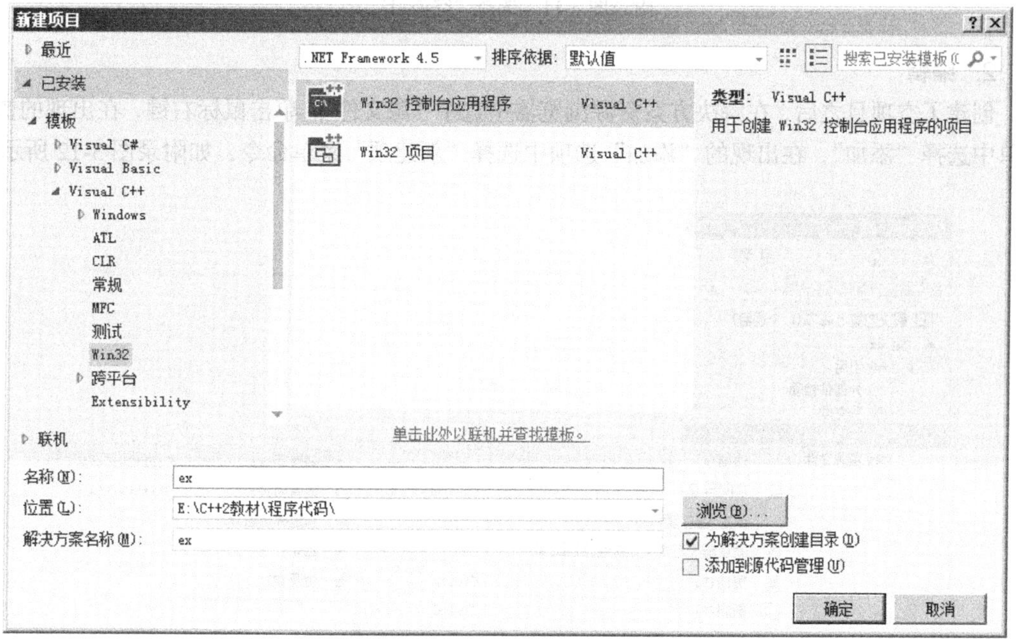

附录图 3-10　“新建项目”对话框

在对话框左侧的项目“模板”中选择 Win32，在右侧出现的 Win32 项目类型列表中选择“Win32 控制台应用程序”，输入项目名称，并选择项目所在的位置，单击“确定”按钮，在下一步出现的对话框中，单击“下一步”按钮，在出现的“应用程序设置”对话框中选择“空项目”，如附录图 3-11 所示，单击“完成”按钮，则创建一个空项目。

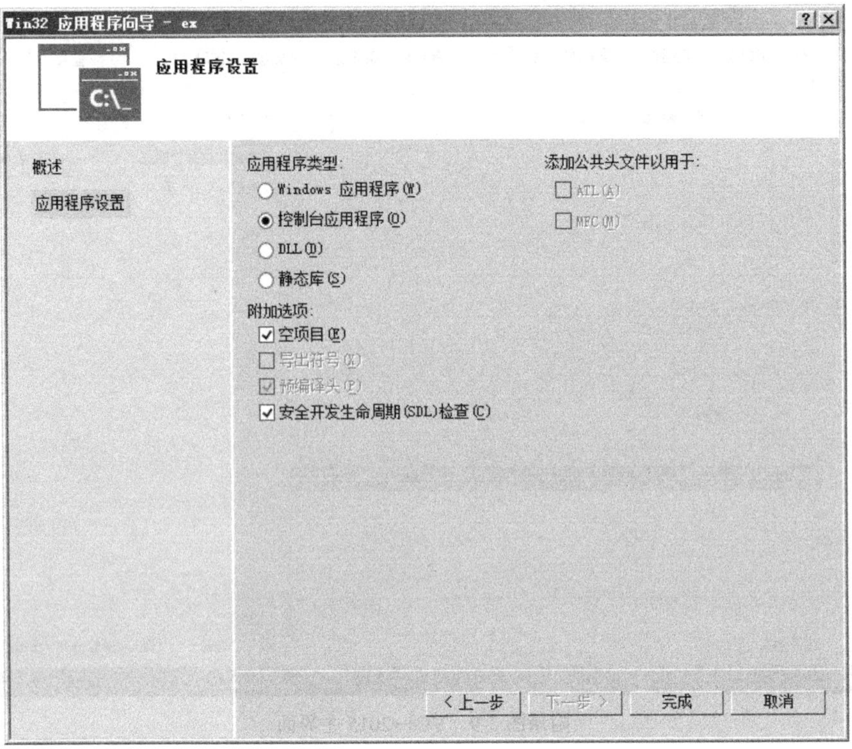

附录图 3-11　选择“空项目”

2. 编辑

创建了空项目之后，在解决方案资源浏览器中选中“源文件”，单击鼠标右键，在出现的快捷菜单中选择“添加”，在出现的“添加”选项中选择“新建项”菜单命令，如附录图 3-12 所示。

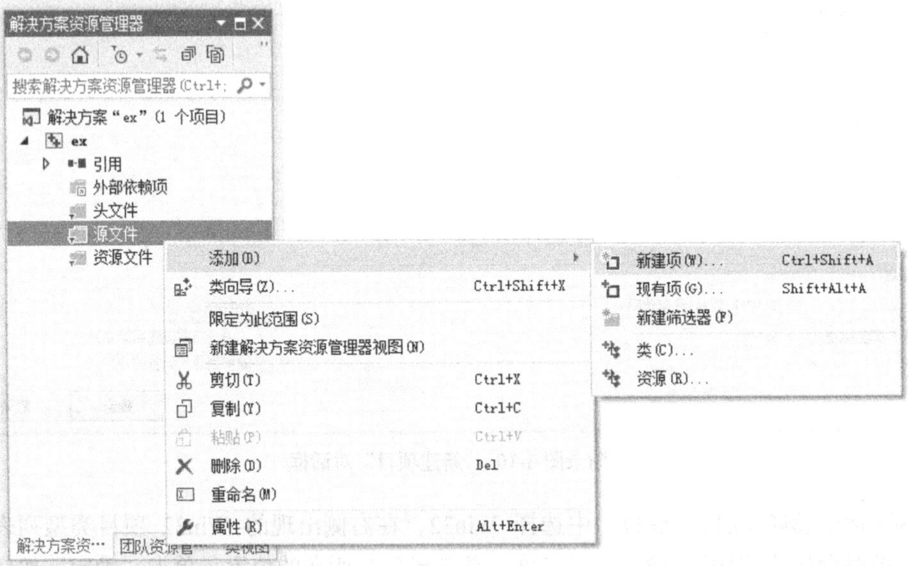

附录图 3-12　添加“新建项”

执行添加“新建项”菜单命令，打开“添加新项”对话框，该对话框如附录图 3-13 所示。

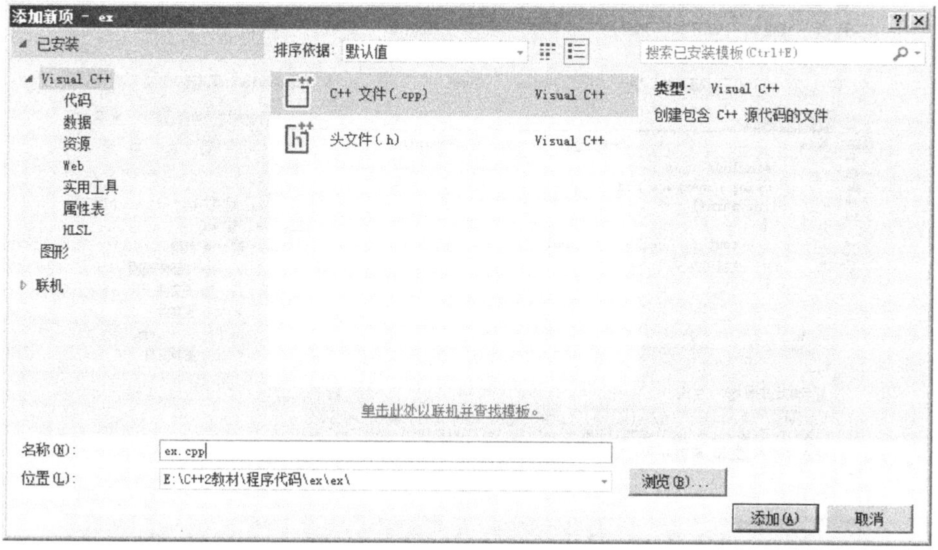

附录图 3-13 "添加新项"对话框

在对话框文件类型选项中，选择"C++文件(.cpp)"，输入文件名，单击"添加"按钮，则建立了一个空 C++源文件 ex.cpp，在源程序编辑区输入源代码，如附录图 3-14 所示。

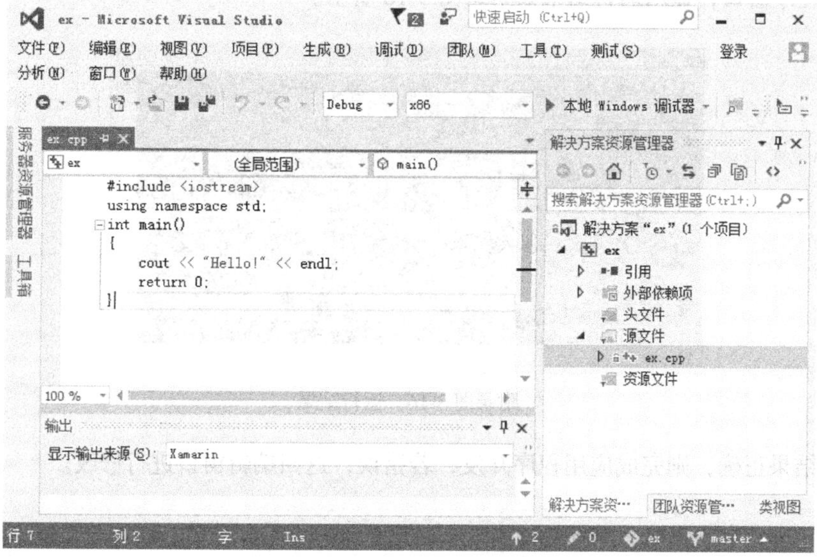

附录图 3-14 源程序的编辑

在工作区窗口中，选择"解决方案资源浏览器"选项卡，可以查看新建项目中的源文件、头文件和资源文件，在源程序编辑区，可以编辑源程序代码。

3. 编译连接

源程序编辑完成后，选择"生成"→"生成解决方案"菜单命令，则先对项目中的源文件进行编译，若编译正确，则进行连接，若连接正确，生成 ex.exe 可执行文件；若编译有错误，则在输出窗口中显示错误提示，双击错误提示信息，编辑区中的光标将指向可能出错的代码处，如附录图 3-15 所示。

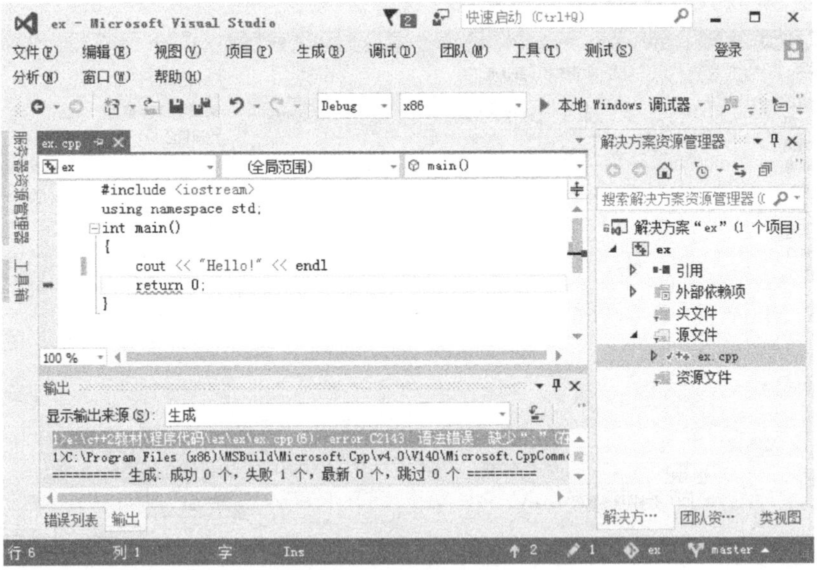

附录图 3-15　编译出错

4. 运行

生成解决方案后，选择“调试”→“开始执行(不调试)”菜单命令，则运行程序 ex.exe，出现控制台应用程序窗口，显示运行结果如附录图 3-16 所示。

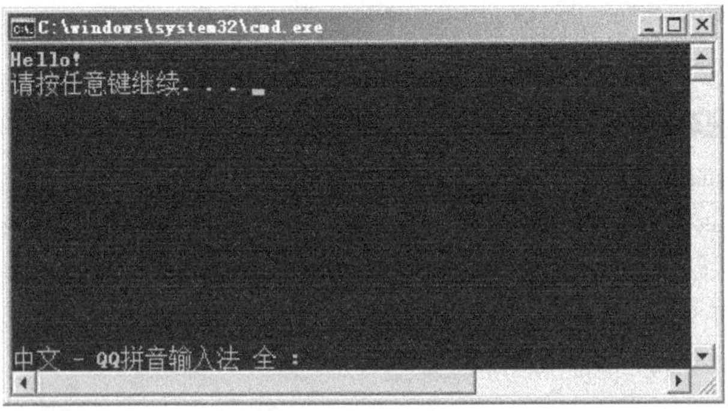

附录图 3-16　运行结果

若运行结果正确，则完成应用程序开发，若错误，返回编辑窗口进行修改。

> **注意** 当结束一个应用程序的运行，准备开发新的应用程序时，需要先选择“文件”→“关闭解决方案”菜单命令，关闭当前应用程序，之后再新建下一个项目。

5. 调试

当应用程序能够运行，但运行结果不正确，出现异常或逻辑错误时，可以借助 VC++2015 的调试工具找出相应的错误。

VC++2015 的调试工具提供了设置断点、单步执行、观察变量等功能。

（1）设置断点

调试时，先将鼠标移动到要设置断点的代码行处，单击鼠标右键，在出现的快捷菜单上选择“断点”→“插入断点”菜单命令，则在该行代码左侧出现红色圆点，表示该行代码处设置了断点。

对于已设置断点的行，当选择“断点”→“删除断点”菜单命令时，将取消断点，该行代码左侧的红色圆点消失。

（2）执行到断点

选择“调试”→“开始调试”操作菜单，程序在运行到第一个断点处停下，执行“调试”→“继续”操作菜单，则运行到下一个断点处停下，如无断点，则执行完程序并退出调试。

（3）单步执行

开始调试后，选择“调试”→“逐语句”或“逐过程”操作菜单，都可以实现单步执行，当选择“逐语句”菜单项时，如遇到函数调用语句，将转到函数体内部执行，而选择“逐过程”菜单项时，不转到函数体内部执行。“调试”菜单下的部分菜单项如附录图 3-17 所示。

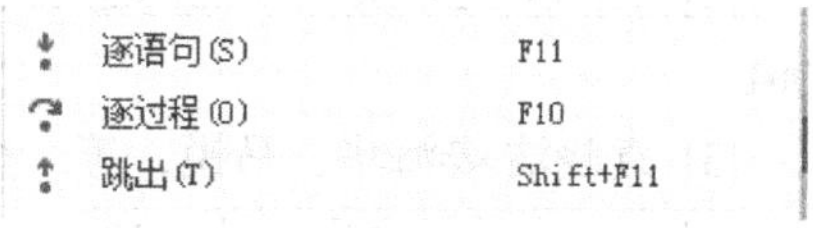

附录图 3-17 “调试”菜单的部分菜单项

（4）观察变量

调试程序时，在编辑窗口的下面将出现观察窗口和即时窗口，如附录图 3-18 所示。

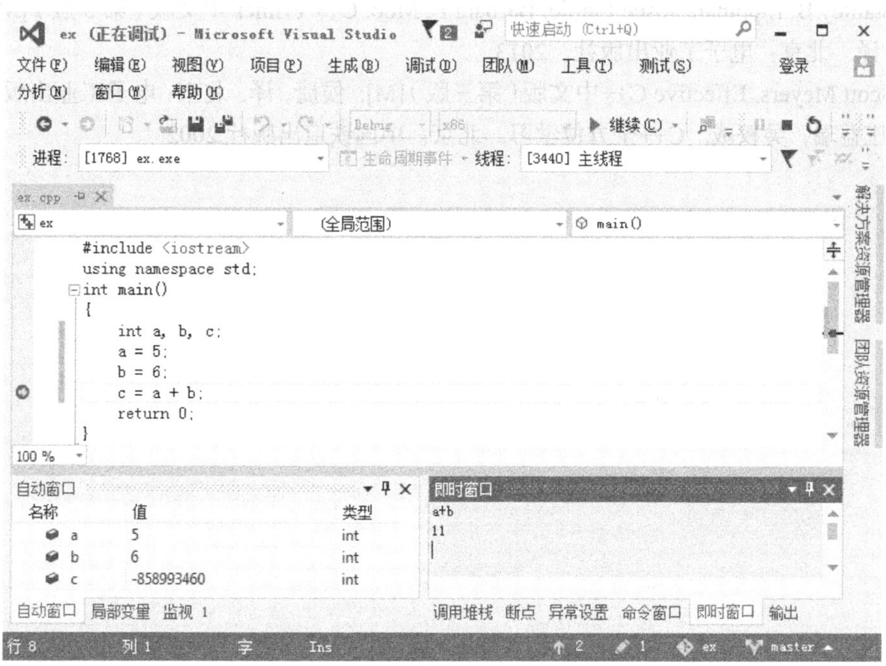

附录图 3-18 “调试”时的变量窗口和即时窗口

其中左侧观察窗口的“自动窗口”选项卡，可以显示正在执行的语句的变量值，“局部变量”选项卡显示当前函数中局部变量的值，“监视”选项卡可以输入表达式，观察表达式的值，监视窗口最多有 4 个。

右侧的“即时窗口”可以输入表达式，观察当前该表达式的值。

6. 打开项目

当要打开已创建的一个项目时，选择“文件”→“打开”→“项目/解决方案”菜单命令，则出现“打开项目”对话框，选择要打开的解决方案文件(后缀为.sln)，单击“打开”按钮，则将选中的项目打开。

参考文献

[1] 谭浩强. C++面向对象程序设计（第 2 版）. 北京：清华大学出版社，2014.

[2] Harvey M.Deitel，Paul James Deitel. C++大学教程（第 2 版）. 北京：电子工业出版社，2001.

[3] 袁晓洁,晏海华，马锐，等. 全国计算机等级考试二级教程——C++语言程序设计（2016 版）. 北京：高等教育出版社，2015.

[4] 江苏省高等学校计算机等级考试中心. 二级考试试卷汇编（Visual C++语言分册）. 苏州：苏州大学出版社，2013.

[5] 吕凤翥，王树彬. C++语言程序设计教程（第 2 版）. 北京：人民邮电出版社，2013.

[6] Stanley B. Lippman, Josee Lajoie, Barbara E. Moo. C++ Primer 中文版（第 5 版）[M]. 王刚，杨巨峰，译. 北京：电子工业出版社，2013.

[7] Scott Meyers. Effective C++中文版（第三版）[M]. 侯捷，译. 北京：电子工业出版社，2011.

[8] 庄益瑞，吴权威. C++全方位学习. 北京：中国铁道出版社,2002.